“十三五”高等职业教育计算机类专业规划教材

计算机基础技能训练

宋爱华　康　霞　梁海花　主　编
张培恩　彭斐旎　卢曼莉　副主编
冯艳青　王　娇　林海娣　参　编

中国铁道出版社有限公司
CHINA RAILWAY PUBLISHING HOUSE CO., LTD.

内 容 简 介

本书根据日常工作学习需求，以大家耳熟能详的学习任务为载体进行编写。全书共分6个项目，主要内容包括：初识计算机、Windows 7操作系统应用、Word 2010文档制作、Excel 2010电子表格制作、PowerPoint 2010演示文稿制作、Internet基础知识与应用。

本书注重实用，每个任务均配备大量的操作题，从而使学生打牢基础。书中特别设计的“自我实现”任务，有助于培养学生发散性思维。

本书可作为高等职业院校计算机公共基础课程教材和各类计算机应用基础培训教材，以及广大计算机爱好者的自学参考书。

图书在版编目（CIP）数据

计算机基础技能训练 / 宋爱华，康霞，梁海花主编. — 北京：中国铁道出版社，2016.9（2022.8重印）
“十三五”高等职业教育计算机类专业规划教材
ISBN 978-7-113-22178-2

Ⅰ.①计… Ⅱ.①宋… ②康… ③梁… Ⅲ.①电子计算机－高等职业教育－教学参考资料 Ⅳ.①TP3

中国版本图书馆CIP数据核字（2016）第199049号

书　　名：计算机基础技能训练
作　　者：宋爱华　康　霞　梁海花

策　　划：韩从付　　编辑部电话：（010）51873090
责任编辑：周海燕　贾淑媛
封面设计：刘　颖
封面制作：白　雪
责任校对：王　杰
责任印制：樊启鹏

出版发行：中国铁道出版社有限公司（100054，北京市西城区右安门西街8号）
网　　址：http://www.tdpress.com/51eds/
印　　刷：三河市航远印刷有限公司
版　　次：2016年9月第1版　　2022年8月第12次印刷
开　　本：787 mm×1 092 mm　1/16　印张：13.25　字数：317千
书　　号：ISBN 978-7-113-22178-2
定　　价：37.00元

版权所有　侵权必究

凡购买铁道版图书，如有印制质量问题，请与本社教材图书营销部联系调换。电话：（010）63550836
打击盗版举报电话：（010）63549461

前　言

FOREWORD

人类已经进入到信息化的时代，计算机及计算机应用在短短几年时间就迅速地遍及了社会的各个行业，掌握计算机的基本操作与技能以及常用办公软件的使用方法，能够在网上查询相关资料，可以通过网络发布自己的信息等，这些都是信息时代人们应该具备的基本技能。而信息化时代的纵深发展，使得学生在计算机应用基础课程中学习到的知识终身受用。

2015年底，国家新公布的《中华人民共和国职业分类大典》取消了“计算机操作员”工种，不再颁发“计算机操作员”国家职业资格证书，这也意味着计算机应用基础的教学将从以考证为中心转向以实用为中心，切实让学习者学以致用，为今后的工作学习服务。

本书结合职业学校计算机应用基础实际教学，以能力为本位，以实用为原则设计一系列贴近生活、满足学习和工作所需的学习任务，使学生在“做中学，学中做”，明晰学的内容，体会做的目的，实现“教、学、做”一体化教学。

全书共分为六个项目，主要内容包括：初识计算机、Windows 7操作系统应用、Word 2010文档制作、Excel 2010电子表格制作、PowerPoint 2010演示文稿制作、Internet基础知识与应用等内容。项目一主要介绍计算机的发展历程和趋势，以及计算机的基本组成、各部分的作用、数制间的转换及计算机病毒的危害和基础性预防；项目二主要介绍Windows 7基本操作；项目三主要介绍运用Word 2010进行文档的基本编辑、表格处理、图文混排及长文档的编辑；项目四主要介绍运用Excel 2010对电子表格进行基本编辑操作、公式和常用函数的运用、数据的管理与统计操作方法；项目五主要介绍运用 PowerPoint 2010进行幻灯片的制作、美化、打包及演示文稿的输出；项目六主要介绍浏览和搜索网络、下载网络资源和收发电子邮件。本书的每个项目均由2～4个学习任务组成，全书共17个任务。每个任务由任务目标、任务描述、任务分析、任务实施、任务评价组成，从而使学习者知道“做什么、如何做、做得怎么样”。特别在任务实施环节，从“我示范你练习”到“自我巩固”，再到“自我提升”，直至“自我实现”，不仅提高了学生的认知能力，而且练习的设计也从封闭式到半封闭式，最后到全开放式，从而一步步地培养学生的发散性思维。由于计算机软硬件知识发展较快，对于较新的内容，本书以“知识链接”的形式体现。

鉴于学习者的起点不同，实施教学时，对于基础差的学生在实施“自我提升、自我实现”环节时建议酌情考虑，可适当降低难度，或在教学中多加指导。

本书还配备有资源包，下载地址：http://www.tdpress.com。

本书由宋爱华、康霞、梁海花任主编，张培恩、彭斐旎、卢曼莉任副主编，冯艳青、王娇、林海娣也参与了本书的编写。在本书的编写过程中，我们得到了很多领导和老师的关心和支持，在此一并表示真诚的感谢！

由于时间仓促，书中若有不当之处，敬请广大读者、专家批评指正。

编　者

2016年6月

目 录

CONTENTS

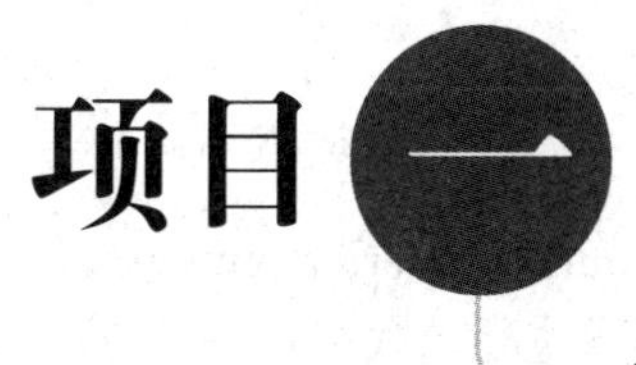

项目一 初识计算机

随着科技的发展和社会信息化程度的提高，计算机作为功能强大的信息处理工具，已经成为人们学习、工作、生活中不可缺少的一部分，在享受计算机带来方便的同时，人们却经常被各种各样的软件、硬件问题所困扰。那么你们了解计算机多少呢？

一、项目描述

本项目共集成了4个任务，分别是了解计算机发展和应用、认识计算机系统的组成、了解计算机信息存储、预防与清除计算机病毒。

（1）了解计算机的发展主要介绍计算机的发展过程、发展方向和它在人们生活和工作中的应用。

（2）认识计算机系统的组成主要讲解计算机的组成和微型计算机的组成。

（3）了解计算机信息存储主要讲解计算机的数制以及各种数制之间的转换。

（4）预防与清除计算机病毒主要是讲解计算机病毒的危害和病毒防治的一般方法。

二、项目目标

学习完本项目，学生可以讲出计算机的发展历程和趋势；熟练说出计算机的基本组成及各部分的作用；能进行二、十进制之间转换；知道计算机病毒的危害并会进行基础性预防。

任务一　了解计算机的发展和应用

任务目标

通过本任务，使学生了解计算机的发展历史，知道各个时期计算机的主要特征；认识计算机的发展给社会带来的变化，知道计算机在社会生活中的广泛应用，从而激发学生学习本课程的热情。

任务描述

李华最近对计算机着迷，请你向他介绍计算机的发展历程及计算机未来发展的趋势，了解目前的计算机应用的新技术。

任务分析

为了让李华对计算机有较系统的认识，建议对李华进行计算机相关知识的介绍时以时间为主线，讲解计算机的发展历程、特点及目前的应用和未来的发展，并辅以习题加以巩固。

任务实施

一、计算机的发展历程

1946年2月，世界上第一台电子数字式计算机ENIAC（Electronic Numerical Integrator And Computer）在美国宾夕法尼亚大学研制成功，它是为美国陆军进行新式火炮的试验所涉及复杂的弹道计算而研制的。当时这台计算机的主要元器件是电子管，体积庞大，运算速度只有每秒5 000次加法运算。即便如此，在当时它已是运算速度的绝对冠军，并且其运算的精确度和准确度也是史无前例的。它奠定了电子计算机的发展基础，标志着电子计算机时代的到来。

继ENIAC问世之后的半个多世纪以来，计算机的发展突飞猛进，这其中微电子技术的快速发展极大地影响和促进了计算机的发展，计算机的主要元器件从电子管发展到晶体管、集成电路和大规模、超大规模集成电路，从而使计算机的体积和电耗大大减小，可靠性和功能大大增强。

根据电子元器件的发展，人们将计算机的发展历程划分为四个阶段，各阶段的特点如表1.1.1所示。

表1.1.1 计算机的发展历程

发展阶段	逻辑元件	主存储器	运算速度	软　件	应　用
第一代计算机 (1946—1958 年)	电子管	电子射线管	几千次到几万次	机器语言 汇编语言	军事研究 科学计算
第二代计算机 (1959—1964 年)	晶体管	磁心	几十万次	监控程序 高级语言	数据处理 事务处理
第三代计算机 (1965—1971 年)	中小规模集成电路	半导体	几十万次至几百万次	操作系统 编辑系统 应用程序	有较大发展，开始广泛应用
第四代计算机 (1972 年至今)	大规模、超大规模集成电路	集成度更高的半导体	上千万次到上亿次	操作系统完善 数据库系统 高级语言发展 应用软件发展	广泛应用到各个领域

二、计算机的分类

计算机按其功能可分为专用计算机和通用计算机。专用计算机功能单一，适应性差，但在特定用途下是最有效、最经济、最快速的。通用计算机功能齐全，适应性强，适用面广。目前所说的计算机一般都是指通用计算机。在通用计算机中，又可以根据运算速度、输入输出功能、数据存储能力、指令系统的规模和机器价格等因素将计算机分为巨型机、大型机、小型机、微型机、工作站和服务器等。

（一）巨型机

巨型机运算快，存储容量大，结构复杂，价格昂贵，主要用于尖端科学研究领域。如，国防尖端技术、空间技术、大范围长期性天气预报、重大灾害预报、石油勘探等。美国和日本是生产巨型机的主要国家。我国从1978所开始研制巨型机，1983年推出第一台巨型机“银河I”，标志着我国从此进入生产巨型机的行列。

（二）大型机

大型机规模仅次于巨型机，有比较完善的指令系统和丰富的外围设备，具有很强的管理和处理数据的能力，主要用于银行业务、大企业管理，高校和科研所的科学计算机、计算机网络、机器翻译等技术领域。

（三）小型机

小型机较之大型机成本低，结构简单，研制周期短，便于及时采用先进的工艺技术，指令系统更为精简，软件开发成本低，易于操作维护。

小型机用途广泛，既可用于科学计算、大型分析仪器、测量设备等，还可以用作大型机与巨型系统的辅助计算机。

（四）微型机

20世纪70年代后期，微型机的出现引发了计算机硬件领域的一场革命。如今，微型机的发展异常迅猛，更新换代很快，根据机器规模和用途的差异，通常分为单片机、单板机、便携式微机、个人计算机（Personal Computer，PC）等多种类型。前两类多用于工作控制和电子产品的微计算机控制方面，后两类一般都属于通用微型机，常见的笔记本式计算机就是一种便携式微机，更多见的台式机则属于PC系列。

微型机通常采用微处理器、半导体存储器和输入/输出接口等芯片组装，体积小，价格低，可靠性高，灵活性好，使用方便，因而更有利于推广普及。目前，微型机应用已遍及各行各业，如办公自动化、数据库管理、企业管理、信息检索、专家系统、电子出版、图像识别、语音识别、家庭教育和娱乐等。

（五）工作站

工作站是一种介于PC和小型机之间的高档微型机，通常配备有大屏幕显示器和大容量存储器，具有较高的运算速度和较强的网络通信能力，有大型机或小型机的多任务和多用户能力，同时兼有微型机操作便利和人机界面友好的特点。工作站的独到之处是具有很强的图形交互能力，因此在工程设计领域得到广泛应用。如计算机辅助设计（CAD）和计算机辅助制造（CAM）等。工作站典型产品有美国SUN公司的SUN系列工作站。

（六）服务器

随着计算机网络的普及和发展，一种可供网络用户共享的高性能计算机应运而生，这就是服务器。服务器一般具有大容量的存储设备和丰富的外部接口，运行网络操作系统，要求较高的运行速度，为此很多服务器都配置双CPU。服务器常用于存放各类资源，为网络用户提供丰富的资源共享服务。常见的资源服务器有DNS（域名解析）服务器、E-mail（电子邮件）服务器、Web服务器、BBS服务器等。

三、计算机的特点

计算机是一种能存储程序，能自动连续地对各种数字化信息进行算术、逻辑运算的电子设备。其基于数字化的信息表示方式与存储程序工作方式，这样的计算机具有许多突出的特点。

（一）运算速度快

计算机的运算速度非常快，每秒可以处理几百万条指令。现在利用计算机的快速运算能力，10多分钟就能做出一个地区的气象、水情预报。例如，大地测量的高阶线性代数方程的求解，导弹或其他发射装置运行参数的计算，情报、人口普查等超大量数据的检索处理等。

（二）计算精度高

在计算机内部采用二进制数字进行运算，表示二进制数值的位数越多，精度就越高。普通微型计算机的计算精度已达到十几位、几十位有效数字，因此，可以用增加表示数字的设备和运用计算技巧的方法，使数值计算的精度越来越高。

（三）记忆能力强

计算机可以存储大量的数据、资料，这是人脑所无法比拟的。计算机存储器的容量可以做得非常大，既能记忆各种大量的数据信息，又能记忆处理加工这些数据信息的程序，而且可以长期保留，还能根据需要随时存取、删除和修改其中的数据。

（四）具有逻辑判断能力

计算机具有逻辑判断能力，可以根据判断结果，自动决定以后执行的命令。计算机还具有执行某些与人的智能活动有关的复杂功能，模拟人类的某些智力活动，例如，图形和声音的识别，推理和学习的过程。

（五）能自动执行程序

计算机是一个自动化程度极高的电子装置，在工作过程中不需人工干预，便能自动执行存放在存储器中的程序。计算机适合完成那些枯燥乏味的重复性劳动，也适合控制并深入人类难以胜任的、有害的作业场所。

（六）可靠性高，通用性强

现在的计算机由于采用了大规模和超大规模集成电路，因而具有非常高的可靠性，平均无故障时间可以用年来计算。

另外，由于计算机自动执行程序的能力又使得它具有很强的通用性。编制不同的程序可解决不同的问题。计算机应用领域之广是其他任何一个电子产品所不及的，不仅能用于数值计算机，还能用于非数值计算，如，信息检索、图像识别、工业控制、辅助设计、辅助制造、办公自动化等。

四、计算机的应用

随着计算机技术的不断发展，计算机应用已广泛而深入地渗透到人类社会的各个领域，影响和改变着人类的工作、学习和生活方式，推动了社会的发展，促进了生产率的提高。计算机的应用主要可以归纳为以下几个方面：

（一）科学计算

科学计算机也称数值计算，是指用于解决科学研究和工程设计中提出的数学问题的计算。科学计算的特点是计算量大，数值变化范围大。世界上第一台电子数字计算机就是为科学计算而设计的。

在科学研究领域（数学、物理、化学、天文、地理等）和工程技术领域（如航天、汽车、造船、建筑等），都存在着大量繁杂的数值计算问题，而科学技术的发展，又使得这些领域中的计算模型日趋复杂。显然，人工计算已无法解决这些问题，而这正是计算机的专长。科学计算是计算机的重要应用之一。

（二）数据处理

数据处理也称非数值计算，是指对大量的数据进行加工处理（如收集、存储、整理、分析、合并、分类、统计等），以形成有用的信息。数据处理的特点是涉及的数据量大，但计算方法较简单。

当今社会正从工业社会进入信息社会，信息量的急剧膨胀使得人们对信息的认识和要求已今非昔比，信息已经和物质、能量一起被列为人类社会活动的三大支柱。为了全面、深入、精确地认识和掌握信息所反映的事物本质，在短时间内对大量数据综合分析出所需要的信息以供相关部门作为决策的依据，单凭人力是很难完成的，必须用计算机来分处理。现在，信息已经形成独立的产业，多媒体技术更为信息产业插上了腾飞的翅膀。多媒体技术使得计算机展示给人们的不再只是枯燥的数字和文字，而是符合人们习惯的图文并茂的信息。数据处理的范围也从单纯的数字和文字拓展到声音、图像、视频等多媒体信息。

目前，数据处理已广泛应用于办公自动化、企事业管理与决策、文字处理、资料检索、印刷排版、影视特技、会计电算化、图书管理、医疗诊断等各行各业。有资料表明，世界上的计算机有80%以上主要用于数据处理。这类工作量大面广，已成为计算机应用的主流。

（三）计算机辅助系统

计算机辅助系统是指计算机用于辅助设计、辅助制造、辅助教学、辅助测试等方面，以提高相应工作的自动化程度以及提高工作的质量和效率。

（1）计算机辅助设计（Computer-Aided design，CAD）是指用计算机帮助各类设计人员进行设计。应用计算机图形方法学，对产品结构、部件和零件进行计算、分析比较和制图，从而提高设计质量，缩短设计周期，节省人力物力。目前，CAD已被广泛应用于机械制造、飞机、船舶、汽车、建筑、服装以及大规模集成电路等设计中。CAD的方便之处就是可以随时更改设计参数，反复迭代，优化设计，直到满意为止。

（2）计算机辅助制造（Computer-Aided Manufacturing，CAM）是指在产品生产制造中，用计算机对生产设备进行管理、控制和操作的技术。例如，用计算机控制生产设备的运行、处理生产过程中所需的数据，控制和处理材料的流动，对产品进行检验等。CAM的应用可以缩短生产周期，降低生产成本，提高产品质量，改善工作条件。

（3）计算机辅助教学（Computer-Aided Instruction，CAI）是指用计算机辅助各学科教学的自动化学习系统，是一种新型的教学模式。例如，用计算机存储、管理和使用教学资源（如教学内容、教学方法、教学素材、学习情况等），通过与学生的交互，实施教学。CAI的应用可以提高学生的学习兴趣，增加学习的主动性和自主性，改善学习的互动性。

（4）计算机辅助测试（Computer-Aided Test，CAT）是指用计算机帮助完成大量复杂的测试工作。例如，在矿山、水利等工矿企业的大型电修厂，对大、中型电机维修后的各项指标的测试，如果采用传统的测试工具，或根据维修技师的经验去判定电机的好坏，往往会出现错判和漏判，从而留下重大事故的隐患，而用计算机辅助测试则可以提高测试精度，完成许多传统方法无法实现的测试指标。

（四）过程控制

过程控制又称实时控制，是指用计算机及时采集数据，根据需要快速处理数据，并按最佳值迅速对控制对象进行控制的技术。

过去的工业过程控制主要采用模拟电路，响应速度慢，精度低。现在利用计算机进行过程控制，把工业现场的模拟量、开关量以及脉冲量经由放大电路和模/数、数/模转换电路送给计算机，由计算机进行数据采集、显示以及控制现场，极大提高了工业生产过程的自动化水平，提高了控制的及时性和准确性，从而可以保证产品质量，降低生产成本，降低劳动强度，提高生产率。

计算机过程控制除应用于工业生产外，还广泛应用于化工、石油、冶金、水电、纺织、交通、卫星、航天等领域。

（五）人工智能

人工智能（Artificial Intelligence，AI）一般是指利用计算机模拟人脑进行演绎推理和采取决策的思维过程，是计算机在模拟人的智能方面的应用。人工智能的主要方法是在计算机中存储一些定理和推理规则，以及经验性知识，然后设计程序，让计算机根据这些知识、定理和推理规则自动探索解决问题的方法。

人工智能是计算机应用的前沿学科，主要应用领域有专家系统、机器学习、模式识别、自然语言理解、自动定理证明、自动程序设计、机器人学、博弈、医疗诊断、人工神经网络等。

五、计算机的发展趋势

计算机技术是世界上发展最快的科学技术之一，产品不断升级换代。当前计算机正朝着巨型化、微型化、智能化、网络化等方向发展，计算机本身的性能越来越优越，应用范围也越来越广泛，从而使计算机成为工作、学习和生活中必不可少的工具。

（一）多极化

如今，个人计算机已席卷全球，但由于计算机应用的不断深入，对巨型机、大型机的需求也稳步增长，巨型、大型、小型、微型机各有自己的应用领域，形成了一种多极化的形势。如巨型计算机主要应用于天文、气象、地质、核反应、航天飞机和卫星轨道计算等尖端科学技术领域和国防事业领域，它标志一个国家计算机技术的发展水平。目前运算速度为每秒几百亿次到上万亿次的巨型计算机已经投入运行，并正在研制更高速的巨型机。

（二）智能化

智能化使计算机具有模拟人的感觉和思维过程的能力，使计算机成为智能计算机。这也是目前正在研制的新一代计算机要实现的目标。智能化的研究包括模式识别、图像识别、自然语言的生成和理解、博弈、定理自动证明、自动程序设计、专家系统、学习系统和智能机器人等。目前，已研制出多种具有人的部分智能的机器人。

（三）网络化

网络化是计算机发展的又一个重要趋势。从单机走向联网是计算机应用发展的必然结果。所谓计算机网络化，是指用现代通信技术和计算机技术把分布在不同地点的计算机互联起来，组成一个规模大、功能强、可以互相通信的网络结构。网络化的目的是使网络中的软件、硬件和数据等资源能被网络上的用户共享。目前，大到世界范围的通信网，小到实验室内部的局域网已经很普及，因特网（Internet）已经连接包括我国在内的150多个国家和地区。由于计算机网络实现了多种资源的共享和处理，提高了资源的使用效率，因而深受广大用户的欢迎，得到了越来越广泛的应用。

（四）多媒体

多媒体计算机是当前计算机领域中最引人注目的高新技术之一。多媒体计算机就是利用计算机技术、通信技术和大众传播技术，来综合处理多种媒体信息的计算机。这些信息包括文本、视频图像、图形、声音、文字等。多媒体技术使多种信息建立了有机联系，并集成为一个具有人机交互性的系统。多媒体计算机将真正改善人机界面，使计算机朝着人类接受的处理信息最自然的方式发展。

【练一练】

（1）在计算机的发展历程中，第二代计算机所使用的逻辑部件是________。

A. 集成电路　　B. 晶体管

C. 电子管　　D. 大规模、超大规模集成电路

（2）以集成电路为基本元件的第三代计算机出现的时间为________年。

A. 1965—1971　　B. 1964—1975　　C. 1960—1969　　D. 1950—1970

（3）自计算机问世至今已经经历了四个时代，划分时代的主要依据是计算机的________。

A. 规模　　B. 功能　　C. 性能　　D. 逻辑元件

（4）世界上第一台计算机________年诞生于________。

A. 1945　　B. 1946　　C. 美国　　D. 英国

（5）我们今天家用计算机使用的电子元件是________。

A. 电子管　　B. 晶体管

C. 集成电路　　D. 大规模、超大规模集成电路

（6）用计算机进行资料检索工作是属于计算机应用中的________。

A. 数据处理　　B. 人工智能　　C. 科学计算　　D. 过程控制

（7）在计算机应用中，“计算机辅助设计”简称________。

A. CAD　　B. CAM　　C. CAI　　D. CMI

（8）笔记本式计算机、掌上计算机、智能手机、智能手表等产品，是计算机________的产物。

A. 微型化　　B. 网络化　　C. 智能化　　D. 多媒体化

（9）利用计算机进行逻辑推理和定理证明，必须用到计算机的________特性。

A. 运算速度快　　B. 计算精度高

C. 可靠性强　　D. 具有逻辑判断功能

（10）科学家花15年时间将圆周率计算到707位，计算机用几分钟即可完成，这说明计算机________。

A. 运算速度快　　B. 计算精度高　　C. 有存储能力　　D. 具有判断功能

（11）目前，许多国家都在实施三网合一的系统工程，即将电信网、计算机网、有线电视网融为一体，这说明了计算机在________方向上的发展日趋广泛。

A. 巨型化　　B. 网络化　　C. 智能化　　D. 多媒体化

（12）1997年，IBM的“深蓝”计算机在对弈中战胜了国际象棋冠军卡斯帕罗夫，这体现了计算机在________方向上的发展趋势。

A. 巨型化　　B. 网络化　　C. 智能化　　D. 多媒体化

【想一想】

我们日常生产生活中计算机有哪些具体应用呢?

知识链接

一、平板电脑的发展

(一)平板电脑的概念

平板电脑(Tablet Personal Computer,简称Tablet PC、Flat PC、Tablet、Slates),是一种小型、方便携带的个人计算机,以触摸屏作为基本的输入设备。它拥有的触摸屏(又称数位板技术)允许用户通过触控笔或数字笔进行作业,而不再采用传统的键盘或鼠标。用户可以使用内置的手写识别、屏幕上的软键盘、语音识别或者一个真正的键盘(如果该机型配备的话)进行操作。

(二)发展历程

1968年,来自施乐帕洛阿尔托研究中心的艾伦·凯(Alan Kay)提出了一种可以用笔输入信息的、称为Dynabook的新型笔记本式计算机的构想。然而,帕洛阿尔托研究中心没有对该构想提供支持。

1989年,平板电脑的雏形与始祖Grid Pad诞生,它是第一款触控式屏幕的计算机,以现在的眼光看来,其配置 十分简单,采用Intel 386SL 20 MHz/16 MHz处理器搭配80387协处理器(在当时已经是最好的基于笔记本式计算机的处理器),使用了40 MB的内存,并可选配最大120 MB的硬盘。当然,它采用的是古老的DOS操作系统。

1991年,Grid Pad的总设计师Jeff Hawkins(杰夫·霍金斯)离开了Grid System公司,并带着自己的梦想于1992年1月创建了一个对后来的平板电脑、PDA以及智能手机市场都有着深远影响的公司——Palm Computing。

2001年,微软公司CEO比尔·盖茨提出平板电脑的概念,并推出了Windows XP Tablet PC版,使得一度消失多年的平板电脑产品线再次走入人们视线。该系统建立在Windows XP Professional基础之上,用户可以运行兼容Windows XP的软件。同时,Windows系统开放性和可安装性的特点也为硬件厂商开发平板电脑提供了支持。

2002年,中国初次接触平板电脑领域,并为在该领域占有一席之地打下了坚实的基础。KONKA康佳于2002年5月20日发布了中国第一款平板电脑,取名“IME”。

2005年,微软发布了Tablet PC Edition 2005,包含了Service Pack 2并且可免费升级。2005版带来了增强的手写识别率并且改善了输入皮肤,还让输入皮肤支持几乎所有程序。

2010年1月27日,在美国旧金山欧巴布也那艺术中心(芳草地艺术中心),苹果公司举行盛大的发布会,传闻已久的平板电脑——iPad由首席执行官史蒂夫·乔布斯亲自发布。iPad定位介于苹果的智能手机iPhone和笔记本式计算机产品之间,通体只有4个按键,与iPhone布局一样,提供浏览互联网、收发电子邮件、阅读电子书、播放音频或视频等功能。2010年9月2日,三星公司在德国“柏林国际消费类电子产品展览会”上发布了其第一台使用Android系统的平板电脑“Galaxy Tab”。

2011年初,Google推出Android 3.0蜂巢(Honey Comb)操作系统。Android是Google公司开发的一个基于Linux核心的软件平台和操作系统,目前,Android成了iOS最强劲的竞争对手之一。

二、智能手机的发展

（一）智能手机的概念

智能手机（Smartphone），是指“像个人计算机一样，具有独立的操作系统，可以由用户自行安装软件、游戏等第三方服务商提供的程序，通过此类程序不断对手机功能进行扩充，并可以通过移动通信网络实现无线网络接入的这样一类手机的总称。”智能手机是一种安装了相应开放式操作系统的手机。通常使用的操作系统有：Symbian、Windows Mobile、Windows Phone、iOS、Linux（含Android、Maemo、MeeGo和WebOS）、Palm OS和BlackBerry OS。

（二）智能手机的特点

（1）具备无线接入互联网的能力，即需要支持GSM网络下的GPRS或者CDMA网络的CDMA 1X或3G（WCDMA、CDMA-EVDO、TD-SCDMA）网络，4G（HSPA+、FDD-LTE、TDD-LTE）。

（2）具有PDA的功能，包括PIM（个人信息管理）、日程记事、任务安排、多媒体应用、浏览网页。

（3）具有开放性的操作系统，拥有独立的核心处理器（CPU）和内存，可以安装更多的应用程序，使智能手机的功能可以得到无限扩展。

（4）人性化，可以根据个人需要扩展机器功能。

（5）功能强大，扩展性能强，第三方软件支持多。

（三）智能手机的发展

未来智能手机必将是一种能够与云计算技术充分结合的Web 化的平台。今后智能手机的关键技术主要包括:

（1）实现Web引擎与本地能力的完美结合，即把本地的各种能力封装成接口，供浏览器引擎使用。一个单纯的浏览器无法充分发挥智能手机的本地处理能力，例如调用全球定位系统（GPS）的接口。这也是为什么在目前的智能手机上增加一个全功能浏览器并不能实现人们的目标，必须重新设计一种新的Web化的智能平台。

（2）离线处理。当绝大部分的业务逻辑处理都在网络侧实现，那么离线处理就变得非常重要，甚至可能成为一个关键性的制约因素，尤其是在无线环境下使用的手机，其网络连接的可靠性远不能与固网相比。

（3）对带宽占用的优化。虽然带宽资源越来越多，但是这种基于云计算理念的Web OS对带宽的需求远远超过当前的智能手机。如何减少对带宽的需求决定了这种模式能否真正实现商用。目前多采取数据压缩来减少对带宽的需求，然而真正有效的还是对应用进行分类，区分出哪些适合在终端侧处理，哪些适合在网络侧处理，并将这些接口封装成统一的服务接口，并可根据网络情况随时进行调整，使得资源的利用实现最大化与有效化。

三、物联网的发展

（一）内涵

物联网是新一代信息技术的重要组成部分，其英文为The Internet of things。顾名思义，物联网就是物物相连的互联网。这有两层意思：第一，物联网的核心和基础仍然是互联网，是在互联网基础上的延伸和扩展的网络；第二，其用户端延伸和扩展到了任何物品与物品之间，进行信息交换和通信。因此，物联网的定义是通过射频识别（RFID）、红外感应器、全球定位系统、激光扫描器等信息传感设备，按约定的协议，把任何物品与互联网相连接，进行信息交换和通信，以实现对物品的智能化识别、定位、跟踪、监控和管理的一种网络。

（二）关键技术

与传统的互联网相比，物联网有其鲜明的特征，物联网产业涉及的关键技术主要包括感知技术、网络和通信技术、信息智能处理技术及公共技术。

（1）感知技术：通过多种传感器、RFID、二维码、定位、地理识别系统、多媒体信息等数据采集技术，实现外部世界信息的感知和识别。

物联网上部署了海量的多种类型传感器，每个传感器都是一个信息源，不同类别的传感器所捕获的信息内容和信息格式不同。传感器获得的数据具有实时性，按一定的频率周期性地采集环境信息，不断更新数据。

（2）网络和通信技术：通过广泛的互联功能，实现感知信息高可靠性、高安全性进行传送，包括各种有线和无线传输技术、交换技术、组网技术、网关技术等。

物联网技术的重要基础和核心仍旧是互联网，通过各种有线和无线网络与互联网融合，将物体的信息实时准确地传递出去。在物联网上的传感器定时采集的信息需要通过网络传输，由于其数量极其庞大，形成了海量信息，在传输过程中，为了保障数据的正确性和及时性，必须适应各种异构网络和协议。

（3）信息智能处理技术：通过应用中间件提供跨行业、跨应用、跨系统的信息协同及共享和互通的功能，包括数据存储、并行计算、数据挖掘、平台服务、信息呈现、服务体系架构、软件和算法技术、云计算、数据中心等。

物联网不仅提供了传感器的连接，其本身也具有智能处理的能力，能够对物体实施智能控制。物联网将传感器和智能处理相结合，利用云计算、模式识别等各种智能技术，扩充其应用领域。从传感器获得的海量信息中分析、加工和处理出有意义的数据，以适应不同用户的不同需求，发现新的应用领域和应用模式。

（4）公共技术：主要是标识与解析、安全技术、网络管理、服务质量（QoS）管理等公共技术。

（三）未来发展

物联网将是下一个推动世界高速发展的“重要生产力”。物联拥有业界最完整的专业物联产品系列，覆盖从传感器、控制器到云计算的各种应用，以及产品服务智能家居、交通物流、环境保护、公共安全、智能消防、工业监测、个人健康等各种领域，构建了质量好、技术优、专业性强、成本低、满足客户需求的综合优势，持续为客户提供有竞争力的产品和服务。

四、云计算的发展

（一）内涵

云计算（Cloud Computing）是基于互联网的相关服务的增加、使用和交付模式，通常涉及通过互联网提供动态易扩展且经常是虚拟化的资源。云是网络、互联网的一种比喻说法。过去在图中往往用云来表示电信网，后来也用来表示互联网和底层基础设施的抽象。狭义云计算指IT基础设施的交付和使用模式，指通过网络以按需、易扩展的方式获得所需资源；广义云计算指服务的交付和使用模式，指通过网络以按需、易扩展的方式获得所需服务。这种服务可以是IT和软件、互联网相关，也可是其他服务。它意味着计算能力也可作为一种商品通过互联网进行流通。

（二）发展历程

1983年，太阳电脑（Sun Microsystems）提出“网络是电脑”（The Network is the Computer），2006年3月，亚马逊（Amazon）推出弹性计算云（Elastic Compute Cloud，EC2）服务。

2006年8月9日，Google首席执行官埃里克·施密特（Eric Schmidt）在搜索引擎大会（SES San Jose 2006）上首次提出“云计算”（Cloud Computing）的概念。Google“云端计算”源于Google工程师克里斯托弗·比希利亚所做的“Google 101”项目。

2007年10月，Google与IBM开始在美国大学校园，包括卡内基梅隆大学、麻省理工学院、斯坦福大学、加州大学伯克利分校及马里兰大学等，推广云计算的计划。这项计划希望能降低分布式计算技术在学术研究方面的成本，并为这些大学提供相关的软硬件设备及技术支持（包括数百台个人计算机及Blade Center与System X服务器，这些计算平台将提供1 600个处理器，支持包括Linux、Xen、Hadoop等开放源代码平台），而学生则可以通过网络开发各项以大规模计算为基础的研究计划。

2008年1月30日，Google宣布在我国台湾省启动“云计算学术计划”，将与台湾大学、台湾交通大学等学校合作，将这种先进的大规模、快速计算技术推广到校园。

2008年2月1日，IBM（NYSE: IBM）宣布将在我国无锡太湖新城科教产业园为我国的软件公司建立全球第一个云计算中心（Cloud Computing Center）。

2008年7月29日，雅虎、惠普和英特尔宣布了一项涵盖美国、德国和新加坡的联合研究计划，推出云计算研究测试床，推进云计算。该计划要与合作伙伴创建6个数据中心作为研究试验平台，每个数据中心配置1 400～4 000个处理器。

2008年8月3日，美国专利商标局网站信息显示，戴尔正在申请“云计算”（Cloud Computing）商标，此举旨在加强对这一未来可能重塑技术架构的术语的控制权。

2010年3月5日，Novell与云安全联盟（CSA）共同宣布一项供应商中立计划，称为“可信任云计算计划（Trusted Cloud Initiative）”。

2010年7月，美国国家航空航天局和包括Rackspace、AMD、英特尔、戴尔等支持厂商共同宣布Open Stack开放源代码计划，微软在2010年10月表示支持Open Stack与Windows Server 2008 R2的集成；而Ubuntu已把Open Stack加至11.04版本中。

2011年2月，思科系统正式加入Open Stack，重点研制Open Stack的网络服务。

（三）云计算的未来发展

（1）私有云将首先发展起来。大型企业对数据的安全性有较高的要求，更倾向于选择私有云方案。未来几年，公有云受安全、性能、标准、客户认知等多种因素制约，在大型企业中的市场占有率还不能超越私有云。并且私有云系统的部署量还将持续增加，私有云在IT消费市场所占的比例也将持续增加。

（2）混合云架构将成为企业IT趋势。私有云只为企业内部服务，而公有云则是可以为所有人提供服务的云计算系统。混合云将公有云和私有云有机地融合在一起，为企业提供更加灵活的云计算解决方案。而混合云是一种更具优势的基础架构，它将系统的内部能力与外部服务资源灵活地结合在一起，并保证了低成本。在未来几年，随着服务提供商的增加与客户认知度的增强，混合云将成为企业IT架构的主导。

（3）云计算概念逐渐平民化。几年前，由于一些大企业对于云计算概念的渲染，导致很多人对于云计算的态度一直停留在“仰望”的阶段。但是未来其发展一定是平民化的。

其平民化必然经历如下几个步骤：

第一，云计算产品价格持续下降。基本上任何IT产品的价格都会随着在用户中的普及而逐渐降低价格，云计算也不例外。

第二，云计算定价模式简单化。定价模式的简单化有助于云计算的进一步普及，这是非常好理解的，没有人希望去购买商品的时候面对繁杂的价格计算公式，而在这一点上，目前的云计算产品显然做得还不够。目前，众多厂商的涌入使得云服务定价标准比较混乱。

（4）云计算安全权责更明确。对于云计算安全性的质疑一直是阻碍云计算进一步普及的最大障碍，如何消除公众对于云计算安全性的疑虑就成了云服务提供商不得不解决的问题，在这一问题上，通过法律来明确合同双方的权责显然是一个重要的环节。

任务评价

学习完本次任务，请对自己做个评价。如果不会，想想问题出在哪，并努力学会。

<table>
<tr><th rowspan="2">序号</th><th rowspan="2">内　　容</th><th colspan="3">评　　价</th></tr>
<tr><th>会</th><th>基本会</th><th>不会</th></tr>
<tr><td>1</td><td>说出计算机的发展阶段</td><td></td><td></td><td></td></tr>
<tr><td>2</td><td>说出计算机的分类</td><td></td><td></td><td></td></tr>
<tr><td>3</td><td>说出计算机的特点</td><td></td><td></td><td></td></tr>
<tr><td>4</td><td>说出计算机主要应用</td><td></td><td></td><td></td></tr>
<tr><td>5</td><td>说出计算机未来发展的趋势</td><td></td><td></td><td></td></tr>
<tr><td colspan="5">你的体会：</td></tr>
</table>

任务二　认识计算机系统的组成

任务目标

通过本任务，使学生明晰计算机的系统组成，能熟练讲出各组成部分的作用，认识计算机各组成设备。

任务描述

李华在学习计算机过程中，常听到老师讲“系统”一词，知道计算机是依靠硬件和软件的协同工作来完成某一给定任务的。但他很想对计算机系统的组成有更深入的了解，请你带着他一块走进计算机的世界吧。

任务分析

计算机系统包括硬件系统和软件系统，建议在对李华进行统介绍时利用实物、举例等方式引导他认识计算机系统，同时辅以习题加以巩固。

任务实施

一、初识计算机系统

计算机系统由硬件和软件两大部分组成。

（一）硬件系统的组成

计算机硬件系统是指计算机系统中由电子、机械、磁性和光电元件组成的各种计算机部件和设备。半个多世纪以来，虽然计算机发展很快，其性能指标、运算速度、工作方式等都有了巨大变化，但计算机的基本结构一直没有变化。计算机硬件系统的基本组成都是由运算器、控制器、存储器、输入设备和输出设备这五大部件构成，一个都不能少。

图1.2.1中实线为数据流，代表数据或指令，在机内表现为二进制数形式；虚线为控制流，代表控制信号，在机内呈现高低电平形式，起控制作用。这是两种不同类型的信息，计算机的工作正是通过这两股不同性质的信息流动完成的。下面围绕图1.2.1说明各部件的作用以及它们之间是如何配合工作的。

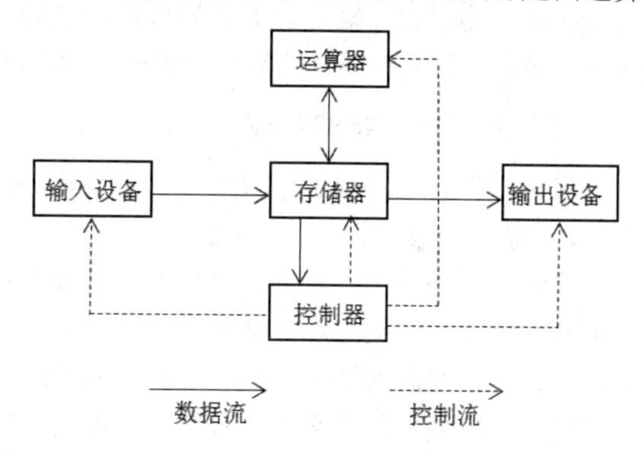

图1.2.1　计算机硬件系统的组成结构示意图

1. 控制器（Controller）

控制器是整个计算机系统的控制中心，它指挥计算机各部分协调地工作，保证计算机按照预先规定的目标和步骤有条不紊地进行操作及处理。

控制器从内存中逐条取出指令，分析每条指令规定的是什么操作（操作码），以及进行该操作的数据在存储器中的位置（地址码）。然后，根据分析结果，向计算机其他部分发出控制信号。

2. 运算器（Arithmetic Logic Unit，ALU）

运算器又称算术逻辑部件，简称ALU，是计算机对信息进行加工、运算的部件，它的速度几乎决定了计算机的计算速度。运算器的主要功能是对二进制编码进行算术运算（加、减、乘、除运算，有些运算器无乘、除功能，乘除运算是通过加减运算和移位实现的）和逻辑运算（“与”“或”“非”“比较”“移位”等操作）。正是因为运算器的逻辑运算功能，使得计算机具有因果关系分析的能力。

运算器的工作是在控制器的控制下对取自内存或内部寄存器的数据进行算术或逻辑运算。控制器和运算器都是计算机的核心部件，二者被统称为中央处理单元或中央处理器，简称CPU（Central Processing Unit）。

3. 存储器（Memory）

存储器是用来保存程序、数据、运算的中间结果及最后结果的记忆装置。程序中的指令总是被送到控制器解释执行，数据则总是被送到运算器进行运算。存储器就一种能根据地址存取指令和数据的装置。

计算机的存储系统分为内部存储器（简称内存或主存）和外部存储器（简称外存或辅存）。内存中存放将要执行的指令和运算数据，容量较小，但存取速度快。外存容量大、成本低、存取速度慢，用于存放需要长期保存的程序和数据。当存放在外存中的程序和数据需要处理时，须先将它们读到内存中，再进行处理。

4. 输入设备（Input device）

输入设备是用来输入计算程序和原始数据的设备。它的作用是接受用户输入的信息，并将它们变为计算机能识别的形式（二进制形式）存放到计算机的存储器中。典型的输入设备有键盘、鼠标、图形扫描仪、数码摄像头等。

5. 输出设备（Output device）

输出设备是用来输出计算机处理结果的设备。它的作用是将计算机处理的结果转变为人们所能接受的形式并输出。如将处理结果还原为对应的文字和图像等，并在显示器上输出。除显示器外，常见的输出设备有打印机、绘图仪等。

（二）软件系统的组成

所谓软件，就是安装或存储在计算机中的程序，有时这些软件也存储在外存储器上，如光盘、U盘、移动硬盘或存储卡上。

在计算机系统中，软件和硬件是相互依存的。软件的使用依赖于硬件的物质条件，而硬件则需要在软件的支配下才能有效工作。有了软件，用户面对的不再是一台物理计算机（裸机），人们可以不必了解计算机本身，可以采用更加方便有效的手段使用计算机。

计算机的软件系统可以分为系统软件和应用软件两大类，如图1.2.2所示。

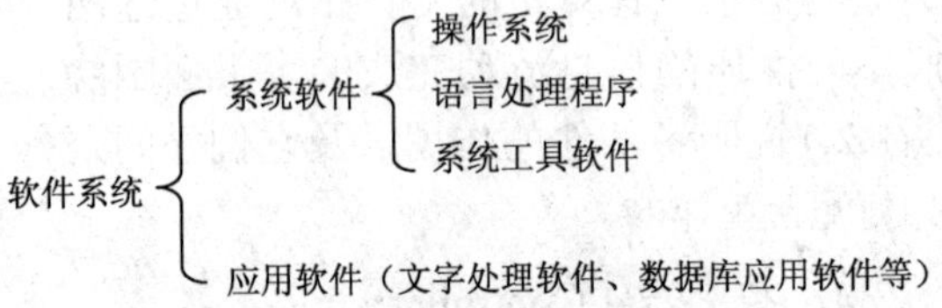

- 软件系统
  - 系统软件
    - 操作系统
    - 语言处理程序
    - 系统工具软件
  - 应用软件（文字处理软件、数据库应用软件等）

图1.2.2 计算机软件系统

1. 系统软件

系统软件是指管理、监控、维护计算机，并为用户操作使用计算机提供服务的一类软件。系统软件一般与具体应用无关，它是在系统一级提供服务，确保计算机正常工作，确保用户有一个良好的操作环境，确保应用软件能够正常运行，同时也为用户开发具体的应用程序提供必不可少的开发平台。

系统软件主要包括两大类：面向计算机本身的软件，如操作系统；面向用户的软件，如各种语言处理程序、各种系统工具软件等。

（1）操作系统：操作系统是计算机系统中最重要的系统软件，是计算机系统的核心与基石。操作系统的职责通常包括对硬件的直接监管、对各种系统资源（如内存、处理器时间等）的管理，以及提供诸如作业管理之类的面向应用程序的服务等。目前微机上常见的操作系统有DOS、OS/2、UNIX、XENIX、Linux、Windows、Netware等。

（2）语言处理程序：编写计算机程序所用的语言是人与计算机沟通的工具，一般分为机器语言、汇编语言和高级语言三类。

- 机器语言是一种计算机能直接识别、不需要翻译、直接供机器使用的语言，机器语言直接用指令编写程序，它的指令通常与具体机器有关，是一组0、1代码。
- 汇编语言是一种与机器语言相对应的语言，它采用一定的助记符号来表示机器语言中的指令和数据，使得机器语言符号化，便于记忆和使用。
- 高级语言是一种更接近于人类自然语言和数学语言的语言，易于程序设计者理解，是目前使用最多的语言。常用的高级语言有BASIC语言、Pascal语言、FORTRAN语言、C语言等。

上述三种语言中只有用机器语言编写的程序可以在计算机上直接运行，用其他两种语言编写的程序都需要先经过语言处理程序的处理，将其翻译或编译成机器语言程序才能运行。

（3）系统工具软件：通常是指一些管理、维护、使用计算机的服务性程序和实用程序，如诊断和修复工具、调试程序、编辑程序、文件压缩程序、磁盘整理工具等。

2. 应用软件

应用软件是指利用计算机的软、硬件资源为某一专门的应用目的而开发的软件。应用软件通常都是用于某一特定的应用领域，常见的有：文字处理软件（如Microsoft Word、WPS等）、表格处理软件（如Microsoft Excel、CCED等）、数据库应用软件（如财务软件、工资管理程序、设备管理程序、人事管理程序等）、辅助设计软件、实时控制软件等。

（三）计算机系统的层次关系

如图1.2.3所示，计算机系统是按层次结构组织的，层次之间的关系是：内层是外层赖以工作的支撑环境，通常外层不必了解内层细节，只需根据约定调用内层提供的服务即可。

（1）最内层（亦称最底层）是硬件，是所有软件的物质基础。

（2）操作系统介于最内层硬件和外层软件之间，表示它对内（向下）控制硬件，对外（向上）提供其他软件运行的支撑环境。

（3）操作系统之外的各层都是在操作系统提供的平台上运行，不直接与硬件接触。

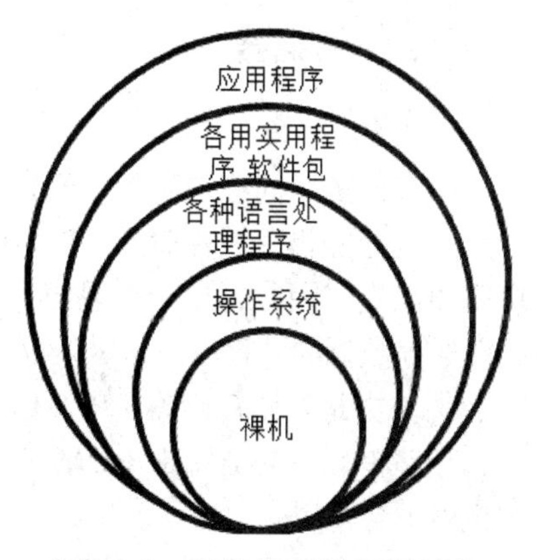

图1.2.3 计算机系统层次结构

（4）应用程序在最外层，表示它是最终用户使用的软件。

在所有的软件中，操作系统是最重要的，因为它位于软件的底层，直接与硬件接触。操作系统一方面管理和控制硬件资源；另一方面为上层软件提供支持。换句话说，任何程序都是在操作系统支持下运行的，操作系统最终把用户与机器隔离开了，凡对机器的操作一律转换为操作系统的命令，这样一来，用户使用计算机就变成使用操作系统了。有操作系统，用户不再是在裸机上艰难地使用计算机，而是可以充分享受操作系统所提供的各种方便的服务了。

二、微型计算机的硬件系统

微型计算机以微处理器和总线为核心。微处理器是微型计算机的中央处理部件，包括寄存器、累加器、算术逻辑部件、控制部件、时钟发生器、内部总线等；总线是传送信息的公共通道，并将各个功能部件连接在一起，总线分为数据总线、地址总线和控制总线3种。

此外，微型计算机还包括随机存取存储器（RAM）、只读存储器（ROM）、输入/输出电路以及组成这个系统的总线接口等。微型计算机基本结构如图1.2.4所示。

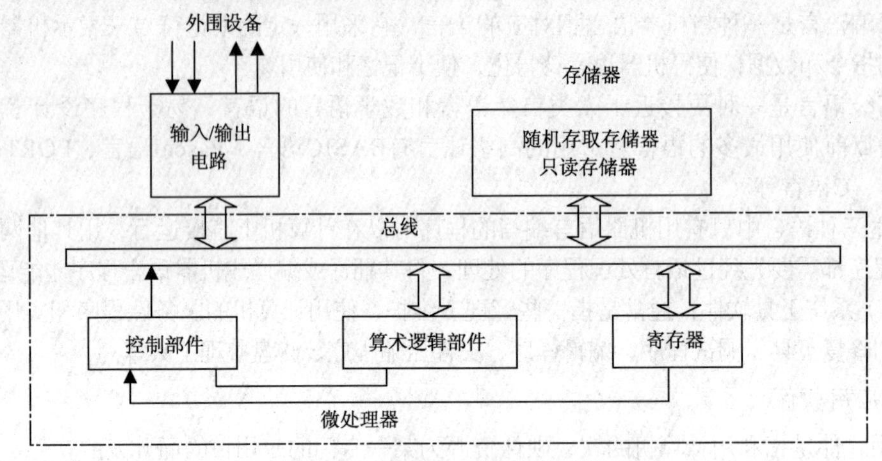

图1.2.4 微型计算机基本结构

（一）微处理器（CPU）

CPU英文为Central Processing Unit，它是主机的心脏，也是负责运算和控制的中心，计算机的运转是在它的指挥控制下实现的。它是整个计算机的核心。CPU包括运算器和控件器。

（二）存储器

1. 内存储器

内存储器（简称内存）可分为两类：

一类是随机存取存储器（RAM），其特点是存储器中的信息能读能写。RAM中信息在关机后即消失，因此，用户在退出计算机系统前，应把当前内存中产生的有用数据转存到可永久性保存数据的外存中去，以便以后再次使用。RAM又可称为读写存储器。

另一类是只读存储器（ROM），其特点是用户在使用时只能进行读操作，不能进行写操作，存储单元中的信息由 ROM 制造厂在生产时或用户根据需要一次性写入。ROM中的信息关机后不会消失。

2. 外存储器

外存储器（简称外存）是存放程序和数据的“仓库”，可以长时间地保存大量信息。外存与内存相比，容量要大得多，例如，当前微型计算机的外存（硬盘）配置可为几TB数量级。但外存的访问速度远比内存要慢，所以计算机的硬件设计都是规定CPU只从内存取出指令执行，并对内存中的数据进行处理，以确保指令的执行速度。当需要时，系统将外存中的程序或数据成批地传送到内存，或将内存中的数据成批地传送到外存。

3. 高速缓冲存储器

缓冲存储器（Cache）是为解决CPU和主存之间速度不匹配而采用的一项重要技术。Cache是介于CPU和主存之间的小容量存储器，但存取速度比主存快。

（三）主板

系统主板是微型计算机中一块用于安装各种插件，并由控件芯片构成的电路板。主板上不仅有芯片组、BIOS芯片、各种跳线、电源插座，还提供以下插槽：CPU插槽、内存插槽、总线扩展槽、IDE接口，以及串行口、并行口、PS/2接口、UBS接口、CPU风扇电源接口、各类外设接口等。

（四）总线

总线是计算机中各部件之间传递信息的基本通道。依据传递内容的不同，总线又分为数据总线、地址总线和控制总线3种。

（五）输入设备

输入设备是用来输入计算程序和原始数据的设备。常见的输入设备有键盘、图形扫描仪、鼠标、数码摄像头等。

1. 键盘

键盘是目前应用最普遍的一种输入设备，它由一组排列成阵列形式的按键组成的，每按下一个键，则产生一个相应的字符代码（每个按键的位置码），然后将它转换成ASCII码或其他代码送往主机。用户的指令必须通过它才能告诉主机。目前，键盘对计算机来说还是一个不可替代的输入设备。

2. 鼠标

鼠标是微型计算机上最常用的输入设备。常见的鼠标有光电式和机械式两种。

其他的输入设备还有光笔、图形板、扫描仪、跟踪球、操纵杆等。跟踪球是用手指或手掌推动的一个球体，它的工作方式类似于鼠标，用手来转动球体，得到相对的位移。图形输入设备则有数码摄像机、扫描仪等。现在又出现了语音与文字输入系统，可以让计算机从语音的声波和文字的形状中接收到信息。

（六）输出设备

输出设备是用来输出计算结果的设备。常见的输出设备有显示器、传声器、打印机、数字绘图仪等。

1. 显示器

显示器是计算机的主要输出设备。显示器按其工作原理可分为：阴极射线管显示器（CRT）和液晶显示器（LCD）。

在购买显示器时，显示器支持的颜色数量、显示器每秒更新画面的次数，都是要考虑的因素。

2. 传声器

见过有的人一边在计算机前操作，一边听着美妙的音乐吗？那就是传声器的杰作。现在，有声有画的多媒体计算机家族越来越壮大，为人们的工作和生活增添了很多的色彩，同时也吸引了很多计算机爱好者。主机的声音通过声卡传送给传声器，再由传声器表达出来，真正体现出多媒体的效果。

3. 打印机

打印机也是一种常用的输出设备，有3种类型：针式打印机、喷墨打印机和激光打印机，其性能是逐级递增的。

【练一练】

（1）计算机系统由________组成。

A. 主机和显示器　　B. 系统软件和应用软件

C. 硬件系统和软件系统　　D. 主机、键盘、显示器等外围设备

（2）“裸机”指的是________。

A. 没有硬盘的微机　　B. 没有处理器的微机

C. 没安装任何软件的微机　　D. 大型计算机的终端机

（3）王亮同学新买了一台计算机裸机，他应该首先给计算机安装________软件。

A. 字处理　　B. 杀毒　　C. 操作系统　　D. 游戏

（4）在微型计算机硬件系统中，核心部件是________。

A. 输入设备　　B. 存储器　　C. 输出设备　　D. 中央处理器

（5）决定一台计算机性能的最主要的部件是________。

A. 内存　　B. CPU　　C. 硬盘　　D. 显卡

（6）微机的中央处理器通常是指________。

A. 内存和控制器　　B. 内存和运算器

C. 内存、控制器、运算器　　D. 控制器和运算器

（7）微机中控制器的作用是________。

A. 存储各种控制信息　　B. 控制机器各部件协调一致工作

C. 进行算术运算　　D. 进行逻辑运算

（8）________是计算机的控制中心，它负责指挥各部件协调工作。

A. 控制器　　B. 存储器　　C. 寄存器　　D. 运算器

（9）运算器的作用是________。

A. 只能进行逻辑运算　　B. 既能进行逻辑运算,又能进行算术运算

C. 只能进行算术运算　　D. 只能把运算结果存入存储器

（10）下列属于内存储器的是________。

A. U盘　　B. 硬盘　　C. 光盘　　D. ROM

（11）随机存储器（RAM）与只读存储器（ROM）的区别是________。

A. RAM是内存，ROM属外存

B. 断电后，RAM中的信息全部消失，ROM的信息不会消失

C. RAM存储速度比ROM快得多

D. ROM一般比RAM的容量大

（12）运行一个程序时，系统先把程序指令从外存读取到________中，然后再交给CPU执行。

A. RAM　　B、CD-ROM　　C. CPU　　D. ROM

（13）断电后，信息会丢失的存储器是________。

A. U盘　　B. 硬盘　　C. RAM　　D. ROM

（14）________中存放的信息关机后就会自动消除。

A. RAM　　B. 光盘　　C. ROM　　D. 硬盘

（15）微机中访问速度最快的是________。

A. 光盘　　B. U盘　　C. 硬盘　　D. 内存

（16）计算机内存储器比外存储器优越的地方在于________。

A. 便宜　　B. 存取速度快　　C. 容量大　　D. 安装方便

（17）内存与硬盘相比，内存具有________的特点。

A. 容量小，速度快　　B. 容量大，速度慢

C. 容量大，速度快　　D. 容量小，速度慢

（18）我们平常说微机的内存是2 GB，这里的内存主要是指________。

A. 硬盘的大小　　B. 只读存储器的大小

C. 随机存储器的大小　　D. RAM和ROM两者加起来的总容量

（19）用Word打字过程中需要经常执行存盘操作,存盘的过程是________。

A. 把内存中的内容保存到外存（硬盘）上

B. 把随机存储器中的内容保存到只读存储器上

C. 把外存（硬盘 软盘等）中的内容保存到内存上

D. 把只读存储器中的内容保存到随机存储器上

（20）以下为计算机外存储器的是________。

A. 数据文件　　B. 打印机　　C. 光盘　　D. 文件夹

（21）CD-ROM属于________。

A. 软磁盘存储器　　B. 硬磁盘存储器　　C. 内存储器　　D. 外存储器

（22）影响计算机运行速度的关键部件是________。

A. 显示器和打印机　　B. 键盘和鼠标　　C. CPU和内存　　D. 硬盘和U盘

（23）下列设备属于输入设备的是________。

A. 扫描仪　　B. 显示器　　C. 打印机　　D. 绘图仪

（24）________是计算机的基本输入设备。

A. 扫描仪　　B. 键盘　　C. 光笔　　D. 数码照相机

（25）下列设备属于输出设备的是________。

A. 键盘　　B. 鼠标　　C. 话筒　　D. 音箱

（26）计算机中既能输入数据又能输出数据的设备是________。

A. CD-ROM　　B. 音箱　　C. 硬盘　　D. 显示器

（27）下列设备中，既是输入设备又是输出设备的是________。

A. 鼠标　　B. 显示器　　C. 键盘　　D. 触摸屏

（28）扫描仪是一种________设备。

A. 输入　　B. 存储　　C. 照相　　D. 输出

【想一想】

计算机的诸多设备之间是如何协调工作的？

知识链接

（一）冯·诺依曼结构计算机

冯·诺依曼（von Neumann）是美籍匈牙利数学家，他在1946年提出了关于计算机的组成和工作方式的基本设想。到目前为止，尽管计算机的制造技术已经发生了极大的变化，但

是就其体系结构而言，仍然是根据冯·诺依曼的设计思想制造的，这样的计算机称为冯·诺依曼结构计算机。

冯·诺依曼设计思想可以简要地概括为以下三点：

（1）计算机应包括控制器、运算器、存储器、输入设备、输出设备五大基本部件。

（2）程序和数据以二进制代码形式不加区别地存放在存储器中，存放位置由地址确定。

（3）控制器根据存放在存储器中的指令序列（程序）进行工作，并由一个程序计数器控制指令的执行。控制器具有判断能力，能根据计算结果选择不同的工作流程。

冯·诺依曼设计思想的最重要之处在于明确提出了“程序存储”的概念，他的全部设计思想实际上都是对“程序存储”概念的具体化。冯·诺依曼设计思想具有划时代意义，对后来的计算机发展起了决定性作用

（二）计算机的工作过程

计算机的工作过程就是执行程序的过程。先编制程序，通过输入设备把程序送到计算机的存储器中保存起来，即程序存储，然后执行程序。根据冯·诺依曼设计思想，计算机应能自动执行程序，而执行程序其实就是逐条执行指令，每条指令的执行又可以分为以下四个基本操作：

（1）取出指令：从存储器某个地址中取出要执行的指令送到CPU内部的指令寄存器暂存。

（2）分析指令：把保存在指令寄存器中的指令送到指令译码器，译出该指令对应的操作。

（3）执行指令：根据指令译码向计算机各部件发出相应控制信号，完成指令规定的操作。

（4）为执行下一条指令做好准备，即形成下一条指令地址。

当一条指令执行完毕，计算机会根据所形成的下一条指令地址从内存中取出下一条指令送到CPU，然后重复上面的四个基本操作，这一过程周而复始，便实现了程序的自动执行。

任务评价

学习完本次任务，请对自己做个评价。如果不会，想想问题出在哪里，并努力学会。

序号	内　　容	评　　价		
		会	基本会	不会
1	讲出计算机系统的组成及作用			
2	说出计算机各组成部分之间的关系			
3	认识常用计算机外围设备			
4	说出微型计算机的组成			
你的体会：				

任务三　了解计算机信息存储

任务目标

通过本任务，使学生知道数制的概念，能进行二、十数制之间的转换；熟悉计算机中的数据单位及其相互转换；了解计算机中常用的编码。

任务描述

通过前面两个任务的学习，李华对计算机的基本功能有所知晓，明白计算的工作过程就是加工和处理数据，而“数据”含义很广，包括数值、文字、声音、图形、图像、视频等各种数据形式。在计算机内部，各种信息必须经过数字化编码才能被传送、存储和处理。所以他对信息如何在计算机中存储很感兴趣。请你带他走进奇妙的“信息”世界。

任务分析

鉴于对计算机信息的存储认知是一个较抽象的认识过程，建议在对李华介绍时以信息在计算机中的处理为着眼点，讲解信息的编码、存储和处理及二–十进制间的转换，同时辅以习题加以巩固。

任务实施

一、编码与二进制编码

（一）编码

计算机所表示和使用的数据可分为两大类：数值数据和非数值数据。数值数据用以表示量的大小、正负，如整数、小数等。非数值数据用以表示一些字符、图形、色彩、声音等。计算机中的信息都是用二进制编码表示的。

所谓编码，就是采用少量基本符号和一定的组合原则来区别和表示信息。基本符号和种类组合原则是信息编码的两大要素。

（二）二进制编码

二进制编码就是通过0和1两个基本符号的组合来表示计算机中所有信息。

与十进制编码相比，二进制编码并不符合人们的习惯，但是计算机内部仍采用二进制编码表示信息，其主要原因有以下四点：

1. 物理上最容易实现

计算机是电子设备，物理上是由逻辑电路组成，逻辑电路通常只有两种状态，如开关的通与断，电压的高与低等。这两种状态正好可以用来表示二进制码0和1。

2. 可靠性强

两种状态所代表的两个数码在数字传输和处理中不容易出错，因而电路更加可靠。

3. 运算规则简单

用二进制码表示的二进制数运算规则简单。例如，二进制数的加法运算规则是逢二进一，简单且易于实现。又如，二进制数的求积运算规则只有3个（$0\times0=0$，$1\times0=1$，$1\times1=1$），而十进制数的求积运算规则是九九乘法表，让机器去实现就很困难。

4. 易于实现逻辑运算和逻辑判断

计算机的工作离不开逻辑运算，二进制码的0和1正好可以用来代表逻辑命题的两个值“真”与“假”或“是”与“否”，从而为计算机实现逻辑运算和程序中的逻辑判断提供了方便。

二、数据的存储单位

二进制只有两个数码0和1，任何形式的数据都要用0和1表示。为了能有效地表示和存储二进制数据，计算机中使用了下列几种数据单位：

1. 位（bit）

位是计算机存储数据、表示数据的最小单位。存放一位二进制数的记忆单元就是一个二进制位，记为bit。通常用一个bit来表示一个开关量，例如1代表“开关闭合”，0代表“开关断开”。

2. 字节（Byte）

字节用Byte或B表示，它是计算机中最常用的数据单位。1个字节由8个二进制位组成。计算机的存储容量就是指此计算机存储器所能存储的总字节数。

计算机的存储器（包括内存与外存）通常都是以字节作为存储容量的单位。

计算机存储器的常用容量单位有：

KB　　1 KB=2^{10} B = 1024 B

MB　　1 MB=2^{10} KB = 2^{20} B

GB　　1 GB = 2^{10} MB = 2^{30} B

TB　　1 TB =2^{10} GB = 2^{40} B

3. 字（Word）

计算机处理数据时，整体被存取、传送、处理的二进制数字符串称为一个字。

4. 字长

一个字中所包含的二进制数的位数称为字长。字长与计算机的类型、档次等有关。如IBM PC为16位微型计算机，其字长为16位，而Pentium 是32位计算机，其字长为32位。

三、微型计算机的性能指标

计算机性能主要通过字长、CPU主频、运算速度和内存容量这四项技术指标来衡量。

1. 字长

字长以二进制位为单位，其大小是CPU能够同时处理的数据的二进制位数。它直接关系到计算机的计算精度、功能和速度。像Pentium、Pentium Pro、Pentium Ⅱ、Pentium Ⅲ、Pentium 4处理器大多是32位。目前主流CPU使用的64位技术主要有AMD公司的AMD 64位技术、Intel公司的EM64T技术和IA-64技术。

2. 运算速度

通常所说的计算机的运算速度（平均运算速度）是指计算机每秒所能执行的指令条数（又称CPU的外频）。一般用百万次/秒（MIPS）来描述。

3. CPU主频

CPU主频是指CPU的时钟频率，即CPU在单位时间（秒）内发出的脉冲数。度量单位一般为MHz或GHz。主频是衡量微机运行速度的主要参数，主频越高，执行一条指令的单位时间就越短，速度就越快。目前常见的主频有2.6 GHz、2.8 GHz、3.0 GHz、4.0 GHz。

4. 内存容量

内存容量是指为计算机系统所配置的内存总字节数，这部分存储空间CPU可直接访问。内存容量越大，容纳的程序和数据量越多，运行速度就越快，处理能力就越强。很多复杂的软件要求足够大的内存空间才能运行，对内存的要求一般是通过该软件的运行环境提出的，如Windows 7操作系统，要求内存容量为1 GB以上才能运行。

四、数制之间的相互转换

（一）进位计数制

数据用少量的数码按先后位置排列成数位，并按照由低到高的进位方式进行计数，这种表示数的方法称为进位计数制，简称进位制。

常用进位计数制有十位制（Decimal notation）、二进制（Binary notation）、八进制（Octal notation）、十六进制数（Hexdecimal notation）。

进位计数制的特点是：表示数值大小的数码与它在数中所处的位置有关。

例如，十进制数123.45，数码1处于百位上，它代表1 × 100=100，即1所处的位置具有100权；2处于十位上，它代表2 × 10=20，即2所处的位置具有10权；3代表3 × 1=3；而4处于小数点后第一位，代表$4 \times 10^{-1}=0.4$；最低位5处于小数点后第二位，代表$5 \times 10^{-2}=0.05$。

从上述例子可以看出，在进位制中，每种数制都包含几个基本要素：

（1）数码：用不同的数字符号来表示一种数制的数值，这些数字符号称为“数码”。

在*R*（*R*>1）进制中数码为0，1，…，*R*-1（其中十六进制数为：0，1，2，…，9，A，B，C，D，E，F）。

（2）基数（*R*）：就是进位计数制的每位数上可能有的数码的个数。例如，十进制数各位上的数码，有0，1，2，…，9十个数码，所以基数为10。

（3）位权（*i*）：一个数码处在某个位上所代表的数值是其本身的数值乘上所处数位的一个固定常数，这个不同数位的固定常数称为位权。

常用进位计数制有关属性如表1.3.1所示。

表1.3.1　计算机中常用的几种进位数制及其属性

进位制	进位规则	基数	所用数码	位权	表示形式	例子
二进制	逢二进一	*R*=2	0，1	2	B（Binary）	1101.11 B
八进制	逢八进一	*R*=8	0，1，2，…，7	8	O（Octal）	2476.32 O
十进制	逢十进一	*R*=10	0，1，2，…，9	10	D（Decimal）	96.58 D
十六进制	逢十六进一	*R*=16	0，1，2，…，9，A,B,C,D,E,F	16	H（Hexadecimal）	A6F.5E H

（二）数制转换

计算机内部使用二进制，但由于二进制的表示冗长，且不太符合人们的习惯，所以，数据的表示也经常根据需要使用十进制、八进制、十六进制等。表1.3.2给出了几种数制之间的基本数值对照表。熟练掌握这些基本数据是必要的，在转换过程中有非常重要的作用。

表1.3.2 几种常用数制对照表

十进制	二进制	八进制	十六进制	十进制	二进制	八进制	十六进制
0	0000	0	0	8	1000	10	8
1	0001	1	1	9	1001	11	9
2	0010	2	2	10	1010	12	A
3	0011	3	3	11	1011	13	B
4	0100	4	4	12	1100	14	C
5	0101	5	5	13	1101	15	D
6	0110	6	6	14	1110	16	E
7	0111	7	7	15	1111	17	F

1. *R*进制转换成十进制数

方法：按照位权展开求和（以二进制转换成十进制为例）扩展到一般形式，一个*R*进制数，基数为*R*，用0，1，…，*R*-1共*R*个数字符号来表示，且逢*R*进一。因此，各位的位权是以*R*为底的幂。

一个*R*进制数*N*的按位权展开式为：

$$(N)_R = D_{n-1} \times R^{n-1} + D_{n-2} \times R^{n-2} + \ldots + D_0 \times R^0 + D_{-1} \times R^{-1} + D_{-2} \times R^{-2} + \ldots + D_{-m} \times R^{-m}$$

上式中，*D*表示*N*某一位上的数码，*n*表示*N*的整数部分的位数，*m*表示*N*的小数部分的位数。

如：十进制数1 999.123D=$1 \times 10^3+9 \times 10^2+9 \times 10^2+9 \times 10^1+1 \times 10^{-1}+2 \times 10^{-2}+3 \times 10^{-3}$。从该例可以看出，任何一个十进制数都可以按照位权展开求和，而且等式两边的结果是相等的。那么对于二进制而言当然也可以。

如：求$(1111011.010)_2=(\ ?\ )_{10}$

按位权展开为：

$$1 \times 2^6+1 \times 2^5+1 \times 2^4+1 \times 2^3+0 \times 2^2+1 \times 2^1+1 \times 2^0+0 \times 2^{-1}+1 \times 2^{-2}+0 \times 2^{-3}=(123.25)_{10}$$

所以 $$(1111011.010)_2=(123.25)_{10}$$

又如：$(1111.11)_2 = 1 \times 2^3+1 \times 2^2+1 \times 2^1+1 \times 2^0 +1 \times 2^{-1}+1 \times 2^{-2}=(15.75)_{10}$

延伸：八进制、十六进制等*R*进制转换成十进制的方法。先为该数进行标位（方法：以小数点为分界线，整数部分方向从右向左从0，1…进行标位，小数部分从左向右从-1，-2…进行标位），按照位权展开求和就完成了。

又如：将$(A10B.8)_{16}$、$(110.101)_2$、$(16.24)_8$、$(5E.A7)_{16}$转化为十进制数。

$(A10B.8)_{16} =10 \times 16^3+1 \times 16^2+0 \times 16^1+11 \times 16^0 +8 \times 16^{-1}= (41227.5)_{10}$

$(110.101)_2 =1 \times 2^2 +1 \times 2^1 +0 \times 2^0 +1 \times 2^{-1} +0 \times 2^{-2} +1 \times 2^{-3}=(6.625)_{10}$

$(16.24)_8 =1 \times 8^1 +6 \times 8^0 +2 \times 8^{-1} +4 \times 8^{-2}=(14.3125)_{10}$

$(5E.A7)_{16} =5 \times 16^1 +14 \times 16^0 +10 \times 16^{-1} +7 \times 16^{-2}=(94.6523)_{10}$（近似数）

2. 十进制转换成*R*进制

（1）十进制整数转换为二进制。

方法：十进制整数转换为二进制整数采用“除2取余，逆序排列”法。具体做法是：用2去除十进制整数，可以得到一个商和余数；再用2去除商，又会得到一个商和余数，如此进行，直到商为0时为止，然后把先得到的余数作为二进制数的低位有效位，后得到的余数作为二进制数的高位有效位，依次排列起来。

【例1.3.1】$(23)_{10}=(?)_2$

解：

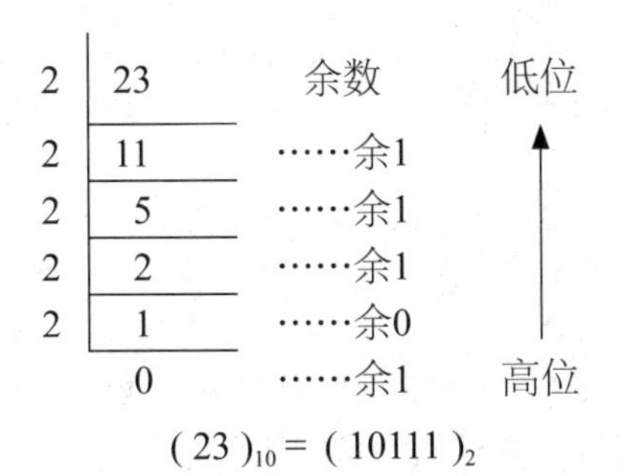

即　　$(23)_{10}=(10111)_2$

（2）十进制小数转换为二进制。

方法：十进制小数转换成二进制小数采用“乘2取整，顺序排列”法。具体做法是：用2乘十进制小数，可以得到积，将积的整数部分取出，再用2乘余下的小数部分，又得到一个积，再将积的整数部分取出，如此进行，直到积中的小数部分为零，或者达到所要求的精度为止，此时0或1为二进制的最后一位。

然后把取出的整数部分按顺序排列起来，先取的整数作为二进制小数的高位有效位，后取的整数作为低位有效位。

【例1.3.2】$(0.625)_{10}=(?)_2$

解：

$0.625 \times 2 = 1.25$　取出整数部分1（最高位）

$0.25 \times 2 = 0.5$　取出整数部分0

$0.5 \times 2 = 1$　取出整数部分1（最低位）

即　　$(0.625)_{10}=(0.101)_2$

【例1.3.3】$(0.87)_{10}=(?)_2$

解：

$0.87 \times 2 = 1.74$　取出整数部分1（最高位）

$0.74 \times 2 = 1.48$　取出整数部分1

$0.48 \times 2 = 0.96$　取出整数部分0

$0.96 \times 2 = 1.92$　取出整数部分1

$$\begin{array}{r} 0.92 \\ \times \quad 2 \\ \hline 1.84 \end{array}$$ 取出整数部分1

$$\begin{array}{r} 0.84 \\ \times \quad 2 \\ \hline 1.68 \end{array}$$ 取出整数部分1

$$\begin{array}{r} 0.68 \\ \times \quad 2 \\ \hline 1.36 \end{array}$$ 取出整数部分1（最低位）

即
$$(0.87)_{10} = (0.1101111)_2$$

从上述例题可以看出，一个十进制的整数可以精确转化为一个二进制整数，但是一个十进制的小数并不一定能够精确地转化为一个二进制小数。

（3）十进制转换为八进制、十六进制。

方法：与十进制数转化为二进制数方法类似。

【例1.3.4】$(179.48)_{10}=(\ ?\ )_{16}$

解：整数部分除以16取余：

除数	被除数	余数	
16	179	余数	
16	11	……余3	最高位
	0	……余B	最低位

小数部分乘16取整

$0.48 \times 16 = 7.68$ ……整数部分取7

$0.68 \times 16 = 10.88$ ……整数部分取A

其中，$(179)_{10}=(B3)_{16}$，$(0.48)_{10}=(0.7A)_{16}$（近似取2位）所以，$(179.48)_{10}=(B3.7A)_{16}$

【例1.3.5】$(179.48)_{10}=(\ ?\ )_8$

解：整数部分除以8取余：

除数	被除数	余数	
8	179	余数	
8	22	……余3	高位 ↑
8	2	……余6	
	0	……余2	低位

小数部分乘8取整

$0.48 \times 8 = 3.84$ ……整数部分取3

$0.84 \times 8 = 6.72$ ……整数部分取6

$0.72 \times 8 = 5.76$ ……整数部分取5

其中，$(179)_{10}=(263)_8$，$(0.48)_{10}=(0.365)_8$（近似取3位），因此，$(179.48)_{10}=(263.365)_8$

3. 非十进制（*R*进制）转换成非十进制（*R*进制）

因为$8=2^3$，所以需要3位二进制数表示1位八进制数；而$16=2^4$，所以需要4位二进制数表示1位十六进制数。由此可以看出，二进制、八进制、十六进制之间的转换是比较容易的。

（1）二进制和八进制数之间的转换。二进制数转换成八进制数时，以小数点为中心向左右两边延伸，每三位一组，小数点前不足三位时，前面添0补足三位；小数后不足三位时，后面添0补足三位。然后将各组二进制数转换成八进制数。

【例1.3.6】将$(10100011.010110101)_2$化为八进制。

解：010 100 011.010 110 101

↓ ↓ ↓ ↓ ↓ ↓

2 4 3 . 2 6 5

$$(10100011.010110101)_2 = 010\ 100\ 011.010\ 110\ 101 = (243.265)_8$$

八进制转换成二进制数则可概括为“一位拆三位”，即把一位八进制写成对应的三位二进制，然后按顺序连接起来即可。

【例1.3.7】 将$(1234)_8$转换为二进制数。

解：1　　2　　3　　4

↓　　↓　　↓　　↓

001　010　011　100

$(1234)_8=(001\ 010\ 011\ 100)_2=(1010011100)_2$

（2）二进制和十六进制数之间的转换。类似于二进制转换成八进制，二进制转换成十六进制时也是以小数点为中心向左右两边延伸，每四位一组，小数点前不足四位时，前面添0补足四位；小数点后不足四位时，后面添0补足四位。然后，将各组的四位二进制数转换成十六进制数。

【例1.3.8】 将$(10110101011.011101)_2$转换成十六进制数。

解：0101 1010 1011.0111 0100

↓　　↓　　↓　　↓　　↓

5　　A　　B .　7　　4

$(10110101011.011101)_2=0101\ 1010\ 1011.0111\ 0100=(5AB.74)_{16}$

十六进制数转换成二进制数时，将十六进制数中的每一位拆成四位二进制数，然后按顺序连接起来。

【例1.3.9】 将$(3CD)_{16}$转换成二进制数。

解：3　　C　　D

↓　　↓　　↓

0011　1100　1101

$(3CD)_{16}=(0011\ 1100\ 1101)_2=(1111001101)_2$

（3）八进制数与十六进制数的转换。关于八进制与十六进制之间的转换，通常先转换为二进制数作为过渡，再用上面所讲的方法进行转换。

【例1.3.10】 将$(3CD)_{16}$转换成八进制数。

解：$(3CD)_{16}=(0011\ 1100\ 1101)_2=(1111001101)_2=(001\ 111\ 001\ 101)_2=(1715)_8$

【例1.3.11】 $(ABC3.01)_{16}=(\ ?\ )_8$

解：$(ABC3.01)_{16}=(1010\ 1011\ 1100\ 0011\ .\ 0000\ 0001)_2=(125703.002)_8$

五、常用的信息编码和数据表示

（一）ASCII码

字符是计算机中使用最多的信息形式之一。通常是为每个可能会用到的字符指定一个编码，当用户输入字符时，机器自动将该字符转换为对应的二进制编码存入计算机。

ASCII码是目前计算机普遍采用的字符编码之一。ASCII码是英文“American Standard Code for Information Interchange”的缩写，意为“美国信息交换标准码”。ASCII码已被国际标准组织ISO采纳，作为国际通用的信息交换标准代码。

ASCII码有7位版本和8位版本两种。国际上通用的是7位版本，它用7位二进制数表示一个字符，由于$2^7=128$，所以共有128种不同组合，可以表示128个不同的字符。其中包括：10个阿拉伯数字0～9、52个大小写英文字母、32个标点符号以及34个控制符,如表1.3.3所示。其中，0～9的ASCII码为48～57，A～Z为65～90，a～z为97～122。

表1.3.3 ASCII码字符集

$d_3d_2d_1d_0$（编码的低四位）	$d_6d_5d_4$（编码的高三位）							
	000	001	010	011	100	101	110	111
0000	NUL	DLE	SP	0	@	P	、	p
0001	SOH	DC1	!	1	A	Q	a	q
0010	STX	DC2	“	2	B	R	b	r
0011	ETX	DC3	#	3	C	S	c	s
0100	EOT	DC4	$	4	D	T	d	t
0101	ENQ	NAK	%	5	E	U	e	u
0110	ACK	SYN	&	6	F	V	f	v
0111	BEL	ETB	,	7	G	W	g	w
1000	BS	CAN	(	8	H	X	h	x
1001	HT	EM	)	9	I	Y	i	y
1010	LF	SUB	*	:	J	Z	j	z
1011	VT	ESC	+	;	K	[	k	{
1100	FF	FS	‘	<	L	\	l	|
1101	CR	GS	-	=	M	]	m	}
1110	SO	RS	.	>	N	↑	n	～
1111	SI	US	/	?	O	↓	o	DEL

在ASCII码字符集中，编码值0～31（000 0000～001 1111）用于控制字符编码，它们是不可以显示的字符；编码值32（010 0000）是空格字符，用SP表示；编码值127（111 1111）是用于删除的控制字符，用DEL表示；其余94个字符是可显示字符。

如果要在ASCII码字符集中查找某个字符的ASCII码值，只要把该字符所在列的高三位与所在行的低四位组合在一起，再用对应的十进制数或十六进制数表示就行了。例如，大写字母N的ASCII码值是“100 1110”，用十进制数表示是“78”，十六进制数表示是“4E”。

（二）汉字编码

为了解决计算机上的汉字输入、存储、处理、传输和输出问题，汉字编码根据处理环节的不同，主要有输入码、机内码和字形码三种。

1. 汉字输入码

汉字输入码主要用于解决在计算机上输入汉字的问题。使用键盘显然无法直接输入汉字，只能用键盘上已有的字母、数字、符号的组合对汉字编码，通过输入汉字编码实现汉字输入。这种用途的汉字编码称为汉字输入码。

汉字输入码的编码方法主要有三种：数字编码，如区位码；拼音码，采用汉语拼音作为汉字输入码，如全拼码、双拼码、智能ABC等；字形码，根据汉字字形对汉字进行编码，如五笔字型。采用某种汉字输入码输入汉字的方法称为汉字输入法。通常计算机上会安装多种汉字输入法，用户在输入汉字时可以选择自己熟悉的输入法输入汉字。例如，选择全拼输入法输入汉字“王”，实际输入的是“王”的全拼码“wang”。

2. 汉字机内码

汉字机内码主要用于解决汉字在计算机内的存储、处理和传输问题。

由于汉字输入码的不唯一性，如“王”的全拼码是“wang”,五笔字型码是“ggg”。因此，汉字输入码进入机器后必须统一转换为相同的编码进行存储，以确保相同的汉字在机内编码的唯一性，便于汉字的处理和传输。这种用途的汉字编码称为机内码，简称内码。

国家标准汉字编码（简称国标码）GB 2312—1980规定一个汉字用两个字节表示，每个字节各用7位，可表示$2^{14}=16\ 384$个不同的汉字，一般来说已足够用了。计算机使用的汉字内码便是在国标码的基础上将每个字节的最高位恒置为“1”，以区别于机内的ASCII码。例如，汉字“大”的国标码用十六进制表示是“3473H”，则机内码的十六进制表示是“B4F3H”。

3. 汉字字形码

汉字字形码主要用于解决汉字输出问题。

汉字在显示器或打印机上输出时必须能还原出原来的字形，用户才能接受。汉字内码是不能直接输出汉字的，通常是将汉字内码转换成对应的字形码输出，以得到用户熟悉的汉字。

汉字字形码是一种表示汉字字形的字模数据，通常用点阵或矢量函数等方式表示。以点阵为例，显示一个汉字一般采用16×16点阵或24×24点阵或48×48点阵。已知汉字点阵的大小，可以计算出存储一个汉字所需占用的字节空间。

例如：用16×16点阵表示一个汉字，就是将每个汉字用16行，每行16个点表示，一个点需要1位二进制代码，16个点需用16位二进制代码（即2个字节），共16行，所以需要16行×2字节/行=32字节，即16×16点阵表示一个汉字，字形码需用32字节。

即：字节数=点阵行数×（点阵列数/8）。

所有汉字字形码的集合构成汉字库。庞大的汉字库一般存储在硬盘上，当要输出汉字时再去取相应的汉字字形码，送到显示器或打印机输出。

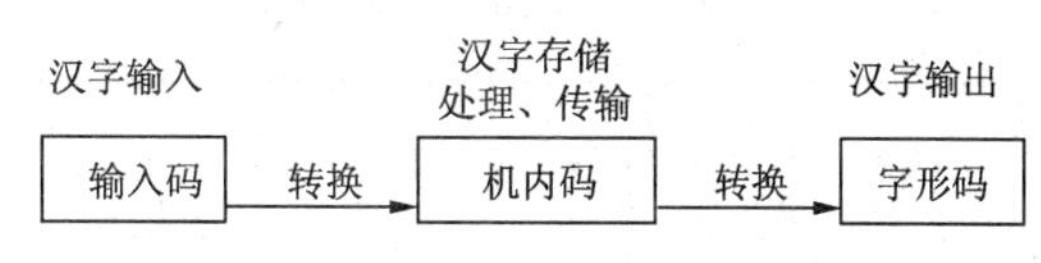

图1.3.1　三种汉字编码之间的关系

以上介绍的三种汉字编码的用途及其之间的关系如图1.3.1所示。

【练一练】

（1）计算机中最小的数据单位是________。

A. 位（bit）　　B. 字节（Byte）　　C. 千字节（KB）　D. 兆字节（MB）

（2）在计算机信息容量表示中，________等于1 GB。

A. 10 MB　　B. 1 000 MB　　C. 1 000 KB　　D. 1 024 MB

（3）1 MB的存储容量相当于________。

A. 10^6 B　　B. 2^{10} B　　C. 2^{20} B　　D. 10^3 KB

（4）一个汉字在计算机内部的存储占用________个字节。

A. 1　　B. 2　　C. 3　　D. 4

（5）通常所说的硬盘容量是80 GB，GB的含义是________。

A. G代表的是千兆，B代表的是位（bit）

B. G代表的是千兆，B代表的是字节（Byte）

C. G代表的是百万，B代表的是位（bit）

D. G代表的是1024，B代表的是字节（Byte）

（6）如果一首MP3歌曲大小约4 MB，那么2 GB的U盘最多可以存储MP3歌曲________首。

A. 1 000　　B. 500　　C. 100　　D. 50

（7）计算机内部存储处理和传送信息均用________表示。

A. 八进制　　B. 二进制　　C. 十进制　　D. 十六进制

（8）二进制数11111111转换为十六进制是________。

A. FF　　B. 254　　C. 255H　　D. 377

（9）与十进制数1023等值的十六进制数为（　　）。

A. 3FD　　B. 3FF　　C. 2FD　　D. 3FA

（10）下列字符中，ASCII码值最小的是（　　）。

A. a　　B. A　　C. x　　D. X

（11）ASCII码是指（　　）。

A. 国际码　　B. 二—十进制码

C. 二进制编码　　D. 美国信息交换标准码

（12）下列4个数中，数值最小的是（　　）。

A. 十进制数55　　B. 二进制数110101　　C. 八进制数101　　D. 十六进制数42

【想一想】

计算机为什么要采用二进制？

任务评价

学习完本次任务，请对自己做个评价。如果不会，想想问题出在哪，并努力学会。

序号	内　　容	评　　价		
		会	基本会	不会
1	说出二进制的概念			
2	数据的存储单位及转换			
3	说出微型计算机的性能指标			
4	二、十进制之间的转换			
你的体会：				

任务四　预防与清除计算机病毒

任务目标

通过本任务，使学生明白计算机病毒的危害，从而增强防范意识，掌握病毒防治的一般方法。

任务描述

如同生物体病毒能传播疾病，产生瘟疫，从而危害生命一样，计算机病毒也会相互感染、传播，引起计算机系统故障，严重时会造成整个系统瘫痪，不能工作。最近李华的计算机中毒了，给他的学习增添了很多不便。为了今后不再出现类似的问题，请你告诉他计算机病毒的危害和防治病毒的一些基本方法。

任务分析

一旦计算机感染了病毒，它就会对计算机的正常运行产生影响。我们在杀毒时需明白计算机病毒的特点、感染病毒后的症状及防治和清除方法。故建议对李华进行介绍时注重对上述知识进行讲解，并辅以习题加以巩固。

任务实施

一、计算机病毒的概念

《计算机病毒防治管理办法》中对计算机病毒这样定义：计算机病毒是指编制或者在计算机程序中插入的破坏计算机功能，或者毁坏数据，影响计算机使用，并能自我复制的一组计算机指令或者程序代码。

二、计算机病毒的特点

计算机病毒是一个程序，一段可执行码。就像生物病毒一样，具有自我繁殖、互相传染以及激活再生等生物病毒特征。计算机病毒有独特的复制能力，它们能够快速蔓延，又常常难以根除。它们能把自身附着在各种类型的文件上，当文件被复制或从一个用户传送到另一个用户时，它们就随同文件一起蔓延开来。具体来说，计算机病毒具有如下一些显著特点：

1. 繁殖性

计算机病毒可以像生物病毒一样进行繁殖，当正常程序运行时，它也进行自身复制，是否具有繁殖、感染的特征是判断某段程序为计算机病毒的首要条件。

2. 隐蔽性

计算机病毒具有很强的隐蔽性，通过病毒软件只可以检查出来少数，隐蔽性计算机病毒时隐时现、变化无常，这类病毒处理起来非常困难。

3. 传染性

计算机病毒传染性是指计算机病毒通过修改别的程序将自身的复制品或其变体传染到其他无毒的对象上，这些对象可以是一个程序，也可以是系统中的某一个部件。

4. 潜伏性

计算机病毒潜伏性是指计算机病毒可以依附于其他媒体寄生的能力，侵入后的病毒潜伏到条件成熟才发作，会使计算机变慢。

5. 破坏性

计算机中毒后，可能会导致正常的程序无法运行，将计算机内的文件删除或使计算机受到不同程度的损坏，如破坏引导扇区及BIOS，破坏硬件环境。

6. 可触发性

编制计算机病毒的人，一般都为病毒程序设定了一些触发条件，例如，系统时钟的某个时间或日期、系统运行了某些程序等。一旦条件满足，计算机病毒就会“发作”，使系统遭到破坏。

除上述这些特点外，当前计算机病毒因相关技术的发展又具有一些新的特征，例如：病毒通过网络传播、蔓延，传播速度极快，很难控制；病毒的变种多，因为现在的病毒程序很多都是用脚本语言编制的，很容易被修改生成很多病毒变种；很多病毒难以根治，容易引起多次感染。所以，与计算机病毒的较量任重而道远。

三、计算机病毒的分类

计算机病毒的分类方法有许多种，下面给出常见的两种病毒分类方法。

1. 破坏性

根据病毒的破坏能力，可以分为良性病毒、恶性病毒、极恶性病毒和灾害性病毒。

（1）良性病毒：仅仅显示信息、奏乐，发出声响并自我复制。除了传染时减少磁盘的可用空间外，对系统没有其他影响。

（2）恶性病毒：封锁、干扰、中断输入/输出，使用户无法进行打印等正常工作，甚至计算机中止运行。这类病毒在计算机系统操作中能造成严重的危害。

（3）极恶性病毒：死机、系统崩溃、删除普通程序或系统文件，破坏系统配置导致系统死机、崩溃、无法重启。这些病毒对系统造成的危害，并不是本身的算法中存在危险的调用，而是当它们传染时会引起无法预料的灾难性的破坏。

（4）灾害性病毒：破坏分区表信息、主引导信息、FAT，删除数据文件，甚至格式化硬盘等。

2. 传染方式

根据病毒的传染方式，可以分为网络型病毒、文件型病毒、引导型病毒和复合型病毒。

（1）网络型病毒：主要通过计算机网络传播感染网络中的可执行文件，是一种寄生在网络文件中的计算机病毒。

（2）文件型病毒：一般只传染磁盘上的可执行文件（COM，EXE）。在用户调用染毒的可执行文件时，病毒首先被运行，然后病毒驻留内存伺机传染其他文件或直接传染其他文件。其特点是附着于正常程序文件，成为程序文件的一个外壳或部件。这是较为常见的传染方式。

（3）引导型病毒：主要感染磁盘上的引导扇区或硬盘上的分区表，是一种寄生在引导区的计算机病毒。这类病毒随系统启动时进入内存，取代正常的引导记录，所以这种病毒在系统启动时就能获得控制权，传染性较大。

（4）复合型病毒：同时感染可执行文件或引导扇区。这种病毒扩大了病毒程序的传染途径，既感染磁盘的引导记录，又感染可执行文件。因此，当系统引导时或执行已感染病毒的文件时，病毒都会被激活。

四、已感染病毒的计算机常见症状

感染了病毒的计算机一定会出现某种异常，如果有下列一些症状，就应意识到计算机可能感染了病毒。

（1）速度变慢。
（2）蓝屏（多为内存中毒）。
（3）无故死机（多为假死，也就是鼠标动不了了）。
（4）无故自动重启。
（5）无法正常开机、关机。
（6）磁盘容量突然剧增（病毒大量复制的情况下）。
（7）应用软件错误（软件突然会自动关闭）。
（8）杀毒软件被屏蔽（也就是杀毒软件被强制关掉了，不过现在大部分主流杀软有防屏蔽功能了）。
（9）在磁盘中出现不明文件（典型如：之前有个U盘病毒会在每个磁盘的根目录下生成一个RUN自动运行文件）。
（10）系统时间被更改（这个比较少见）。
（11）IE无法打开，或者自动打开，并且自动跳出网站（很常见）。
（12）无法进入安全模式。

五、计算机病毒的预防与清除

对计算机病毒应以预防为主，不能等计算机已经感染了病毒再去重视。

1. 计算机病毒的预防

（1）提高对计算机病毒危害的认识，增强病毒防范意识。
（2）对操作系统的漏洞要及时打补丁，做好安全防范，不给病毒可乘之机。
（3）养成使用计算机的良好习惯，坚持使用正版软件，对重要数据经常备份。
（4）不使用盗版光盘和来路不明的盘片，对外来盘先查杀病毒，确认无病毒时再使用。
（5）安装防杀病毒软件和防火墙，打开防杀病毒软件的实进监测功能，及时防范来自网络传播的病毒。
（6）定期查杀计算机病毒，及时升级杀毒软件，每周至少升级一次。
（7）不执行来历不明的软件或程序，不轻易打开陌生邮件。
（8）关注当前许的计算机病毒及发作时间，采取有效措施，提前做好预防工作。
（9）关注网络流量是否异常，以便及早发现问题，解决问题。

2. 计算机病毒的清除

对于已经感染了病毒的计算机，或怀疑可能感染了病毒的计算机，最常用的办法就是用最新升级的杀毒软件对计算机进行一次全面的病毒查杀。值得注意的是，杀毒软件一定要用正版的，否则可能会带来安全隐患，因为盗版软件自身就可能带有病毒。目前国产杀毒软件主要有：360杀毒软件、瑞星杀毒软件、金山毒霸、江民杀毒软件kV等。

如果用杀毒软件也解决不了问题，则只能对感染了病毒的磁盘进行格式化，这是最彻底也是最无奈的一种清除病毒的方法，代价是磁盘上的所有数据都因格式化而被全部清除了。

【练一练】

（1）计算机病毒是________。

A. 带毒的微生物　　B. 具有破坏性的程序
C. 一种不稳定的操作系统　　D. 一条命令

（2）计算机病毒是一种________。

A. 特殊的计算机部件　　B. 游戏软件

C. 人为编制的特殊程序　　D. 具有传染性的生物病毒

（3）计算机病毒是指________。

A. 已被破坏的计算机程序　　B. 设计不完善的计算机程序

C. 以危害系统为目的的计算机程序　　D. 编制有错误的计算机程序

（4）计算机病毒可能会________。

A. 使所有的计算机受到感染，并且立即受到损坏

B、使人致病

C. 传染给人，然后再传染给其他的计算机

D. 通过网络传染给其他计算机

（5）通常，计算机病毒________。

A. 不影响计算机的运行速度　　B. 能造成计算机盘片发生霉变

C. 不影响计算机的运算结果　　D. 影响程序的执行，破坏用户数据与程序

（6）关于病毒的说法正确的是________。

A. 它会传给使用计算机的人

B. 感染了病毒的计算机会马上都受到破坏

C. 病毒是人为编写的一种计算机程序

D. 杀毒软件可以完全保护计算机不受病毒的感染破坏

（7）关于计算机病毒，下列说法中正确的是________。

A. 误操作是病毒产生的主要原因　　B. 病毒是由于盘片表面粘附细菌造成的

C. 正版杀毒软件一定能杀死所有的病毒　　D. 病毒是人为编制的具有破坏性的程序

（8）下列关于杀毒软件的说法中，正确的是________。

A. 杀毒软件必须手动升级　　B. 节假日升级杀毒软件是不安全的

C. 杀毒软件可以查杀所有病毒　　D. 杀毒软件可以自动升级

（9）下列关于计算机病毒的说法中正确的是________。

A. 计算机病毒能够传染给计算机操作者

B. 感染了病毒的计算机立即就无法使用

C. 计算机病毒是人为编写的一种具有破坏性的程序

D. 网络是计算机病毒传播的唯一途径

（10）下列几种情况不可能感染计算机病毒的是________。

A. 使用盗版软件　　B. 随便使用从别处拿来的U盘

C. 把好U盘与感染病毒的U盘放在一起　　D. 打开来路不明的电子邮件

（11）下列操作中，不可能感染计算机病毒的是________。

A. 接收来历不明的邮件　　B. 安装盗版软件

C. 关闭计算机　　D. 使用U盘或者光盘

（12）下列可能使计算机感染病毒的做法是________。

A. 强行关闭计算机电源　　B. 随意使用外来光盘

C. 计算机放置在潮湿的环境　　D. 与有病毒的计算机放在一起

（13）下列做法中，________不会使计算机感染病毒。

A. 接收电子邮件　　B. 安装正版软件
C. 用U盘复制文件　　D. 从网上下载软件

（14）下列做法中最容易使计算机感染病毒的是________。
A. 随意打开陌生人发来的电子邮件　　B. 用键盘输入文字
C. 不穿鞋套进入计算机室　　D. 与网友进行视频聊天

（15）预防与清除病毒的正确方法是________。
A. 使用盗版光盘
B. 经常制作文件备份
C. 发现系统中有了病毒继续使用计算机
D. 认为计算机安装了杀毒软件就可以放心地打开来历不明的电子邮件

（16）若发现某U盘上已经感染计算机病毒，应该________。
A. 将该U盘上的文件复制到另外一个U盘上使用
B. 继续使用
C. 用杀毒软件清除后再使用
D. 换一台计算机再使用该U盘上的文件

（17）防止病毒通过网络传播的科学做法是________。
A. 在人少时上网　　B. 向ISP要求保护
C. 设置密码　　D. 设置防火墙

（18）下列选项中，防止计算机被病毒感染的正确做法是________。
A. 不打开来历不明的电子邮件　　B. 不让病人操作
C. 不频繁关机　　D. 设置密码

（19）避免感染计算机病毒的科学做法是________。
A. 不上网　　B. 启动防病毒软件
C. 设置密码　　D. 不用U盘

（20）下列做法中，不能有效防治计算机病毒的是________。
A. 不接收来历不明的电子邮件　　B. 安装防火墙
C. 保持机房卫生并定期消毒　　D. 购买安装正版杀毒软件并定期升级

（21）在磁盘上发现计算机病毒后，最彻底的解决办法是________。
A. 彻底格式化磁盘　　B. 用杀毒软件处理
C. 删除所有的磁盘文件　　D. 删除已感染的磁盘文件

（22）目前计算机病毒扩散最快的途径是________。
A. 磁盘复制　　B. 网络传播
C. 运行游戏软件　　D. 软件复制

（23）电子邮件是传播计算机病毒的途径之一，________的电子邮件最有可能含有病毒。
A. 附件文件很大　　B. 带有多个附件
C. 不带附件　　D. 带有可执行程序附件

（24）因为计算机病毒具有________，所以发作前一般较难被发现。
A. 传染性　　B. 潜伏性　　C. 破坏性　　D. 寄生性

（25）病毒具有自我复制能力，该能力使病毒具有________的特点
A. 传染性　　B. 寄生性　　C. 潜伏性　　D. 破坏性

（26）小明用杀毒软件检查计算机，发现计算机感染了病毒，但他觉得计算机没有发生任何故障和异常，这说明计算机病毒具有________的特点。

A. 传染性　　B. 寄生性　　C. 潜伏性　　D. 破坏性

（27）小明用杀毒软件查出U盘上有病毒，但U盘上只有一个Word文件，病毒在什么地方呢？原来病毒就藏在这个Word文档中，这说明了病毒具有________。

A. 传染性　　B. 寄生性　　C. 潜伏性　　D. 破坏性

（28）________不是由计算机病毒引起的。

A. 程序文件变大　　B. 计算机频繁重新启动

C. 计算机运行速度变慢　　D. 机身发热

（29）计算机感染病毒后可能出现的症状是________。

①运行速度变慢 ②文件变大 ③无故出现异常画面 ④机身发热

A. ①②③　　B. ②③④　　C. ①③④　　D. ①②④

（30）下列事件中，已经危及信息安全的是________。

①学籍档案丢失 ②计算机感染病毒 ③数据被误删 ④硬盘损坏 ⑤安装游戏软件

A. ②③④⑤　　B. ①②③⑤　　C. ①②③④　　D. ①③④⑤

（31）下列选项中，与保护机房实体安全无关的是________。

A. 安装报警器　　B. 安装杀毒软件　　C. 安装接地线　　D. 安装灭火器

（32）为保障计算机系统的信息安全，可以采取的措施是________。

①定期格式化硬盘 ②安装防火墙 ③定期查杀病毒 ④定期检测并修复系统漏洞

A. ①②④　　B. ①③④　　C. ②③④　　D. ①②③

（33）为科学、安全地管理信息资源，应做到________。

①及时备份重要文件 ②分类保存 ③起文件名要“见名知意” ④少上网

A. ①②④　　B. ①②③　　C. ②③④　　D. ①③④

【想一想】

你还知道哪些杀毒软件？你最常用哪些杀毒软件？

任务评价

学习完本次任务，请对自己做个评价，如果不会，就要多下点功夫。

序号	内　　容	评　　价		
		会	基本会	不会
1	说出计算机病毒的特点			
2	描述感染病毒的计算机症状			
3	计算机病毒预防和清除			
你的体会：				

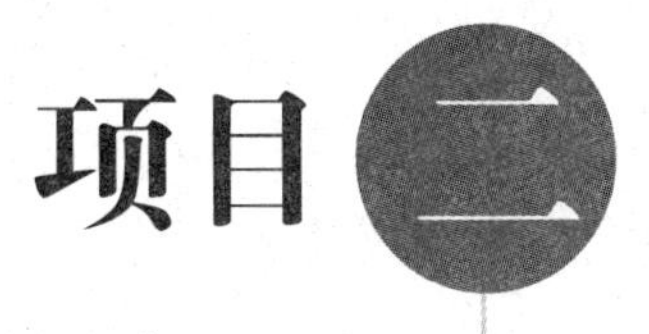

Windows 7操作系统应用

Windows 7是微软公司于2009年10月推出的新一代客户端操作系统。该系统的出现使操作系统更加人性化，方便用户使用。其版本类型包括：Windows 7简易版、家庭普通版、专业版、企业版和旗舰版。在本项目中，将在Windows 7中的一些常见操作集成为4个任务，以帮助学生掌握如何在Windows 7系统中进行文件管理、计算机管理及汉字输入法等操作。

一、项目描述

本项目共集成了4个任务，分别是认识Windows 7、使用文字输入法、管理文件和文件夹、设置计算机环境。

（1）认识Windows 7主要介绍Windows 7的新特性以及系统基本操作。

（2）使用文字输入法主要介绍键盘、指法规范及在Windows 7中如何运用常用的输入法输入汉字

（3）文件管理主要讲解Windows 7中文件与文件夹的操作，包括新建、重命名、选定、复制、移动、删除等操作。

（4）计算机管理主要讲解对安装Windows 7系统的计算机进行个性化环境设置、添加用户、安装输入法、卸载无用的程序、安装打印机等操作及Windows 7常用附件的使用。

二、项目目标

完成本项目，学生能进行Windows 7基本操作，以及在Windows 7环境下运用熟悉的输入法规范地输入文字、管理文件和文件夹、进行基本设置并操作常用的附件。

任务一　认识Windows 7

任务目标

通过本任务，使学生掌握Windows 7系统的基本知识和基础操作。

（1）掌握Windows 7的启动与退出。

（2）熟悉Windows 7的桌面组成，掌握任务栏及“开始”菜单的常用设置。

（3）能说出Windows 7窗口的组成，熟悉对话框。

任务描述

启动和退出Windows 7系统，认识系统桌面、窗口等。

任务分析

启动和退出Windows 7操作系统，就是人们通常所说的开机和关机。

任务实施

环节一　我讲授你练习

一、Windows 7的启动与退出

1. 启动Windows 7

Windows 7的启动过程是系统自动运行的，从开机到登录Windows 7及启动运行的具体操作如下：

（1）打开显示器、打印机等外设的电源。

（2）打开主机的电源。

（3）计算机启动后开始自检并初始化硬件配置。

（4）启动硬盘、启动操作系统、检测硬件设备、加载操作系统和初始化操作系统，打开用户登录界面。

（5）单击相应的用户，输入登录密码则进入Windows 7操作系统。

2. 注销与关闭计算机

如果要退出Windows 7，只需单击桌面左下角的“开始”图标，在弹出的开始菜单中进行相关操作即可。

（1）注销。Windows 7可设置多用户环境，使用同一台计算机的用户可各自设置属于自己的工作环境。当用户处理完工作后，可执行“注销”命令离开工作环境，这样，当其他人使用这台计算机时，就不会改变你设置的工作环境了。

（2）关闭计算机。计算机使用完后应该及时关闭，选择“开始”菜单的“关机”命令。在关闭计算机之前应检查系统是否还有未执行完的任务或尚未保存的文档，如果有，应首先关闭正在执行的任务，并保存好文档，然后再关闭计算机。

关机时注意要先关闭主机电源，再关闭显示器电源。如果有打印机等其他设备，则应先关闭打印机或其他设备电源，再关闭显示器电源。

【练一练】

请自行练习开机与关机操作。熟悉“关机”菜单中其他功能的应用。

二、Windows 7的桌面、任务栏及“开始”菜单

1. 桌面

启动Windows 7后，呈现在用户面前的屏幕区域称为桌面，如图2.1.1所示。Windows 7的桌面主题由桌面图标与位于下方的“开始”按钮、桌面背景和任务栏组成。

（1）桌面背景：是指应用于桌面的图像或颜色，它处于桌面的最底层，没有实质性的作用，主要用于装饰桌面。桌面背景并不是固定不变的，可根据自己的喜好随意更换。

（2）桌面图标：包括系统图标与快捷方式图标。系统图标指“计算机”“网络”“回收站”和“控制面板”等系统自带的图标，用于进行与系统相关的操作；快捷方式图标指应用程序的快捷启动方法，它们一般都是安装应用程序时自动产生的，用户也可根据需要自己创建，其主要特征是在图标左下角有一个小箭头标识，双击快捷方式图标可以快速启动相应的应用程序。

图2.1.1 Windows 7的桌面

2. 任务栏

位于屏幕底部的水平长条称为任务栏，它主要由快速启动区、程序按钮区、语言栏和通知区域4个部分组成，如图2.1.2所示，主要用于显示当前运行的所有任务以及程序的快速启动。

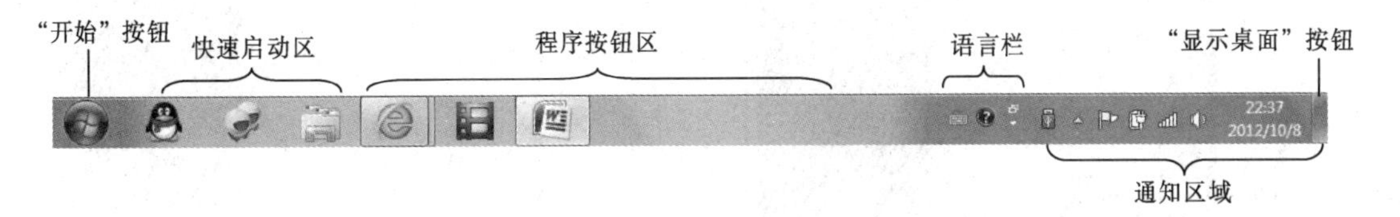

图2.1.2 Windows 7任务栏

（1）快速启动区：位于"开始"按钮右侧，用于放置常用程序的快捷方式图标，以方便快速启动常用程序。

（2）程序按钮区：位于快速按钮区右侧，用于切换各个打开的窗口。用户每打开一个窗口，在程序按钮区中就显示一个对应的程序按钮，在Windows 7中可以根据个人的习惯更改任务栏上的程序和按钮。

（3）语言栏：其实是一个浮动的工具栏，在默认情况下位于任务栏的上方，最小化后位于任务栏的通知区域左侧，它总位于当前所有窗口的最前面，以便用户快速选择所需的输入法。

（4）通知区域：包括一组图标和"显示桌面"按钮，单击通知区域中的图标可以打开与其相关的程序或设置。为了减少混乱，如果在一段时间内没有使用图标，Windows 7会将其隐藏在通知区域内。如果想要查看被隐藏的图标，可以单击"显示隐藏的图标"按钮临时显示隐藏的图标，如图2.1.3所示。

图2.1.3 显示隐藏的图标

3. "开始"菜单

系统中大部分的操作都是从"开始"菜单开始的，可以通过单击"开始"按钮或按键盘上的【Windows】键，在弹出的"开始"菜单中执行任务，图2.1.4所示为单击"开始"按钮时弹出的"开始"菜单。

Windows 7的"开始"菜单各部分功能如下：

① 此列表中的项目便于用户快速打开其中的程序。用户可以根据自己的需要在列表中添加相应的项目。

② 此列表通常会根据用户平常的操作习惯列出最常用的几个应用程序，以方便用户的使用。

③ “所有程序”列表可以让用户查找到系统中安装的所有程序。在“开始”菜单中将鼠标指针指向“所有程序”列表停留片刻，或者单击“所有程序”列表，即可切换到“所有程序”子菜单，其可用于启动各种应用程序。“所有程序”列表中以文件夹形式出现的程序表示该项中还包含了若干子菜单项。单击文件夹，系统将自动打开其子菜单项，如图2.1.5所示。

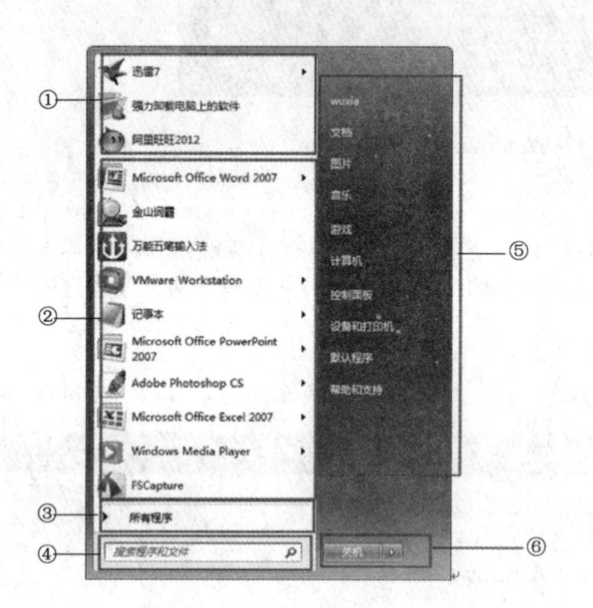

图2.1.4 “开始”菜单

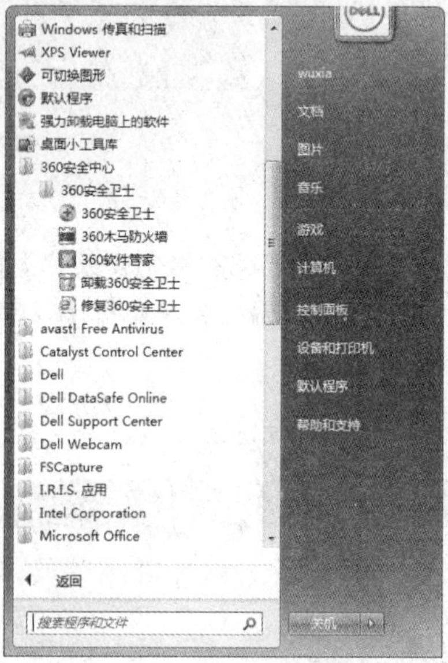

图2.1.5 “所有程序”列表

④ 搜索框是在计算机上查找项目的最便捷方法之一。只需在搜索框中输入少量搜索关键字，就会显示匹配的文档、图片、音乐、电子邮件和其他文件的列表，所有内容都排列在相应的类别下。

⑤ 此列表中的项目可以快速打开相应的文件夹和窗口，也可以将这些项目添加或删除，如计算机、控制面板和图片。还可以更改一些项目，以使它们显示，如链接或菜单等，只需要在“开始”菜单或任务栏任意空白位置右击，在弹出的快捷菜单中选择“属性”选项，弹出“任务栏和开始菜单属性”对话框，在“开始菜单”选项卡中单击“自定义”按钮，在弹出的“自定义开始菜单”对话框中选择所需选项即可。

⑥ “关闭选项”按钮区包含“关机”按钮和“关闭选项”按钮。单击“关闭选项”按钮，弹出“关闭选项”下拉列表，其中包含“切换用户”“注销”“锁定”“重新启动”“睡眠”和“休眠”选项，如图2.1.6所示。

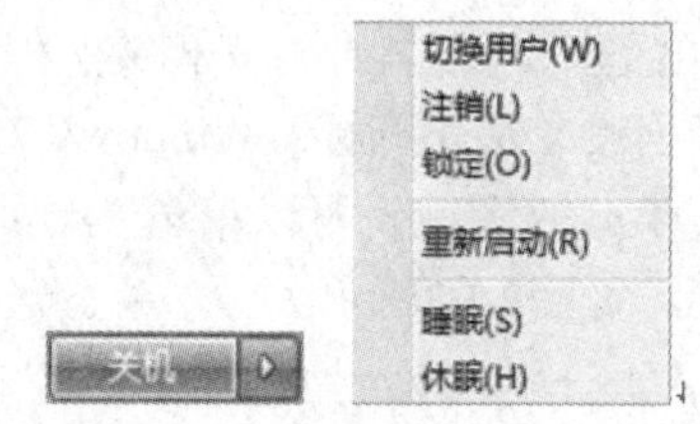

图2.1.6 “关闭选项”下拉列表

- 切换用户：可以在打开应用程序的情况下切换用户。
- 注销：注销后，其他用户可以登录而无须重新启动计算机。此外，无须担心因其他用户关闭计算机而丢失信息。

- 锁定：可以锁定计算机不被他人操作。
- 重新启动：关闭所有打开的程序，退出Windows 7操作系统，然后重新启动计算机。
- 睡眠：首先退出Windows 7操作系统，进入“睡眠”状态，此时除部分控制电路工作外，其他电源自动关闭，从而使计算机进入低功耗状态，要使计算机恢复原来的工作状态，移动或单击鼠标，或在键盘上按任意键即可。
- 休眠：“休眠”是一种主要为笔记本式计算机设计的电源节能状态。睡眠通常会将工作和设置保存在内存中并消耗少量的电量，而休眠则将打开的文档和程序保存到硬盘中，然后关闭计算机。在Windows 使用的所有节能状态中，休眠使用的电量最少。对于笔记本式计算机，如果将有很长一段时间不使用它，并且在那段时间不可能给电池充电，则应使用休眠模式。

【练一练】

启动Windows 7系统，仔细观察Windows 7桌面背景和图标组成、任务栏和开始菜单选项。

三、Windows 7的窗口及对话框

1. 窗口

窗口是操作系统中的基本对象，Windows 7中的所有应用程序都是以窗口形式出现的，启动一个应用程序后，用户看见的是该应用程序的窗口。虽然每个窗口的内容各不相同，但所有窗口都始终在桌面显示，且大多数窗口都具有相同的基本部分。下以记事本程序窗口为例进行讲解。

（1）窗口的组成。选择“开始”→“所有程序”→“附件”→“记事本”命令，打开记事本程序窗口，如图2.1.7所示。记事本程序窗口是一个标准的窗口。

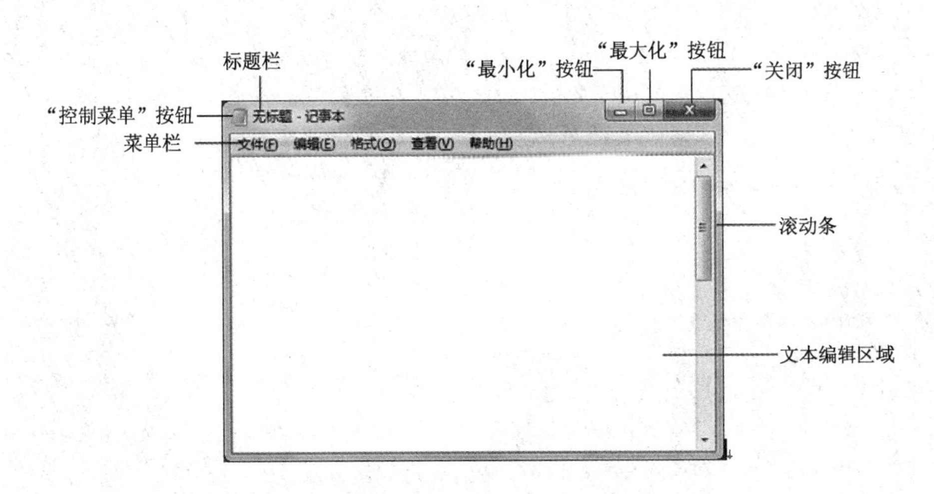

图2.1.7　记事本程序窗口的组成

- 标题栏：位于窗口的最上部，它标明了当前窗口的名称，左侧有控制菜单按钮，右侧有最小化、最大化（或还原）以及关闭按钮。
- 菜单栏：在标题栏的下面，它提供了用户在操作过程中要用到的各种命令功能。
- 文档编辑区：它在窗口中所占的比例最大，显示了应用程序界面或文件中的全部内容。

• 滚动条：当工作区域的内容太多而不能全部显示时，窗口将自动出现滚动条，通过拖动滚动条可以查看所有的内容。

（2）打开窗口。当需要打开一个窗口时，可以通过下面两种方式来实现：一种是选中要打开的应用程序图标，然后双击打开；另一种是在选中的应用程序图标上右击，在弹出的快捷菜单中选择“打开”命令。

（3）移动窗口。在打开一个窗口后，在标题栏上按下鼠标左键拖动，移动到合适的位置后再松开，即可完成移动的操作。

（4）缩放窗口。把鼠标指针放在窗口的垂直或水平边框上，当鼠指针变成双向的箭头时，可以任意拖动。当需要对窗口进行垂直和水平双向缩放时，可以把鼠标指针放在边框的任意角上进行拖动。

（5）最大化、最小化与向下还原窗口。在对窗口进行操作的过程中，可以根据自己的需要，把窗口最小化、最大化或向下还原。

• 单击“最小化”按钮：在暂时不需要对窗口操作时，可把它最小化以节省桌面空间，窗口会以按钮的形式缩小到任务栏。
• 单击“最大化”按钮：窗口将铺满整个桌面。
• 单击“向下还原”按钮：只有在窗口最大化时才会出现该按钮，单击该按钮窗口变回原来的大小。

（6）切换窗口。Windows 7中使用Aero三维窗口切换，在不需要单击任务栏的情况下，可以快速预览所有打开的窗口。按组合键【Windows徽标+Tab】会显示出三维窗口切换效果，如图2.1.8所示。按住【Windows】徽标键，按【Tab】键可以在打开的窗口间进行循环切换，当所需窗口显示在最前面时，释放【Windows】徽标键即可对窗口进行切换。

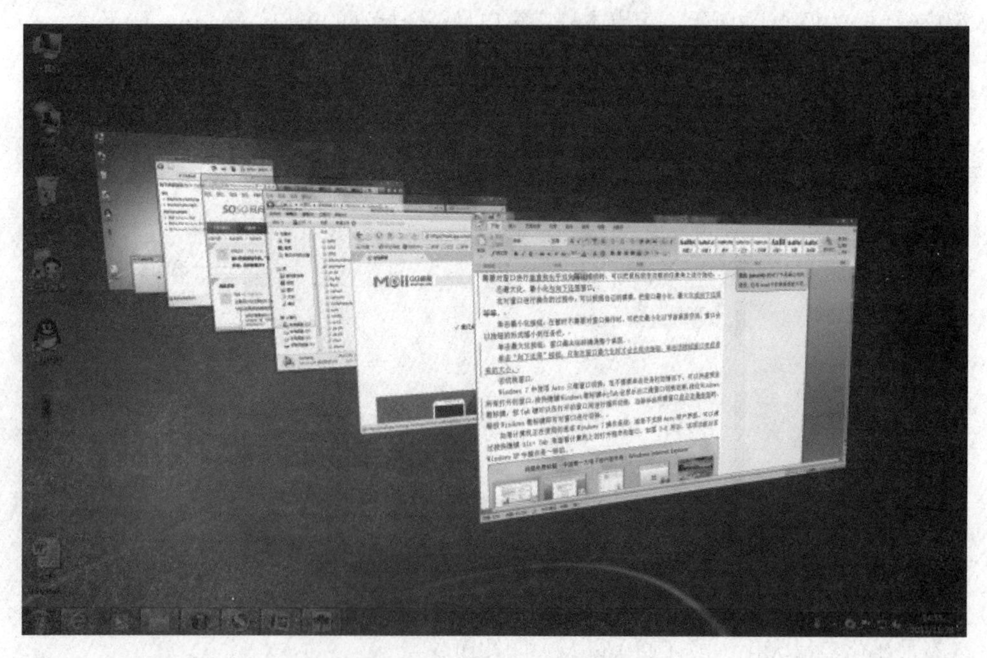

图2.1.8　三维窗口切换效果

如果计算机正在使用的是非Windows 7操作系统，或是不支持Aero用户界面，可以通过按组合键【Alt+Tab】来查看计算机上的打开程序和窗口，如图2.1.9所示。这项功能与在Windows XP中操作是一样的。

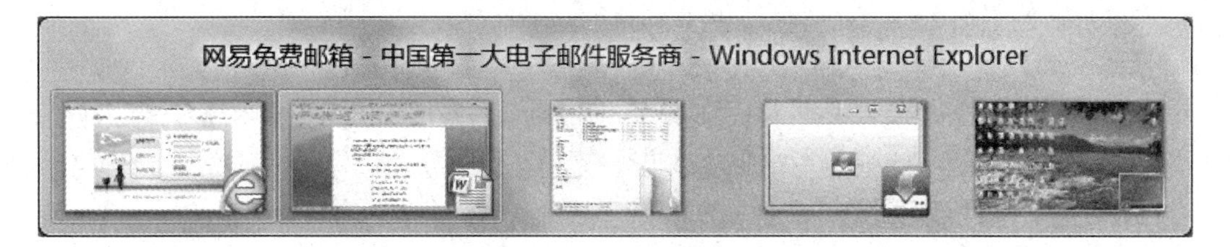

图2.1.9　窗口切换任务栏

（7）关闭窗口。完成对窗口的操作后，用下面几种方式关闭窗口：

- 直接在标题栏上单击“关闭”按钮。
- 选择窗口中的“文件”菜单下的“关闭”命令。
- 双击控制菜单按钮。有些程序的窗口没有控制菜单按钮，如“计算机”，双击窗口左上角那个位置也能关闭窗口。
- 单击控制菜单按钮，在弹出的控制菜单中选择“关闭”命令。
- 使用【Alt+F4】组合键。

2. 对话框

对话框是用户和计算机交流的平台，是人机对话的主要手段，用户在这里可以对计算机的一些属性、选项进行设置。计算机利用对话框接收输入指令，也可以利用对话框输出计算机对用户的提示和警告等信息。每个对话框的主要组成部分基本一样，右击“回收站”，在弹出的快捷菜单中选择“属性”命令，弹出“回收站 属性”对话框，如图2.1.10（a）所示。图2.1.10（b）也是常用对话框。

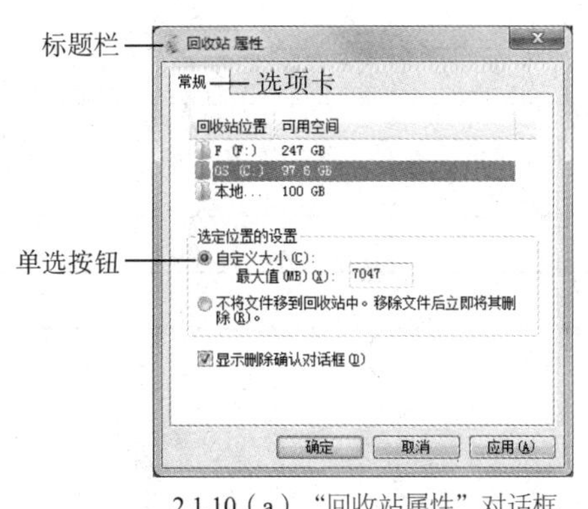

2.1.10（a）“回收站属性”对话框

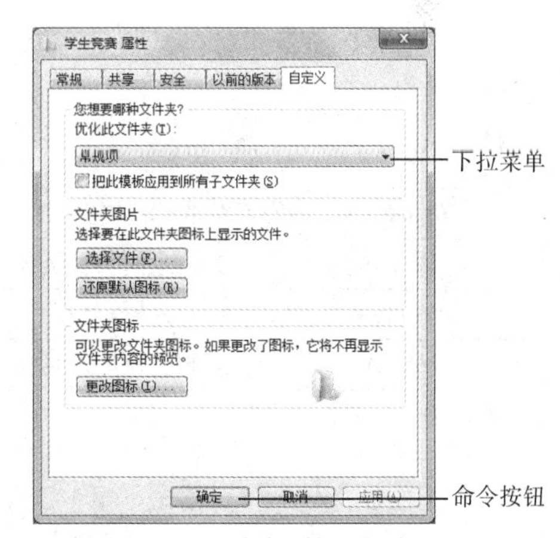

2.1.10（b）“学生竞赛属性”对话框

图2.1.10　对话框

对话框中常见组成元素的意义如下：

（1）标题栏：用鼠标拖动标题栏可以移动对话框。

（2）选项卡：通过选项卡可以在对话框的几组功能中选择一项。

（3）复选框：在选项中按照需要可以任意选择多项。

（4）单选按钮：在选项中只能选择一项。

（5）下拉列表框：显示多个选择项，可以选择其中一项。

（6）命令按钮：单击命令按钮，可立即执行一个命令。

【练一练】

（1）打开记事本程序，认识窗口的组成，练习窗口的移动、缩放、切换及关闭。

（2）打开“回收站属性”对话框，认识对话框的组成。

环节二　自我巩固

判断题：

（1）对话框是程序从用户获得信息的地方，其主要作用是接收用户输入的信息和系统显示信息。（　　）

（2）窗口内的对象可按大图标、小图标、列表及详细资料四种方式排列。（　　）

（3）由于Windows有即插即用特性，所以当不使用计算机时关掉计算机电源即可。（　　）

（4）任务栏只能放在桌面底部，不能放在其他地方。（　　）

（5）Windows和Office都是一种操作系统。（　　）

环节三　自我实现

练习1：查阅相关资料后写出关闭窗口的几种方式并进行练习。

练习2：分别打开若干个程序窗口，如“计算机”“画图”“记事本”“计算器”等程序窗口，单击任务栏上的各窗口所对应的任务按钮，实现程序窗口间的切换，体会并复述当前窗口（活动窗口）的含义。

任务评价

学习完本次任务，请对自己做个评价。如果不会，就多下点功夫。

序号	内　　容	评　　价		
		会	基本会	不会
1	Windows 7 操作系统的启动与退出			
2	Windows 7 操作系统的桌面与任务栏			
3	Windows 7 操作系统的开始菜单			
4	Windows 7 操作系统的窗口与对话框			
你的体会：				

任务二 使用汉字输入法

任务目标

通过本任务，使学生能认识键盘的布局，规范地输入文字。

任务描述

对操作系统熟悉后，李华想学习如何打字以方便今后学习的需要，可他对键盘、输入法还一无所知，请你和他一起学习吧。

任务分析

此任务关键在于输入法的选用。鉴于是初学者，建议李华选用Windows 7操作系统自带的记事本进行文字的录入。

任务实施

环节一 我讲授你练习

一、认识键盘

（一）键盘布局

键盘是微型计算机的主要输入设备，它供用户向主机输入命令、程序和数据。键盘有许多种类，它们总的结构形式和应用方法相似。微型计算机常用的键盘有两种：101键和104键。为了便于用户的使用，键盘可以分为5个区：主键盘区、数字键区、编辑键区、功能键区和状态指示区，如图2.2.1所示。

图2.2.1 键盘分布

1. 功能键区

功能键区位于键盘的顶部，如图2.2.2所示，这些键用于完成一些特定的功能。

图2.2.2 功能键区

（1）退出键：即【Esc】键，按下该键，可终止正在执行的命令或程序。

（2）功能键：由【F1】~【F12】键组成。在不同的软件中，各个键的功能有所不同，在使用一般软件时，按下【F1】键可打开该软件的帮助信息窗口。

（3）【PrintScreen】键（屏幕硬拷贝键）：按下该键可将当前屏幕的内容复制到剪贴板。在打印机已经联机的情况下，按下该键可以将计算机屏幕的显示内容通过打印机输出。

（4）【ScrollLock】键（屏幕滚动显示锁定键）：目前该键已很少使用。

（5）【Pause】或【Break】键（暂停键）：按该键能使得计算机正在执行的命令或者应用程序暂时停止工作，直到按下键盘上任意一个键则继续。另外，【Ctrl+Break】组合键能中断命令的执行或程序的运行。

2. 主键盘区

主键盘区是键盘上占用面积最大，也是最主要的一个操作区域，主要用来输入字母、数字和符号。各类键的作用介绍如下：

（1）字母键：由26个英文字母组成。其中，在【F】键和【J】键上各有一个小横杠，这两个键和其左右的【A】【S】【D】和【K】【L】【；】键合称为基准键。这8个基准键在输入文本时可便于用户定位。

（2）数字及符号键：主要用于输入数字和符号，如图2.2.3所示。数字键的每个按键由上下两个字符组成，称之为双字符键。在进行输入时直接按键，将输入下挡字符；按住【Shift】键再按双字符键，则可输入上挡字符。

图2.2.3 数字及符号键

（3）控制键：控制键分布在主键盘区的左右两侧，如图2.2.4所示。其中，【Shift】【Ctrl】和【Alt】键通常与其他按键配合使用才能发挥作用；在输入文本时按【Tab】键可输入制表符，按【BackSpace】键可后退并删除一个字符，按【Enter】键可换行，按【Caps Lock】键可实现英文大小写字母的切换。按Windows徽标键可弹出“开始”菜单。快捷菜单键则是用于弹出在当前鼠标光标处相对应的快捷菜单，其功能与单击鼠标右键相同。

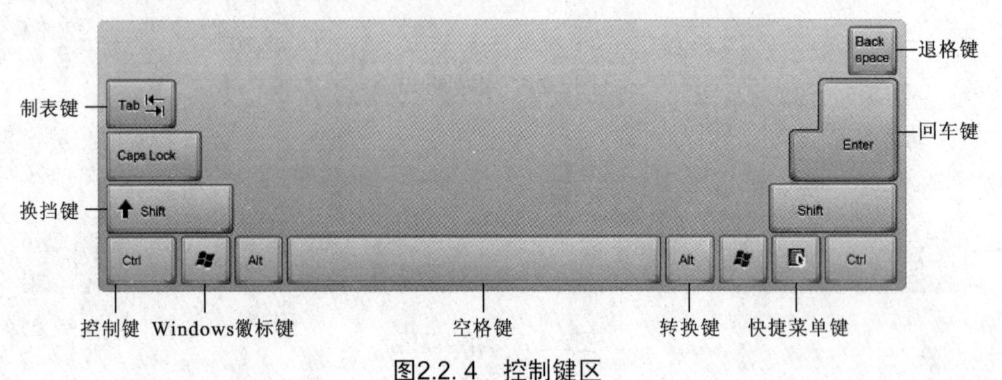

图2.2.4 控制键区

3. 编辑键区

编辑键区在编辑文本时使用得最多，常用于控制鼠标光标的位置和输入状态，如图2.2.5所示。各类键的作用介绍如下：

（1）【Insert】键：即插入键，在文档编辑时，按该键可在插入和改写输入状态间切换。处于“插入”状态时，在插入光标处输入字符后，插入光标右侧的内容不变；处于“改写”状态时，输入的内容将自动替换插入光标右侧的内容。

（2）【Home】键：即行首键，在文档编辑时，按下该键即可将插入光标定位到本行最左边的位置。

（3）【Page Up】键：即向上翻页键，按下该键将使屏幕跳转回到前一页。

（4）【Delete】键：即删除键，在文档编辑时，按下该键将删除插入光标后的字符。

（5）【End】键：即行尾键，按下该键将插入光标定位到本行最右边的位置。

（6）【Page Down】键：即向下翻页键，按下该键将使屏幕跳转到后一页。

（7）方向键：分别用于将插入光标往4个不同的方向移动一个字符的位置。

4. 数字键区

数字键区位于控制键区右侧，共17个键，提供了所有用于数字操作的按键，包括数字键、运算符号键等，主要用于快速输入数字，如图2.2.6所示，经常需要录入数据的会计、银行工作人员等应用得较为频繁。

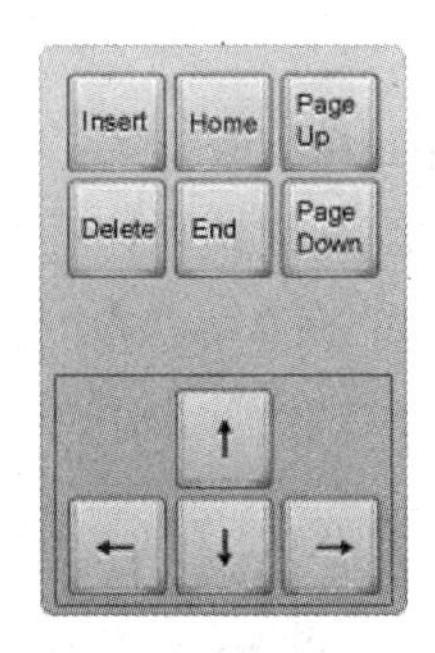

图2.2.5　编辑键区

图2.2.6　数字键区

5. 状态指示区

小键盘区上方有3个指示灯，主要用来提示键盘工作状态。其中，Num Lock灯亮时表示可以用小键盘区输入数字；Caps Lock灯亮表示按字母键时输入的是大写字母，否则输入的是小写字母。

（二）键盘的指法分区

认识了键盘的布局及按键的作用后，接下来了解一下键盘的指法分区。在实际操作时，实现输入的主键盘区划分为8个区域，分别分配给除大拇指外的8个手指，在输入汉字时，每个手指都有负责的输入区域，如图2.2.7所示。

前面已经提到，键盘上的【F】键和【J】键上各有一个凸起的小横杠，将其称为定位键。击键时的正确方法为将双手的食指分别放在定位键上，然后其余的6个手指依次按自然顺序放在两旁相邻的键位上，两只拇指则放在空格键上。这样，击键时各手指就可以负责各自的区域，协作无间。

图2.2.7 指法分区

【练一练】

打开金山打字通，进行指法练习。

【提示】

教师需关注学生的指法。提醒学生击键结束后手指需回到基准键位。

二、使用输入法

1. 选择汉字输入法

熟悉了键盘和指法，并不意味着用户就可以自由地输入汉字了。因为默认情况下，敲击键盘输入的将是英文字母，而要输入汉字，用户还得首先选择一种汉字输入法，方法为：单击Windows 7右下角语言栏中的输入法图标，在弹出的输入法列表中查看并选择计算机已安装的输入法，如图2.2.8所示。

2. 认识输入法状态条

当选择了汉字输入法后，语言栏上的图标将变为相应的输入法标志，同时在任务栏附近将显示相应的汉字输入法状态条。通过状态条可查看和设置输入法的属性信息。下面以万能五笔状态条为例进行讲解，如图2.2.9所示。

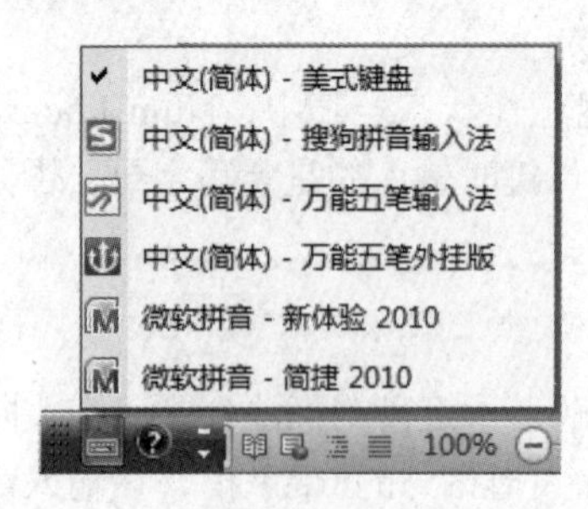

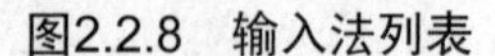

图2.2.8 输入法列表

图2.2.9 输入法状态条

（1）“中英文切换”按钮中：该按钮用于在中文和英文输入状态之间切换，当其呈图案英时，表示当前输入法处于英文输入状态；当其呈图案中时，则处于汉字输入状态。

（2）“半／全角切换”按钮：该按钮主要是针对数字、符号而言，当其呈图案时，输入的数字形状较大；当其呈图案时，输入的数字为标准的数字形状。

（3）“中英文符号切换”按钮：该按钮用于在中文和英文标点符号之间切换，当其呈图案时，输入的符号为中文标点符号；当其呈图案时，输入的符号为英文标点符号。

（4）“软键盘”按钮：单击“软键盘”按钮，在弹出的列表中选择需要的符号类型，随即将弹出与之对应的软键盘。再在该软键盘上单击相应的符号，即可输入相应符号。

在Windows 7操作系统中按【Ctrl+Space】组合键可以启动或关闭中文输入法；按【Ctrl+Shift】组合键在英文及各种输入法之间切换，同时按【Shift+Space】组合键为全角和半角切换。

3. 删除和添加系统自带汉字输入法

为了方便用户使用，Windows 7系统中自带了一些汉字输入法，如微软拼音输入法等。此外，在实际操作中，用户也可以根据自身需要删除或添加输入法。下面以系统自带的输入法为例，分别执行删除和添加操作，其操作步骤如下：

（1）在语言栏的图标上右击，在弹出的快捷菜单中选择“设置”命令，弹出“文本服务和输入语言”对话框，如图2.2.10所示。

（2）在“文本服务和输入语言”对话框中间的列表框中选择要删除的“微软拼音–简捷2010”，单击其右侧的“删除”按钮。

（3）在图2.2.10中单击“添加”按钮，弹出“添加输入语言”对话框。在“添加输入语言”对话框中间的列表框中选中“中文（简体，中国）”目录树下需添加的中文输入法前的复选框，如选中“简体中文全拼（版本6.0）”复选框，单击“确定”按钮，如图2.2.11所示。

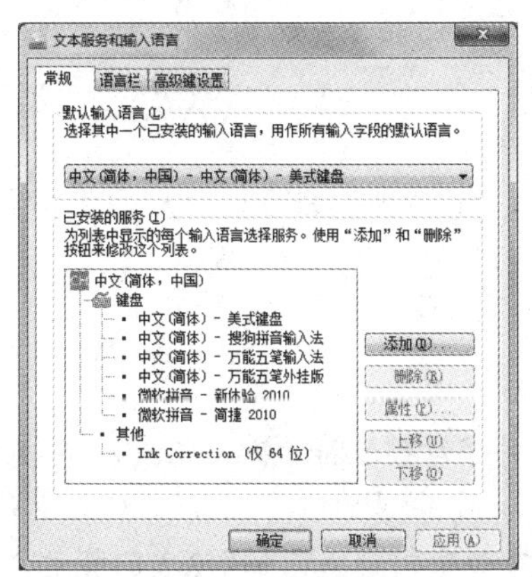

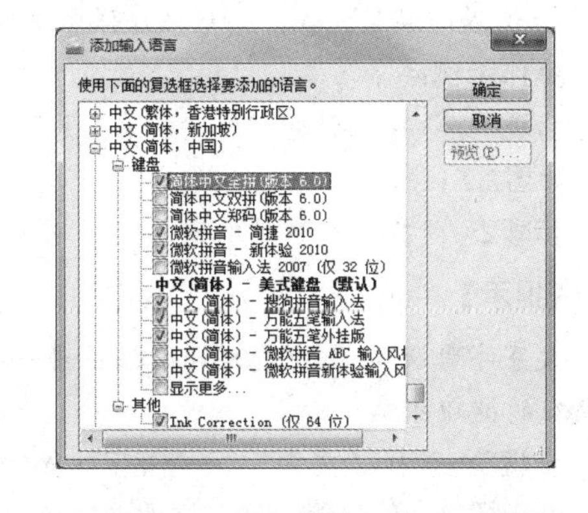

图2.2.10　“文本服务和输入语言”对话框

图2.2.11　“添加输入语言”对话框

（4）返回“文本服务和输入语言”对话框，单击“确定”按钮完成操作。再次单击语言栏上的图标，在弹出的列表中即可看到相应输入法已删除或添加。

4. 添加其他汉字输入法

由于Windows 7操作系统自带的输入法有限，在实际工作中许多用户都习惯使用其他汉字输入法，如王码五笔型输入法、搜狗拼音输入法等。不过，这些输入法需要用户进行手动添加。要添加这些输入法，首先需要找到该输入法的安装程序，再将其安装到系统中。一般来说安装程序可以通过购买光盘或网上下载得到。

5. 拼音输入法的使用

汉字是以拼音为基础，因此拼音输入法也成为输入汉字最快捷、最方便的方式之一。如今，市面上可供选择的拼音输入法有很多，如搜狗拼音输入法、微软拼音输入法、智能ABC输入法等。拼音输入法输入方式大致相同，一般来说以全拼、简拼和混拼3种输入方式为主。

（1）全拼：依次敲击要输入汉字的所有声母和韵母，在随即打开的汉字选择框中选择要输入的汉字即可。例如，要输入“狗”字，可输入“狗”的拼音“gou”，在汉字选择框中选中该字即可。

（2）简拼：只敲击输入汉字的第一位声母，在随即打开的汉字选择框中选择要输入的汉字即可，常用于输入常用词组。例如，要输入“朋友”一词，可直接输入“py”，在汉字选择框中选中该词即可。

（3）混拼：即将全拼和简拼混合输入的方式，在实际输入中应用得十分频繁。例如，输入“电脑城”，可以输入“dncheng”，在汉字选择框中即可选择要输入的汉字。

【练一练】

打开金山打字通，进行中文输入练习。

环节二　我示范你练习

操作要求：启动“记事本”，录入以下文字。

D1：全国VIP飞至温州，入住永嘉铂尔曼酒店；中餐、晚餐在铂尔曼酒店自助餐。

D2：上午参观红蜻蜓“鞋文化”博物馆，参加博物馆互动；下午参观红蜻蜓生产流水线、实验室，开展团队破冰活动；公司用餐。

D3：游玩雁荡山，两水街；午餐、晚餐由旅行社提供。

D4：游玩楠溪江，永嘉书院，午餐由旅行社提供，晚餐回铂尔曼就餐。

D5：返回温馨的家，酒店住房保留到14：00退房。

操作示例：

步骤1：选择“开始”→“所有程序”→“附件”→“记事本”命令，打开记事本程序窗口，如图2.2.12所示。

步骤2：选择自己熟悉的输入法，录入上述汉字。

【提示】

大字字母及“:”可通过同时按住【Shift】键+相应的字母键或符号键完成；“;”直接敲击所在的键即可。

步骤3：选择“文件”→“保存”命令，打开“另存为”对话框，如图2.2.13所示，在对话框中选择保存的位置，输入文件名，单击“保存”按钮。

图2.2.12 “记事本”窗口

图2.2.13 “另存为”对话框

步骤4：关闭文件。

【提示】

记事本的使用在任务 4 中另有详细介绍.

环节三 自我巩固

（1）打开“金山打字通”或其他打字练习软件练习中英文打字练习，并记下每次的输入速度。注意双字符键的使用技巧，初期练习以英文打字练习为主。

（2）打开“教学资源\项目二\任务二\提升练习，在记事本中按样张完成“练习1～练习4”输入练习，并正确保存。

环节四 自我实现

打开记事本，按样张输入，并自命名正确保存。

A person, like a commodity, needs packagingg. But going too far is absolutely undesirablee. A little exaggeration, however, does no harm when it shows the person's unique qualities to their advantage.

To display personal charm in a casual and natural way, it is important for one to have a clear knowledge of oneself. A master packager knows how to integrate art and nature without any traces of embellishment, so thatt the person so packaged is nof commodity but a human being, lively and lovely.

科普知识

搭建运动“金字塔”

很多人都知道有一个食物“金字塔”，它把我们每天所吃食物的种类和数量按金字塔形排列，使我们能够根据它来合理地安排饮食。最近有些专家提出了一个运动“金字塔”模型。他们指出，在日常生活中，只有同时遵循两种“金字塔”模型，才能达到健康的目的。

运动“金字塔”共分三层，底层是每天进行不少于 30 分钟的心血管运动。所谓心血管运动是指一些有益于心血管系统的有氧运动，包括散步、慢跑、骑车、游泳等。实际上这种运动不但会降低冠心病、高血压等心血管疾病的发病率，还对糖尿病、结肠癌等其他一些疾病起到很好的预防作用。做这类运动可以一次完成，也可以分散进行。如每次 10 分钟，共做 3 次。如果要想减肥的话，每天的运动时间不能少于一个小时。

运动“金字塔”的第二层是每天进行 5～10 分钟的伸展运动，包括下蹲、转体、甩手等。伸展运动可使过劳的肌肉放松而伸展，恢复生理机能，预防伤害的发生，提高生活质量。做这类运动可以见缝插针，如起床后、工作中的休息时间、沐浴后、睡觉前等都可以进行。一次的伸展，并不是 1～2 秒钟就急速地做到极限，而是在宽松的状态，徐徐地持续拉引 10～30 秒钟。

位于运动“金字塔”顶端的是每周两次的力量训练。力量训练可使人的骨骼坚硬、肌肉强壮、代谢旺盛。强壮的肌肉还有助于消耗更多的热量，这对减肥也是非常有益的。

——《摘自健康时报》

任务评价

学习完本次任务，请对自己做个评价。如果不会，想想问题出在哪，并努力学会。

序号	内容	评价		
		会	基本会	不会
1	键盘结构			
2	键盘指法分区			
3	中文输入			
你的体会：				

知识链接

一、金山打字通

金山打字通历来都被计算机爱好者认为是学习和熟悉计算机输入的首要工具之一。金山打字是金山公司推出的系列教育软件，主要由金山打字通和金山打字游戏两部分构成。金山打字通是专门为上网初学者开发的一款软件。针对用户的水平定制个性化的练习课程，每种输入法均从易到难提供单词（音节、字根）、词汇以及文章循序渐进练习，并且辅以打字游戏。

（一）安装与操作

从网上下载免费安装软件，安装完成以后，启动金山打字通2013，如图2.2.14所示。该软件保留了直接启动金山打字游戏2010的入口。首次运行金山打字通2013时，软件会提示注册新用户，这样可以让各用户之间的打字练习不受影响，而且保证教学与练习进度和效果。

图2.2.14 金山打字通2013

（二）输入练习

1. 新建账户

单击“新手入门”或“登录”按钮，打开“登录”对话框，如图2.2.15所示，输入昵称，单击“下一步”按钮，可不与QQ号绑定，关闭窗口。

图2.2.15 “登录”对话框

2. 输入练习

金山打字通2013在用户新建账户后，在图2.2.14所示的页面中选择练习项目，进行英文、拼音和五笔的打字练习。

3. 打字游戏

长时间的输入练习不免让人感到枯燥乏味，金山打字通2013中为用户提供了5款经典打字游戏和一些热门游戏，大家可以根据自己的喜好在游戏中进行练习，在图2.2.16所示的页面中选择即可。

图2.2.16　打字游戏界面

二、五笔字型输入法

汉字编码的方案很多，但基本依据都是汉字的读音和字形两种属性。五笔字型输入法（简称五笔）是王永民在1983年8月发明的一种汉字输入法。因为发明人姓王，所以也称为“王码五笔”。五笔字型完全依据笔画和字形特征对汉字进行编码，是典型的形码输入法。五笔相对于拼音输入法具有重码率低的特点，熟练后可快速输入汉字。五笔字型自1983年诞生以来，先后推出三个版本：86五笔、98五笔和新世纪五笔。

（一）汉字笔画

笔画是指汉字书写时一次不间断的线段（按楷书的书写汉字），笔画不能切断，它是汉字的最小构成单位。在五笔字型输入法中，汉字笔画根据笔画走向被分成五种，如表2.2.1所示。

表2.2.1　汉字的五种笔画

代号	笔画名称	笔画走向	注意事项（特殊）	笔画及其变形
1	横	左→右	提笔也是从左向右运笔，属于横	一 ㇀
2	竖	上→下	竖左钩属于竖	丨 亅
3	撇	右上→左下		丿
4	捺	左上→右下	各种点都属于捺	㇏ 、
5	折	带转折	竖右钩是折，带拐弯也为折	乙、乚、乛 𠃌、⺄、㇉

（二）汉字字根与助记词

汉字字根是由若干笔划交叉连接而形成的相对不变的结构，是构成汉字最重要、最基本的单位。五笔字型中，字根多数是传统的汉字偏旁部首，同时还把一些少量的笔画结构作为字根，也有硬造出的一些“字根”，五笔基本字根有130种，加上一些基本字根的变形，共有200个左右。这些字根对应在键盘上除【Z】以外的25个键上。

1. 字母键分区

为方便记忆，我们按照每个字根的起笔笔画把除【Z】以外的字母键分成5个区，每个区正好有五个字母，一个字母占一个位置，简称为一个“位”。每个字母对应的区位号如表2.2.2所示。

表2.2.2 字母区位号

分　区	字　母	区位号	键　名	一级简码	
第一区	GFDSA	11 12 13 14 15	王土大木工	一地在要工	王一
第二区	HJKLM	21 22 23 24 25	目日口田山	上是中国同	
第三区	TREWQ	31 32 33 34 35	禾白月人金	和的有人我	金我
第四区	YUIOP	41 42 43 44 45	言立水火之	主产不为这	产
第五区	NBVCX	51 52 53 54 55	已子女又纟	民了发以经	

2. 五笔字根分布

86版五笔字根表键位图如图2.2.17所示。

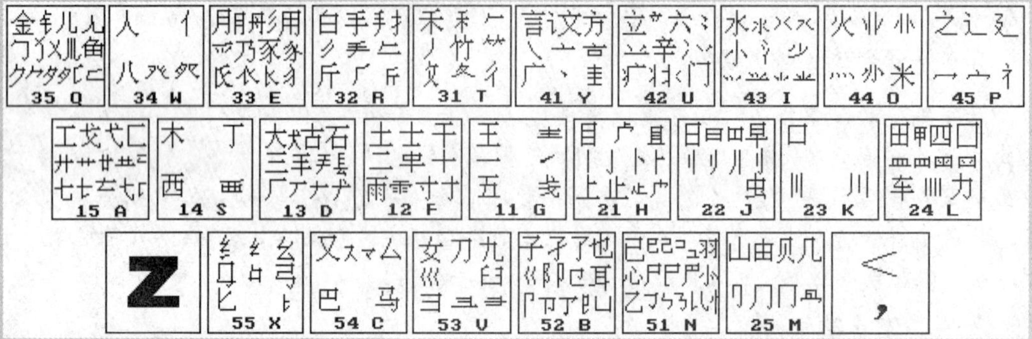

图2.2.17 五笔字根表键位图

3. 字根助记词

可通过背诵字根助记词帮助记忆，如表2.2.3所示。

表2.2.3 86版字根助记词

字母	助　记　词	字母	助　记　词
G(11)	王旁青头戋（兼）五一	H(21)	目具上止卜虎皮
F(12)	土士二干十寸雨	J(22)	日早两竖与虫依
D(13)	大犬三羊古石厂	K(23)	口与川，字根稀
S(14)	木丁西	L(24)	田甲方框四车力
A(15)	工戈草头右框七	M(25)	山由贝，下框几
T(31)	禾竹一撇双人立， 反文条头共三一	Y(41)	言文方广在四一， 高头一捺谁人去
R(32)	白手看头三二斤	U(42)	立辛两点六门疒

续表

字母	助 记 词	字母	助 记 词
E(33)	月彡（衫）乃用家衣底，	I(43)	水旁兴头小倒立
W(34)	人和八，三四里	O(44)	火业头，四点米
Q(35)	金勺缺点无尾鱼， 犬旁留乂儿一点夕，氏无七	P(45)	之字军，摘礻（示）衤（衣）
N(51)	已半巳满不出己， 左框折尸心和羽	C(54)	又巴马，丢矢矣
B(52)	子耳了也框向上	X(55)	慈母无心弓和匕，幼无力
V(53)	女刀九臼山朝西		

（三）单、散、连交

正确地将汉字分解成字根是五笔字型输入法的关键。组成汉字时，字根间的相对关系分为四种：单、散、连和交。

（1）单：字根本身就是一个独立的汉字的情况叫“单”。“单”的情况又可以分为两种：键名和成字字根。键名是指键位图中各键位左上角的黑体字根；成字字根是指除键名以外的其他独立成字的字根。在输入这些汉字时，无须将它们折分成更小的组字部分，如：车、用等。

（2）散：几个字根共同组成一个汉字时，字根间保持了一定距离，既不相连也不相交的情况叫“散”，比如：汉、字、培、训、加等字。

（3）连：单笔划与某一基本字根相连或带点的结构叫“连”，如：且、于、玉等字。值得注意的是带点的结构，这些字中的“点”与其他的基本字根并不一定相连，它们之间可能连也可能有一些距离，但在五笔字型中都视其为相连，如：犬、勺等。

（4）交：两个或两个以上字根交叉、套迭的结构叫“交”，如：申、必、果等字。

（四）汉字字形

从汉字的整体结构来看，可以分为三种。

（1）左右型（1型）：汉字为左右两部分或左中右三个部分，各部分之间有一定的距离。如：现、汉、部、侧、旧、孔、扎、做等。

（2）上下型（2型）：汉字为上下两部分或上中下三部分，各部分之间有着明显的界线。如：节、要、想、鱼、气、少、旦、右、看、丛、攀、莫、等。

（3）杂合型（3型）：左右型和上下型之外的归为杂合型，它是指汉字的各部分之间没有简单明确的左右或上下关系。如：国、斗、本、半等。连字结构多为杂合型。

（五）汉字的拆字原则

（1）书写顺序：在合体字编码时，一般要求按照正确的书写顺序进行。

（2）取大优先：按照书写顺序为汉字编码时，拆出来的字根要尽可能大，即“再添一个笔画，便不能构成笔画更多的字根”为限度。

（3）兼顾直观：在确认字根时，为了使字根的特征明显易辨，有时就要牺牲书写顺序和取大优先的原则。

（4）能连不交：当一个字可以视作相连的几个字根，也可视作相交的几个字根时，我们认为，相连的情况是可取的。

（5）能散不连：如果一个结构可以视为几个基本字根的散的关系，就不要认为是连的关系。

总之，拆分应兼顾几个方面的要求。一般说来，应当保证每次拆出最大的基本字根，在拆出字根的数目相同时，“散”比“连”优先，“连”比“交”优先。

（六）识别码

识别码是在五笔输入法中用于区分重码字（拆分不足四码的汉字）末笔笔画和字型结构的代码。具体如表2.2.4所示。

表2.2.4　识别码

末笔＼字型		左右	上下	杂合
		1	2	3
横	1	11(G)	12(F)	13(D)
竖	2	21(H)	32(J)	23(K)
撇	3	31(T)	32(R)	33(E)
捺	4	41(Y)	42(U)	43(I)
折	5	51(N)	52(B)	53(V)

（七）汉字编码规律

汉字编码规律如表2.2.5所示。

表2.2.5　汉字编码规律

笔画名称	笔画	编码	笔画名称	笔画	编码
横	一	ggll	竖	丨	hhll
撇	丿	ttll	捺	丶	yyll
折	乙	nnll			

单字编码口诀：

（1）键名不拆打四下；

（2）成报一二末笔画；

（3）一般一二三末根；（一般：拆分四码或四码以上的汉字）

（4）不足才补识别码。

（八）词组编码

（1）两字：每字各取前两字根2+2。

（2）三字：前两字取首字根，第三字取第一二字根1+1+2。

（3）四字：各取每字的第一字根1+1+1+1。

（4）超四字：前三字和末字取首字根1+1+1+末1。

任务三　管理文件和文件夹

任务目标

通过本任务，使学生认识文件和文件夹，会对文件和文件夹进行查看、新建、重命名、选定、复制、移动等操作，会设置文件和文件夹的属性。

任务描述

小王一毕业就去一家公司做文员，每日与各类文件打交道。时间久了，计算机的文件多了，查找起来非常费劲。小王该怎么办呢？

任务分析

计算机中的数据是以文件的形式来保存的，文件夹可以将这些文件分门别类保存起来。掌握文件和文件夹的操作是进一步学习计算机应用的必要条件。文件与文件夹的操作主要包括查看、新建、重命名、选定、复制、移动、删除等，下面将分别进行讲解。

任务实施

环节一 我讲授你练习

（一）认识Windows 7的资源管理器、库和“计算机”

1. 认识Windows 7的资源管理器

打开“资源管理器”窗口的方法有多种，其中最常用的有：

（1）在“开始”按钮上右击，在弹出的快捷菜单中选择“打开Windows资源管理器”选项，打开“资源管理器”窗口。

（2）执行“开始”→“所有程序”→“附件”→“Windows资源管理器”命令，即可打开“资源管理器”窗口,如图2.3.1所示。

图2.3.1 “资源管理器”窗口

从图2.3.1可以看出，Windows 7资源管理器窗口主要由两个部分组成：导航窗格和细节窗格。导航窗格以树形结构目录显示当前计算机中所有资源的“文件夹”栏，即收藏夹、库、计算机和网络；细节窗格中显示的是左侧文件夹中相对应的内容。

（1）地址栏：Windows 7默认的地址栏用“按钮”取代了传统的纯文本方式，并且在地址栏周围找不到传统资源管理器中的“向上”按钮，而仅有“前进”和“后退”按钮。

如图2.3.2所示，当前目录为“C:\Windows\Fonts”，此时地址栏中有4个按钮，依次为“计算机”“OS（C:）”“Windows”和“Fonts”。各级文件夹按钮前都有一个“小箭头”，只需单击“小箭头”即可实现跳转。

（2）搜索框：Windows 7的资源管理器将搜索框“搬”到了表面，便于用户使用搜索功能。

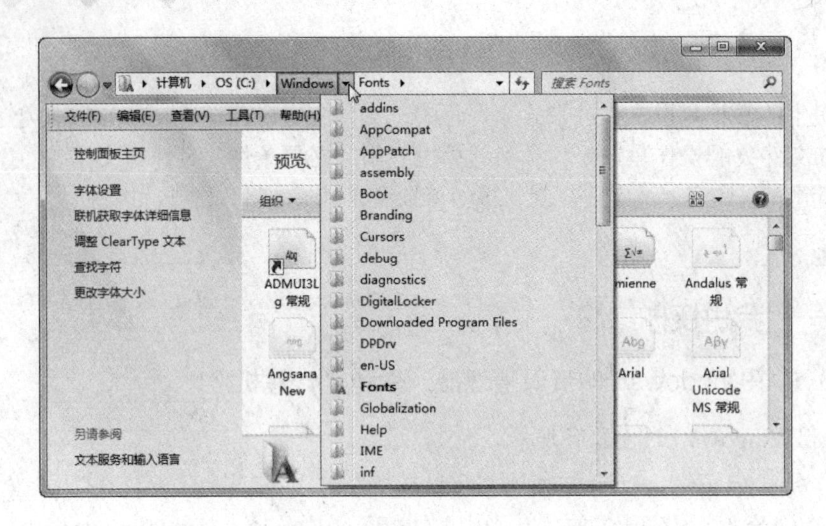

图2.3.2 通过地址栏按钮快速实现目录跳转

（3）工具栏：在Windows 7中打开不同的窗口，或者选中不同类型的文件时，工具栏中的按钮会发生变化，其中有3个按钮始终保持不变，它们分别是“组织”“视图”和“预览窗格”。“组织”按钮的菜单中包含的功能有剪切、复制、属性以及“文件夹和搜索选项”等，如图2.3.3所示。单击“视图”按钮，可以快速切换图标大小，如图2.3.4所示。当文件以详细信息格式显示时，可以通过单击它们让文件或文件夹按名称、大小、类型和修改日期排序。

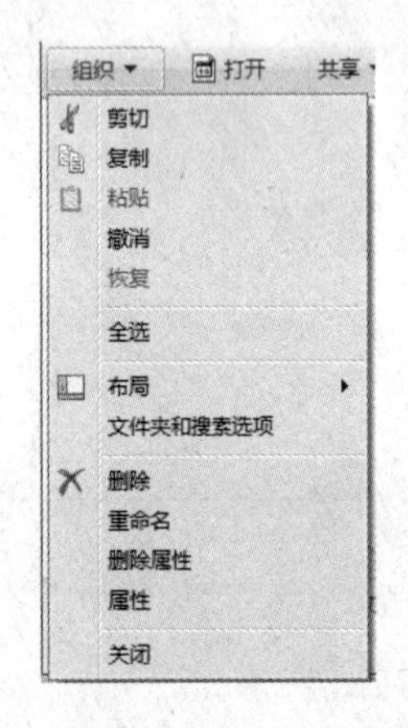

图2.3.3 “组织”按钮菜单

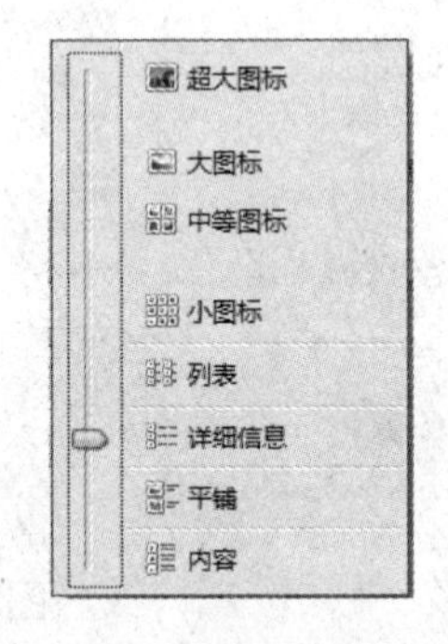

图2.3.4 “视图”按钮菜单

（4）导航窗格：在Windows 7中，资源管理器左侧导航窗格内提供了“收藏夹”“库”“家庭组”“计算机”以及“网络”结点，用户可以通过这些结点快速切换到需要跳转到的目录。其中“收藏夹”的功能不同于IE浏览器的收藏夹，它的作用是允许用户将常用的文件夹以链接的形式加入此结点，方便用户快速访问常用文件夹。“收藏夹”中预置了几个常用的目录链接，如“下载”“桌面”“最近访问的位置”等，如图2.3.5所示。当需要添加自定义文件夹收藏时，只需要将文件夹拖动到收藏夹的图标上即可。新增的“下载”目录存放的是用户通过IE下载的文件，便于用户集中管理。

图2.3.5　“收藏”夹窗口

（5）细节窗格：位于文件夹窗口的底部，显示文件的常见属性，在这里可以直接修改文件信息和属性并添加标记，如图2.3.6所示。

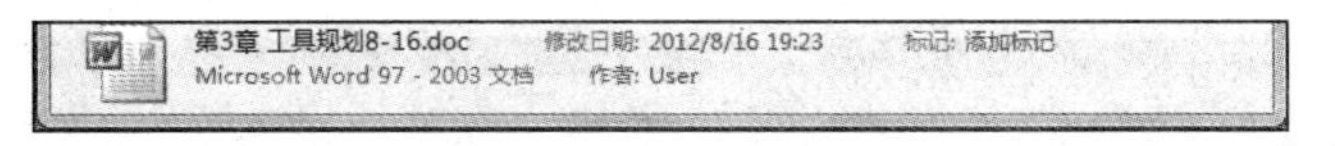

图2.3.6　细节窗格

2. 库

Windows 7中库的概念并非传统意义上的存放用户文件的文件夹，它其实是一个强大的文件管理器。库所倡导的是通过建立索引和使用搜索快速地访问文件，而不是传统的按文件路径的方式访问。建立的索引也并不是把文件真的复制到库里，而只是给文件建立了一个快捷方式而已，文件的原始路径不会改变，库中的文件也不会额外占用磁盘空间。库里的文件还会随着原始文件的变化而自动更新。这就大大提高了工作效率，管理那些散落在各个角落的文件时，我们再也不必一层一层打开它们的路径了，你只需要把它添加到库中。

（1）库的创建。打开资源管理器，在导航空格里单击库，然后在工具栏内就会出现“新建库”按钮，单击“新建库”；或者在右侧空格处右击，在弹出的快捷菜单里选择“新建”→“库”命令即可，如图2.3.7所示。给库取好名字，一个新的空白库就创建好了。

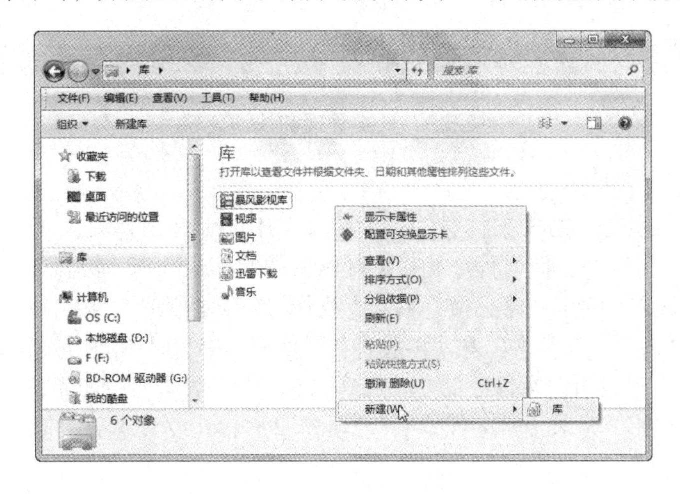

图2.3.7　新建库操作

（2）为库添加文件或文件夹。右击新建的库，选择“属性”命令，在弹出的属性窗口里再单击“包含文件夹”按钮，如图2.3.8所示，在弹出的对话框中，找到想添加的文件夹，选中它，单击“包含文件夹”按钮即可。重复这一操作，就可以把很多文件加入库中。

（3）库的分类筛选。打开库，在右边的菜单栏找到“排列方式”，下拉菜单里提供了修改日期、标记、类型、名称四种排列方式，帮我们分类管理文件，如图2.3.9所示。当然，如果你的库比较庞大复杂，那么，右上角的“搜索”会帮你在库中快速定位到所需文件。

（4）库的共享。打开库，右击要共享的库，在快捷菜单选择“共享”命令，在子菜单里有三种选择：不共享，共享给家庭组（你可以给予该家庭组读取甚至写入的权限），共享给特定用户。当然，这个家庭组和用户首先应该处于该局域网中。

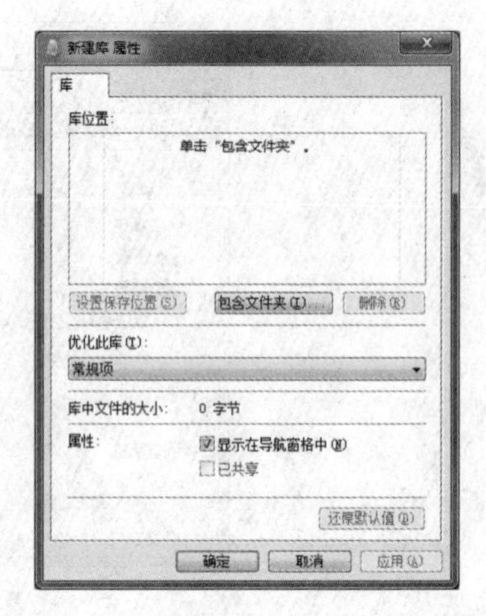

图2.3.8　为库添加文件或文件夹操作

图2.3.9　分类管理和快速定位

3. 认识文件与文件夹

文件是具有名字的一组相关信息的集合。文件中的信息可以是文字、图形、图像、声音等，也可以是一个程序。任何程序和数据都以文件的形式放在计算机的外存储器上，文件是数据组织的最小的单位。文件必须有名字，操作系统文件的组织和管理都是按文件名进行的。文件名一般分为“主文件名”和“扩展名”两部分，书写时中间用分隔点“.”隔开。

主文件名由使用者自己确定，以方便记忆为好。主文件名一般不超过255个字符，可以是汉字、英文字母、数字、#$@!%-~{}^，甚至是空格（文件名开关除外），但禁止使用<>/\":*? | 。

扩展名是计算机系统规定好的，用来表示文件的类型，一般不超过三个字符。表2.3.1所示为计算机中几种常见的文件类型。

表2.3.1　计算机中常见的文件类型

扩　展　名	文 件 类 型	扩　展　名	文 件 类 型
.docx 或 .doc	Word 文件	.txt	文本文件
.hlp	帮助文件	.wma .mp3	音频文件
.exe 或 .com	应用程序	.jpg .gif	图像文件
.rar 或 .zip	压缩文件	.avi .mpg	视频文件
.wav	波形声音文件	.bak	备份文件
.hml	超文本文件	.bmp	位图文件

在进行文件操作时，文件名中可以使用通配符“*”和“？”来表示一批文件。其中“*”所在位置可以表示多个任意字符，“？”所在位置只能表示一个任意字符。

文件夹是用来协助人们管理计算机文件的，每一个文件夹对应一块磁盘空间，它提供了指向对应空间的地址，它没有扩展名。在Windows 7中，可根据个人的需要创建多个文件夹，且可以及时预览文件夹中的内容。

（1）设置文件查看方式。为了便于根据不同的需要对文件进行查询，在操作资源管理器时可以为文件或文件夹设置不同的显示方式，方法很简单，只需要在“资源管理器”窗口中单击“更多选项”按钮，在弹出的下拉列表中选择想要显示的方式即可，如图2.3.10所示。

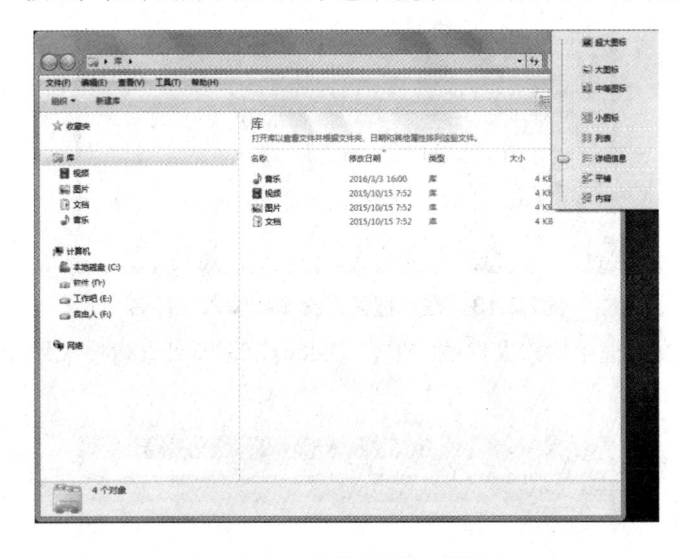

图2.3.10　文件查看方式设置

（2）文件夹选项设置。单击“组织”按钮，在弹出的下拉菜单中选择“文件夹和搜索选项”命令，或单击“工具”菜单中“文件夹选项”命令，弹出“文件夹选项”对话框；单击“查看”选项卡，如图2.3.11所示；在“高级设置”列表框中，可对文件和文件夹进行多项设置。

（3）文件属性的查看。

① 选中要查看属性的文件或文件夹。

② 单击“组织”按钮，在弹出的下拉菜单中选择“属性”命令，即可打开文件或文件夹的属性对话框，如图2.3.12所示。

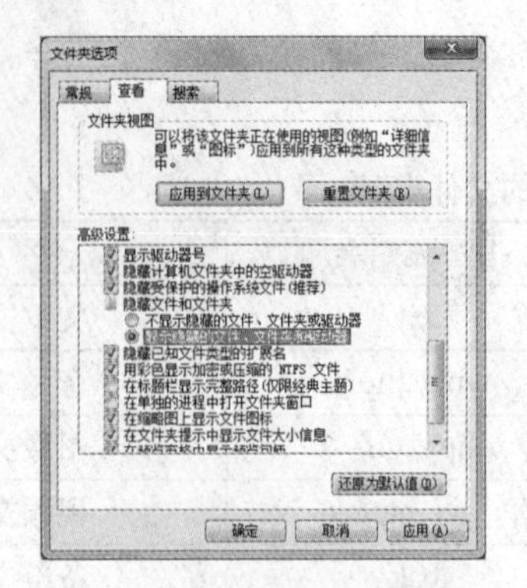

图2.3.11　文件夹选项设置

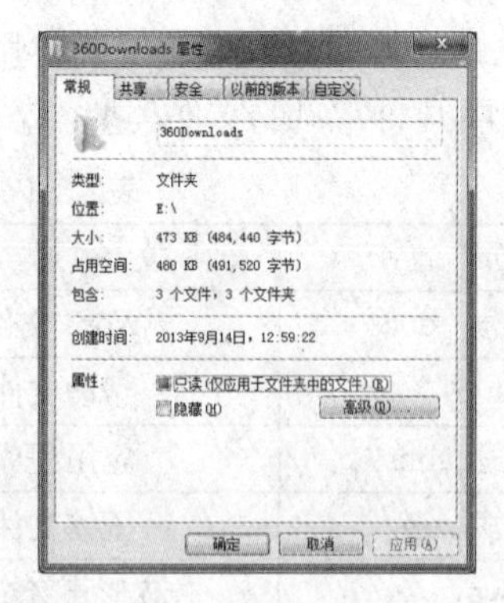

图2.3.12　文件属性对话框

（4）在文件夹窗口中直接搜索文件。如果一个文件夹中包含有很多文件，要查找需要的文件比较麻烦，可以通过文件夹中的搜索功能直接查找到所需文件。

① 在“搜索”文本框中输入需要查找的文件的文件名，系统就会直接显示进行搜索，并进行显示，如图2.3.13所示。

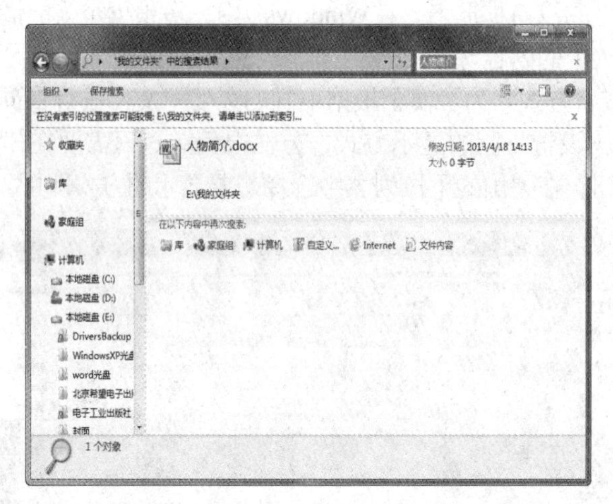

图2.3.13　在“搜索”文本框输入文件名

② 也可以在文本框中输入文件的扩展名“.docx”，即可直接搜索到此扩展名的所有文件，如图2.3.14所示。

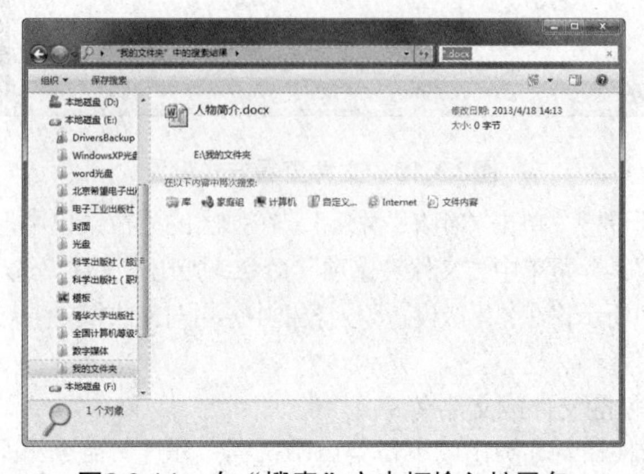

图2.3.14　在“搜索”文本框输入扩展名

（二）文件或文件夹管理操作

1. 文件或文件夹的选定

想要对文件或文件夹进行操作，首先应该将该文件或文件夹选定。常见的选定文件或文件夹的方法有以下几种：

- 选定单个文件或文件夹：单击要选定的文件或文件夹，如果想要取消选择，单击被选定文件或文件夹外的任意位置即可。
- 选定全部文件或文件夹：在资源管理器中单击工具栏中的“组织”按钮，在弹出的下拉菜单中选择“全选”命令，或选择“编辑”菜单中“全选”命令，或直接按快捷键【Ctrl+A】，即可选定当前窗口中的所有文件或文件夹。
- 选定多个连续的文件或文件夹：首先单击第一个文件或文件夹，然后按住【Shift】键不放，再单击要选中的最后一个文件或文件夹即可。
- 选定多个不相邻的文件或文件夹：首先选中一个文件或文件夹，然后按住【Ctrl】键不放，再依次单击所要选择的文件或文件夹，可以选择多个不相邻的文件或文件夹。

2. 文件或文件夹的新建

操作步骤如下：

（1）打开要新建文件或文件夹的磁盘或文件夹。

（2）单击“文件”按钮，在弹出的下拉菜单中选择“新建”命名。

（3）在下一级菜单中选择要新建的文件类型或文件夹。

3. 文件或文件夹的重命名

操作步骤如下：

（1）选定要重命名的文件或文件夹。

（2）单击“组织”按钮，在弹出的下拉菜单中选择“重命名”命令。

（3）输入文件或文件夹的新名字，按回车即可。

4. 文件或文件夹的移动（复制）

操作步骤如下：

（1）选定要移动（复制）的文件或文件夹。

（2）单击“组织”按钮，在弹出的下拉菜单中选择“剪切”（“复制”）命令。

（3）打开目标文件夹（复制后文件所在的文件夹），单击“组织”按钮，弹出下拉菜单，选择“粘贴”命令。

5. 文件的删除

操作步骤如下：

（1）选定删除的文件或文件夹。

（2）单击“组织”按钮，在弹出的下拉菜单中选择“删除”命令。

【提示】

（1）经删除的文件并没有从计算机中彻底消失，而是被放在硬盘的一个特殊文件夹“回收站”内，需要时可以还原。

（2）要想从计算机上彻底删除文件或文件夹，只需在执行“Delete删除”命令的同时，按住【Shift】键。

上述关于文件和文件夹的新建、移动、复制和删除操作，除使用窗口菜单以外，还可以使用右键快捷菜单或快捷键等。

环节二 自我巩固

（1）________是用来管理计算机中所有文件和文件夹的应用程序。

（2）Windows 7采用________结构以________形式组织和管理文件。

（3）说出下列文件扩展名的文件类型：

.SYS________ .BAT________ .TXT________

.DOC________ .EXE________ .JPG________

.COM________ .WAV________

（4）选择一组相邻的文件和文件夹时按________键；选择不相邻的文件和文件夹时按________键。

（5）资源管理器中文件的查看方式有________、________、________、________和________五种。

（6）文件和文件夹的属性有________、________和________三种。

（7）通配符*可以替代________字符；通配符？只可替代________字符。

（8）资源管理器窗口的左边窗口为________；右边窗口为________。

环节三 自我提升

打开“教学资源\项目二\任务三\提升练习，按要求完成“练习1～练习4”的操作。

【提示】

复制当前窗口可通过【Alt+ PrintScreen】完成；文件属性的设置、压缩可通过右键快捷键菜单中命令完成。

环节四 自我实现

在计算机D盘根目录下建立如图2.3.15所示的文件夹结构。

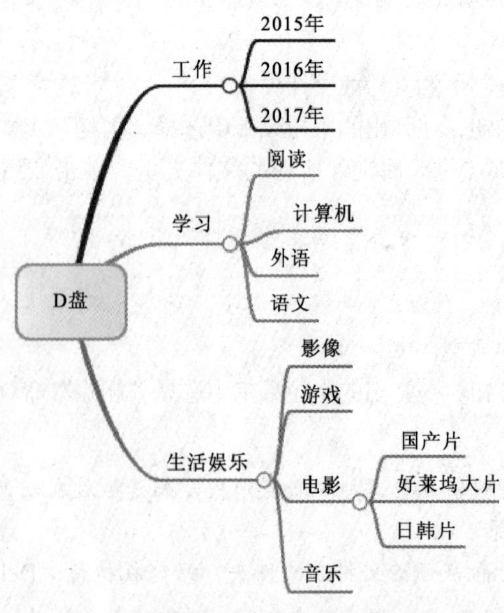

图2.3.15 文件夹结构

任务评价

学习完本次任务，请对自己做个评价，如果不会，就要多下点功夫。

序号	内　　容	评　　价		
		会	基本会	不会
1	建立新文件夹			
2	移动或复制文件夹			
3	删除文件或文件夹			
4	在学习过程中的新发现			
5	操作过程中的新发现			
你的体会：				

任务四　设置计算机环境

任务目标

通过本任务，使学生熟悉Windows 7控制面板的常用操作，会根据自身需求灵活选用设置。

任务描述

李宇是一个有个性、喜欢追赶潮流、追逐时尚的年轻人，他喜欢炫酷，与众不同，对待计算机也是如此。那么，怎样才能帮他打造一个与众不同的计算机环境呢？

任务分析

控制面板是用来对系统进行设置的一个工具集。我们可以根据自己的爱好设置个性化的工作环境，也可以对系统的软件、硬件进行设置，方便我们有效管理系统。

任务实施

环节一　我讲授你练习

（一）控制面板的操作

1. 启动控制面板

控制面板的启动有多种方式，我们最常用的方法有几下两种：

（1）单击“开始”按钮，选择“控制面板”，如图2.4.1所示。

（2）启动资源管理器，单击“计算机”，在工具栏处出现“打开控制面板”按钮，单击此按钮，如图2.4.2所示。

图2.4.1 利用“开始菜单”启动控制面板

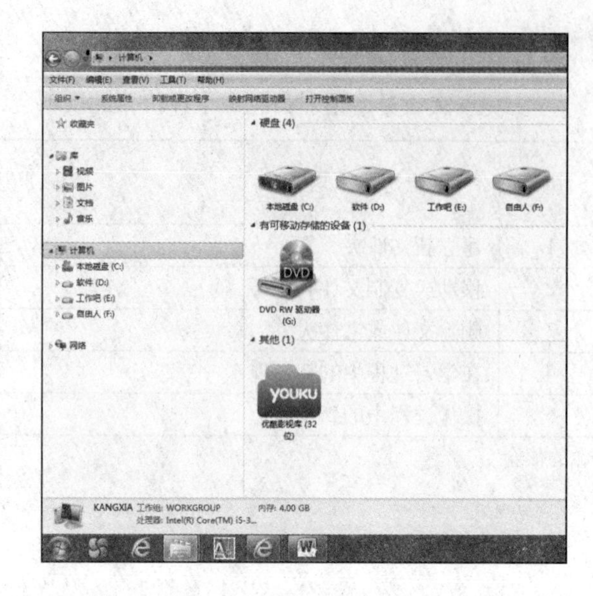

图2.4.2 利用“资源管理器”窗口启动控制面板

2. 查看控制面板

Windows 7控制面板有3种查看方式：类别、大图标和小图标，类别和小图标查看方式如图2.4.3所示。

（a）“类别”查看方式

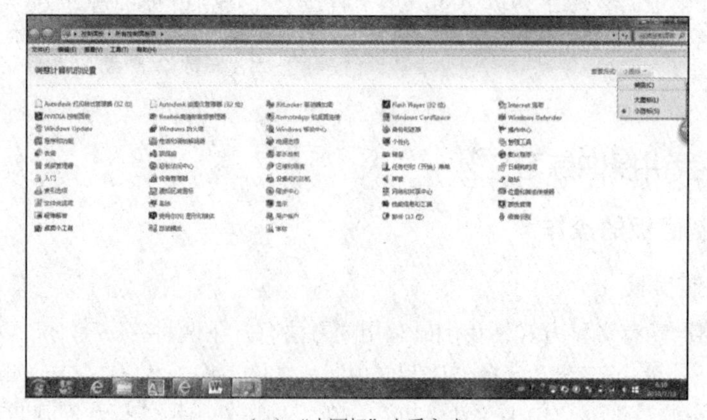

（b）“小图标”查看方式

图2.4.3 “控制面板”的查看方式

（二）设置个性化环境

1. 更改主题

Windows 7主题泛指在Windows 7操作系统中，用户对自己的PC桌面进行个性化装饰的交互界面，通过更换windows 7的主题，用户可以调整桌面背景、窗口颜色、声音和屏幕保护程序，符合从基本到高对比度显示的跨度，用以满足不同用户个性化的需求。

如果要改变Windows 7的主题，首先需要个性化窗口。最常用的打开方式是：在桌面空白处右击，在弹出的快捷菜单中选择“个性化”命令。打开窗口如图2.4.4所示。在此界面内，用户可以选择某一主题，设置桌面背景、更改窗口颜色、选择声音和设置屏幕保护程序。

2. 为桌面添加小工具

利用桌面小工具，可以设置个性化桌面，增加桌面的生动性，而且这些小工具也很有用处。

（1）在桌面空白处右击，在弹出的快捷菜单中选择“小工具”命令，打开小工具窗口，如图2.4.5所示。

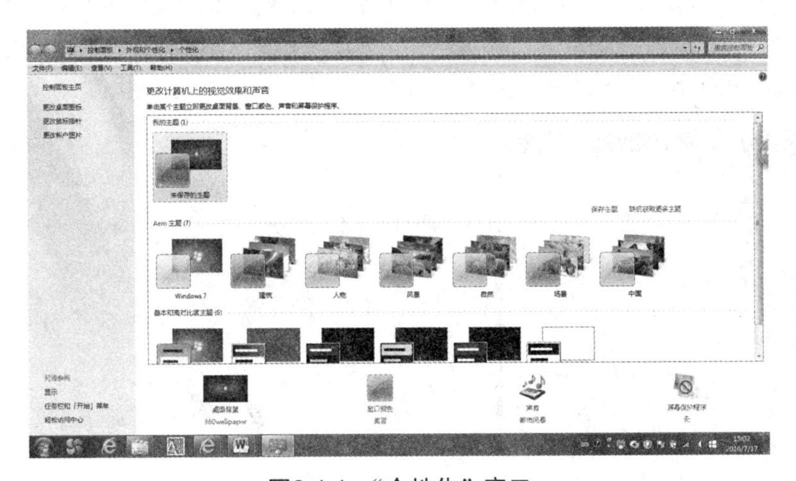

图2.4.4 “个性化”窗口

（2）在打开的窗口中选择喜欢和需要的小工具，如图2.4.6所示，然后双击小工具图标或将其拖到桌面上，完成后关闭小工具窗口即可，如拖动“日历”到桌面上。

图2.4.5 启动“小工具”

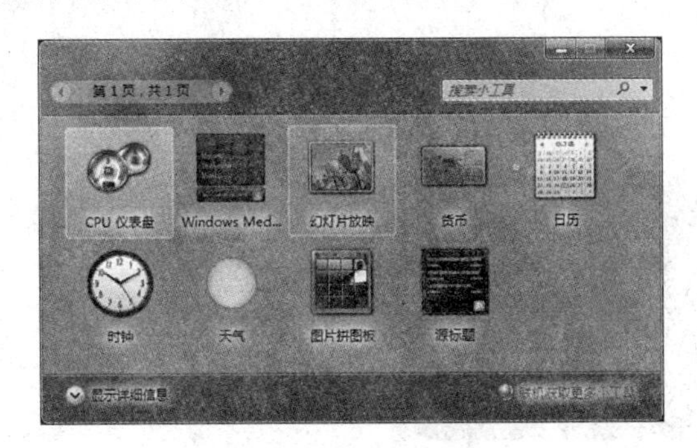

图2.4.6 “小工具”界面

3. 更改桌面图标

（1）添加系统图标：

① 打开“个性化”窗口，单击窗口左侧导航窗格中的“更改桌面图标”超链接。

② 打开“桌面图标设置”对话框，如图2.4.7所示。在“桌面图标”选项卡下选择要添加到桌面上的图标。

（2）添加快捷图标。如果需要添加文件或应用程序的桌面快捷启动方式，可以选中目标程序或文件，右击，在弹出的快捷菜单中选择“发送到→桌面快捷方式”命令，即可将相应的快捷图标添加到桌面上。

（3）删除桌面图标。如果桌面上图标过多，可以根据需要将桌面上的图标删除。删除的方法是：选择需要删除的桌面图标，右击，在弹出的快捷菜单中选择“删除”命令；或者左键按住需要删除的桌面图标不放，将其拖动到“回收站”图标上，当出现“移动到 回收站”字样时，释放鼠标左键，在打开的对话框中单击“是”按钮即可删除。

4. 任务栏和开始菜单设置

右击“开始”按钮或右击任务栏任一空白位置，如图2.4.8和图2.4.9所示。在弹出的快捷菜单中选择“属性”命令，可打开“任务栏和「开始」菜单属性”对话框，如图2.4.10所示，即可对开始菜单和任务栏的显示模式等进行调整。

图2.4.7 “桌面图标设置”对话框

图2.4.8 右击“开始”按钮

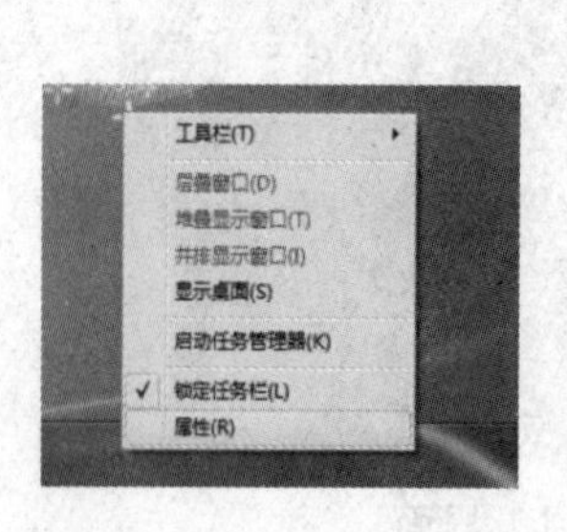

图2.4.9 右击“任务栏”

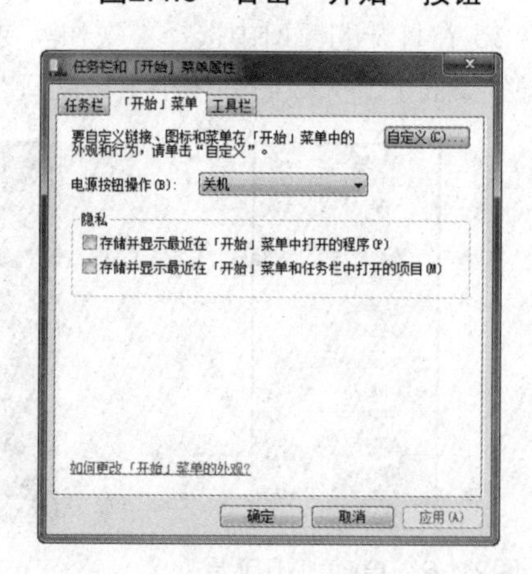

图2.4.10 “任务栏和「开始」菜单属性”对话框

（三）用户账户管理

在Windows系统中可以开启数个独立账户来满足多人使用的需求，如何对多账户进行管理呢？

1. 添加用户账户

（1）在控制面板窗口中依次单击“用户账户和家庭安全”下的“添加或删除用户账户”→“用户账户”命令，单击管理员图标，打开“管理账户”窗口，如图2.4.11所示,单击“创建一个新账户”命令。

（2）在弹出的“创建新账户”窗口中，输入新账户名，选择账户类型为“标准用户”，单击“创建账户”按钮，创建一个标准用户，如图2.4.12所示。

2. 更改用户账户

（1）在“账户管理”窗口下选定某用户，单击，弹出“更改账户”窗口。

（2）在该窗口中，可以执行更改账户名称、创建密码、更改图片、更改账户类型、删除账户等操作。

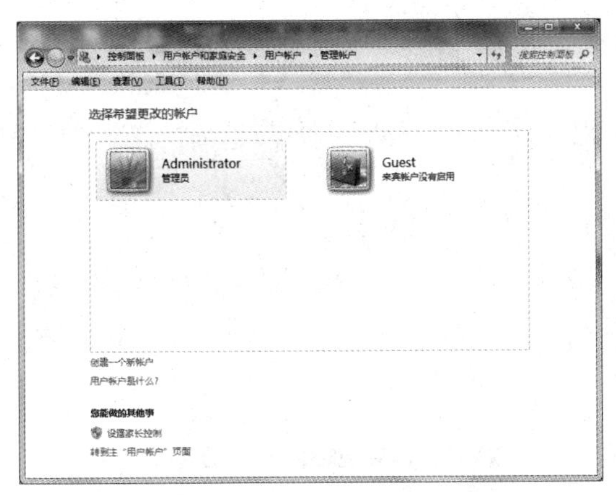

图2.4.11 “管理账户”窗口

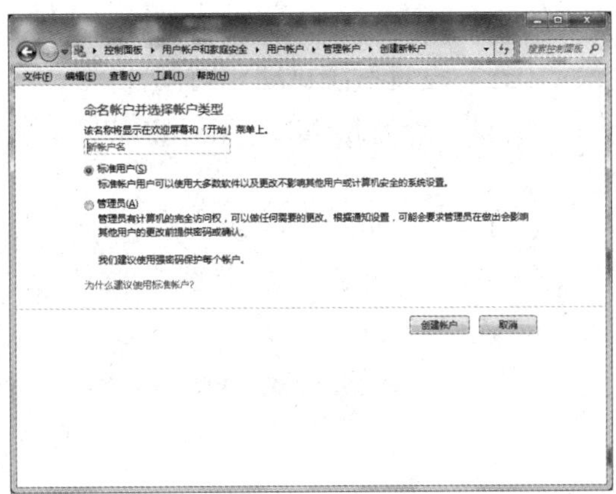

图2.4.12 “创建新账户”窗口

（四）添加或删除程序

1. 添加程序

添加程序比较简单，从网站上下载所需的程序后，双击打开其安装程序文件，按照其提示步骤完成程序安装即可。

2. 删除程序

（1）单击“开始”→“控制面板”菜单命令，在“小图标”的查看方式下，单击“程序和功能”选项，打开“卸载或更改程序”窗口，如图2.4.13所示。

（2）在列表中选中需要卸载的程序，单击“卸载”按钮。

（3）打开确认卸载对话框，如果确定要卸载，单击“是”按钮，即可进行卸载程序 。

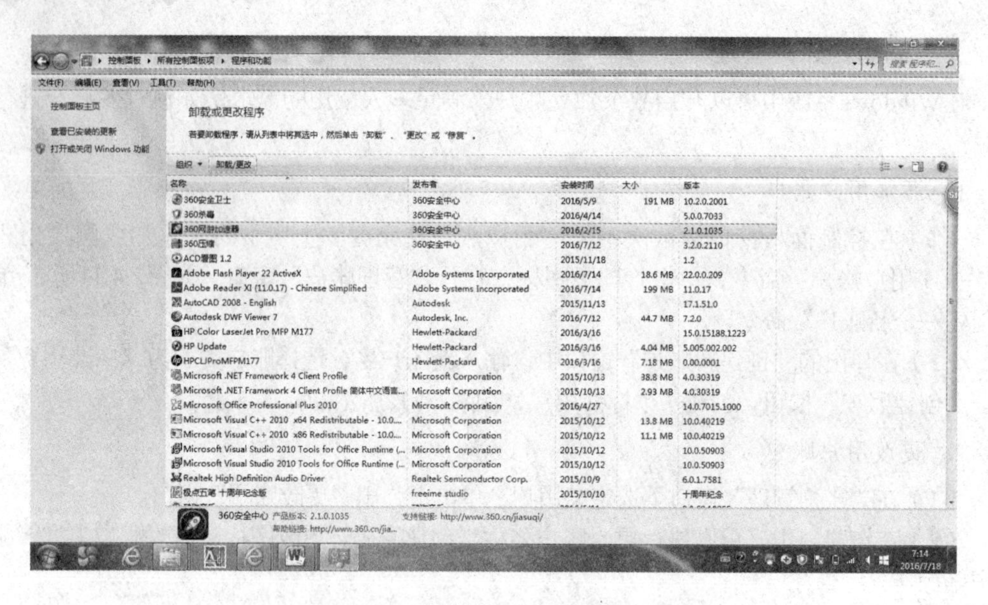

图2.4.13 “卸载或更改程序”对话框

（五）设置系统日期和时间

（1）在“控制面板”的“小图标”查看方式下，单击“日期和时间”选项，打开“日期和时间”对话框。

（2）单击“更改日期和时间”按钮，对时间和日期进行设置，如图2.4.14所示。

（3）打开“日期和时间设置”对话框，设置正确的时间和日期，单击“确定”按钮即可，如图2.4.15所示。

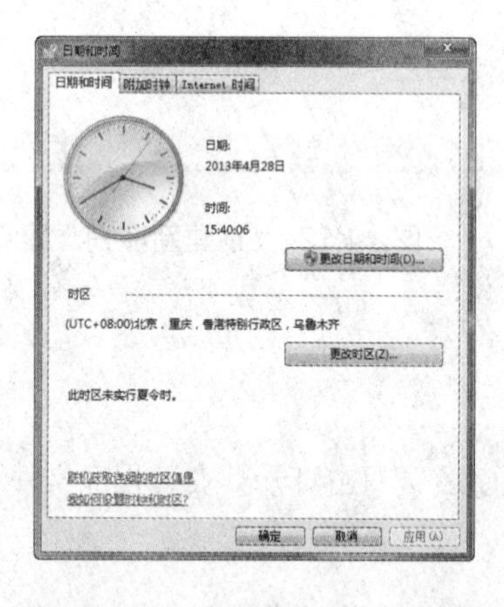

图2.4.14 “日期和时间”对话框

图2.4.15 设置日期和时间

（六）添加打印机

打印机是日常办公中常用的设备，仅将打印机连接到计算机上是无法正常使用的，还需要安装打印机的驱动程序。

1. 添加打印机

（1）在“控制面板”的“小图标”查看方式下，单击“设备和打印机”选项。

（2）在打开的对话框中，单击“添加打印机”按钮，弹出窗口如图2.4.16所示。

（3）在弹出的“要安装什么类型的打印机”对话框中，单击“添加本地打印机”（这里以此为例），如图2.4.17所示。

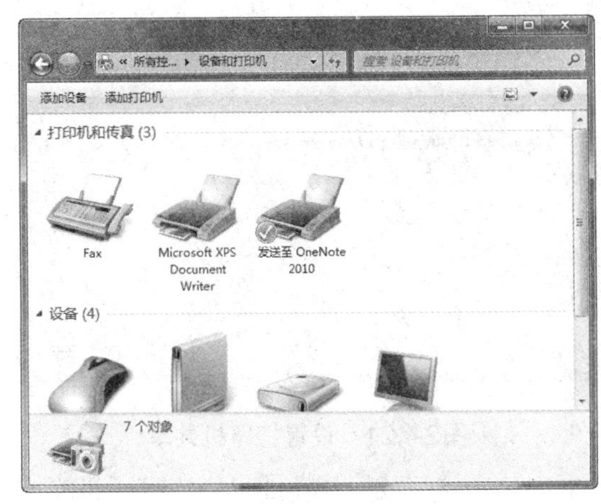

图2.4.16　“设备和打印机”窗口

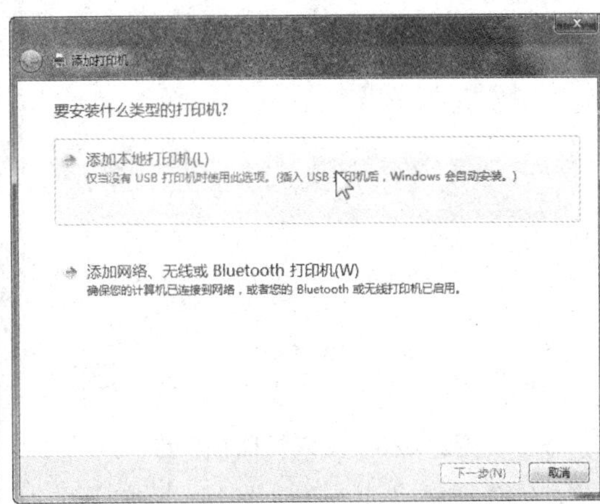

图2.4.17　选择“添加本地打印机”

（4）在“选择打印机端口”对话框中，根据需要选择或创建新的端口，如图2.4.18所示。这里一般不需要改变或创建新的端口，建议使用系统默认设置。

（5）单击“下一步”按钮，在“安装打印机驱动程序”对话框中，在左侧的列表框中选中打印机的厂商（即打印机的品牌），在右侧列表框中选中打印机的型号，如图2.4.19所示。

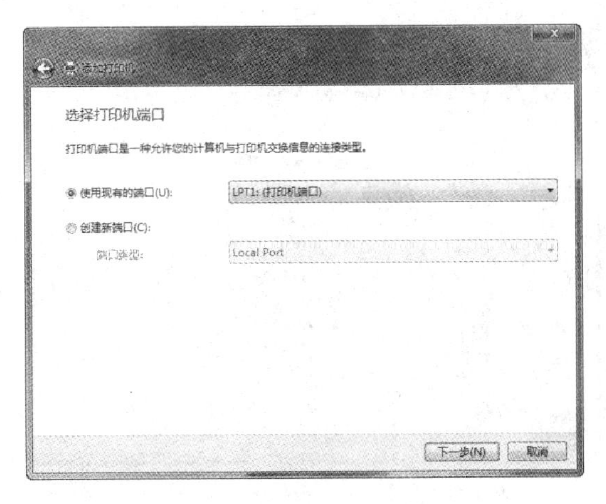

图2.4.18　选择打印机端口

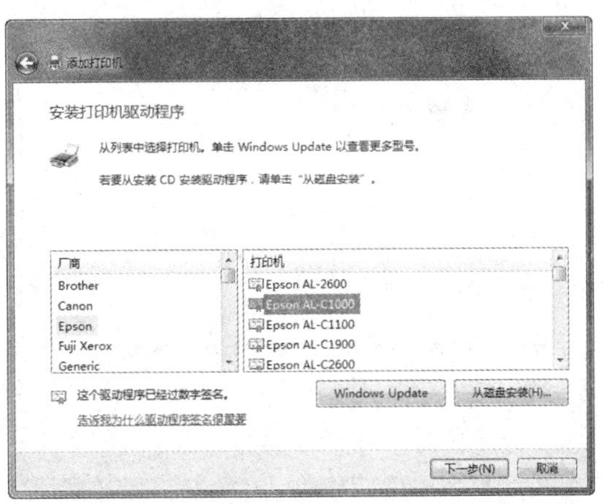

图2.4.19　选择打印机厂商和型号

（6）单击“下一步”按钮，在“输入打印机名称”对话框中设置打印机的名称，一般使用默认设置即可，如图2.4.20所示。

（7）单击“下一步”按钮，开始安装打印机驱动程序，安装完成后会弹出“打印机共享”对话框，选择是否共享打印机，这里选择“不共享这台打印机”单选项，如图2.4.21所示。

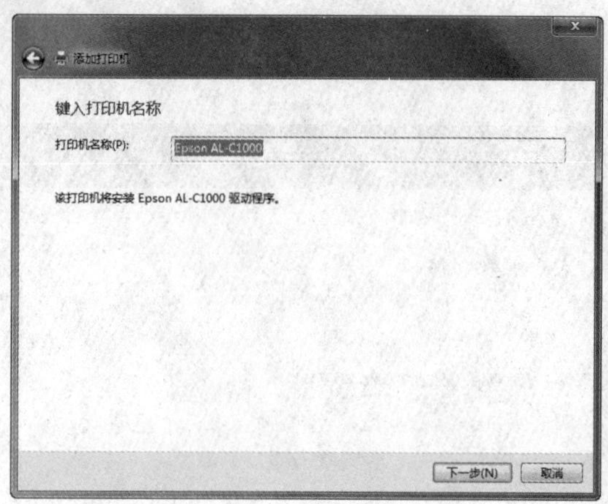

图2.4.20　输入打印机名称

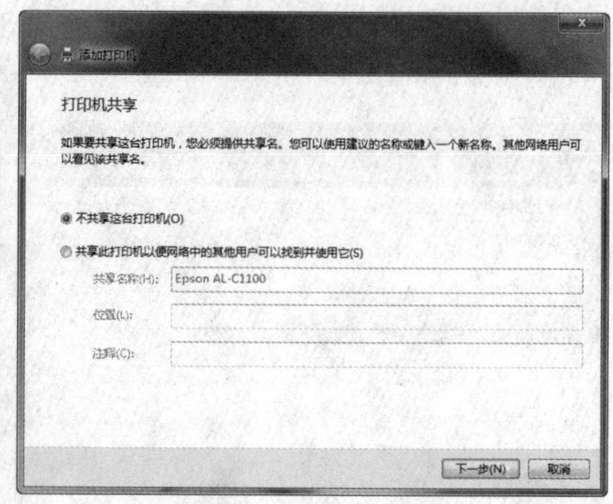

图2.4.21　设置打印机共享

（8）单击“下一步”按钮，在打开的对话框中单击“完成”按钮即可完成打印机的添加。若要打印测试页，单击“打印测试页”即可，如图2.4.22所示。

2. 删除以及设置打印机

（1）删除打印机。系统中已安装的打印机不需要了，可以将其删除。方法很简单，只需单击“开始”按钮，选择“设备和打印机”选项，在打开的“设备和打印机”窗口中，右击要删除的打印机图标，在弹出的快捷菜单中单击“删除设备”命令，如图2.4.23所示，在弹出的“删除设备”对话框中单击“是”按钮即可。

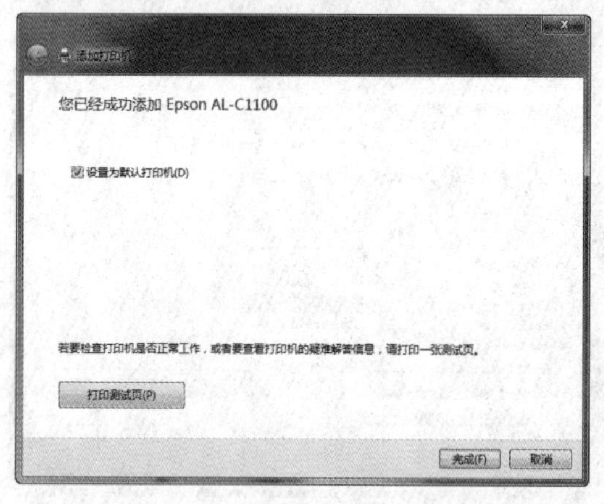

图2.4.22　提示成功添加打印机　　　　图2.4.23　删除打印机

（2）设置打印机。

① 默认打印机的设置：在“设备和打印机”窗口中，选择某一打印机，右击，在弹出的快捷菜单中选择“设置为默认打印机”命令，如图2.4.24所示。每次打印时，此打印机是首选打印机。

② 打印首选项设置：如若在上述快捷菜单中选择“打印首选项”命令，打开此打印机的“打印首选项”对话框，如图2.4.25所示。在这里可以设置打印纸张大小、色彩、打印布局等。设置完成后，单击“确定”按钮即可。

图2.4.24　设置默认打印机

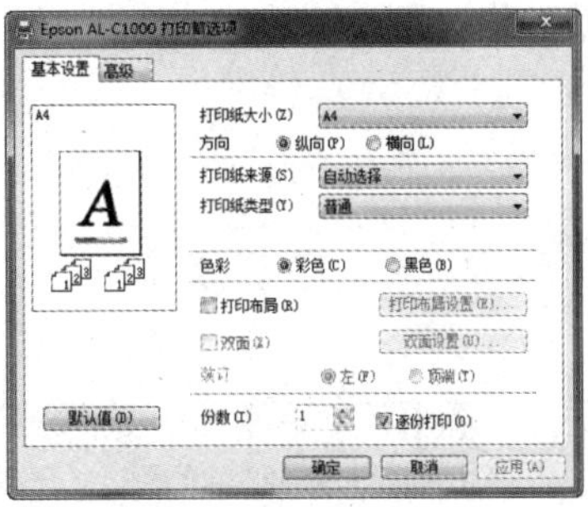

图2.4.25　设置打印机首选项

（七）磁盘管理

1. 格式化可移动磁盘

所谓“格式化”是指对磁盘或磁盘中的分区（partition）进行初始化的一种操作，这种操作通常会导致现有的磁盘或分区中所有的文件被清除。格式化通常分为低级格式化和高级格式化。如果没有特别指明，对硬盘的格式化通常是指高级格式化。

（1）启动“计算机”窗口，右击要格式化的磁盘，在弹出的快捷菜单中选择“格式化”命令，打开图2.4.26所示的对话框。为了全面格式化磁盘，不要选中“快速格式化”复选框，直接单击“开始”按钮

（2）系统开始格式化，出现一个进度条，显示工作进展的进度百分比，待格式化完成后弹出“格式化完毕”的信息框，单击“确定”按钮即可。可以通过查看已被格式化的磁盘的属性，来查看格式化后的情况。

2. 磁盘清理

磁盘清理的目的是清理磁盘中的垃圾，释放磁盘空间。

（1）启动“计算机”窗口，右击要清理的磁盘图标，如C盘，在弹出的快捷菜单中选择“属性”命令，弹出“本地磁盘（C:）属性”对话框，如图2.4.27所示；在属性对话框中，显示C盘已用空间、可用空间及磁盘容量等信息，单击“磁盘清理”按钮，弹出“磁盘清理”对话框，系统开始计算可清理的磁盘空间，如图2.4.28所示。

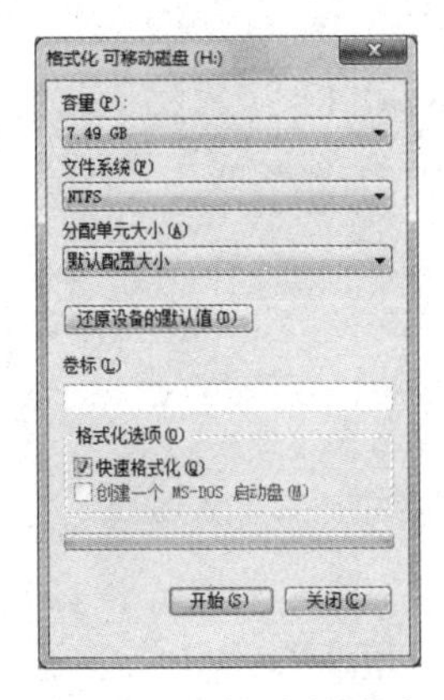

图2.4.26　格式化磁盘

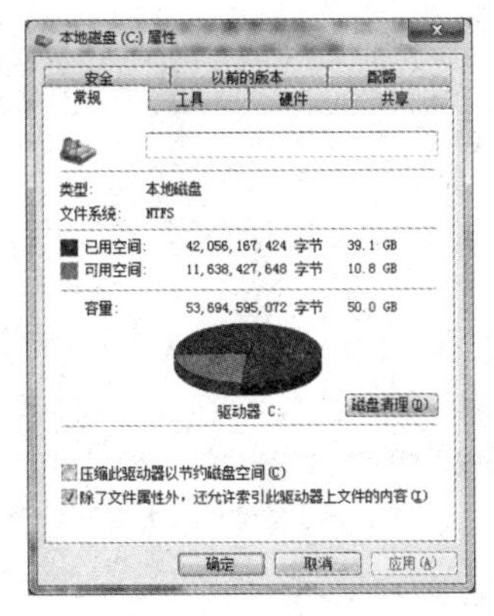

图2.4.27　磁盘属性对话框

（2）磁盘清理计算完成后，在“磁盘清理”对话框中显示计算结果，如图2.4.29所示，在“要删除的文件”列表中，选中要删除文件的复选框，单击“确定”按钮。系统打开“磁盘清理”确认删除对话框，单击“确定”按钮，确认删除，系统开始磁盘清理。

图2.4.28　磁盘清理扫描过程对话框

图2.4.29　磁盘清理扫描结果对话框

3. 磁盘碎片整理

磁盘碎片应该称为文件碎片，是因为文件被分散保存到整个磁盘的不同地方，而不是连续地保存在磁盘连续的簇中形成的。硬盘在使用一段时间后，由于反复写入和删除文件，磁盘中的空闲扇区会分散到整个磁盘中不连续的物理位置上，从而使文件不能保存在连续的扇区里。这样，再读写文件时就需要到不同的地方去读取，增加了磁头的来回移动，降低了磁盘的访问速度。

磁盘碎片整理，就是通过系统软件或者专业的磁盘碎片整理软件对计算机磁盘在长期使用过程中产生的碎片和凌乱文件重新整理，可提高计算机的整体性能和运行速度。

操作过程如下：

（1）打开“计算机”窗口，右击要进行清理的磁盘，如C盘，在弹出的快捷菜单中选择“属性”命令，在弹出的属性对话框中选择“工具”选项卡，单击“立即进行碎片整理”按钮，打开“磁盘碎片整理程序”窗口，如图2.4.30所示。

（2）在“当前状态”列表中选择C盘，单击“分析磁盘”按钮，系统开始对C盘进行分析和磁盘碎片整理操作，如图2.4.31所示。磁盘碎片整理操作完成后，单击“关闭”按钮。

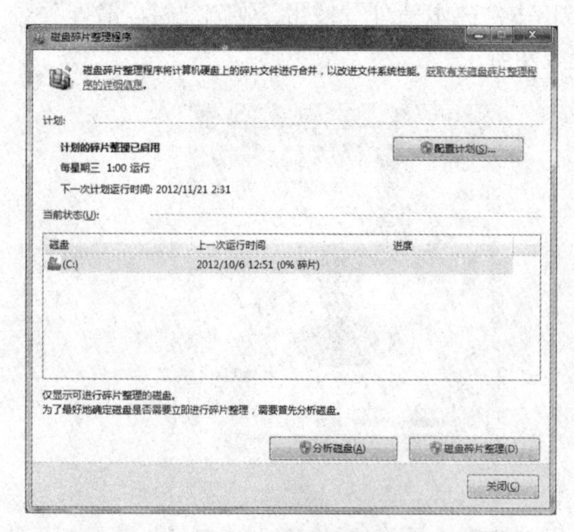

图2.4.30　“磁盘碎片整理程序”窗口

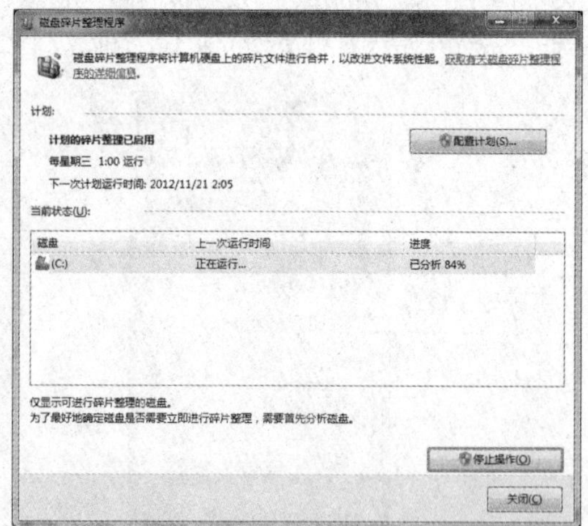

图2.4.31　正在进行磁盘碎片整理程序

（八）Windows 7常用附件的使用

1. Tablet PC输入面板

Windows 7为用户提供了手写面板，在没有手写笔的情况下，使用鼠标或通过Tablet PC都可以快速进行书写，下面使用Tablet PC输入内容。

（1）打开需在输入内容的程序，如Word程序，将光标定位到需要插入内容的地方。

（2）单击“开始”→“所有程序”→“附件”→“Tablet PC”→“Tablet PC输入面板”命令，打开输入面板。

（3）打开输入面板后，当鼠标光标放在面板上后，可以看到鼠标变成一个小黑点，拖动鼠标光标即可在面板中输入内容，输入完后，自动生成，如图2.4.32所示。

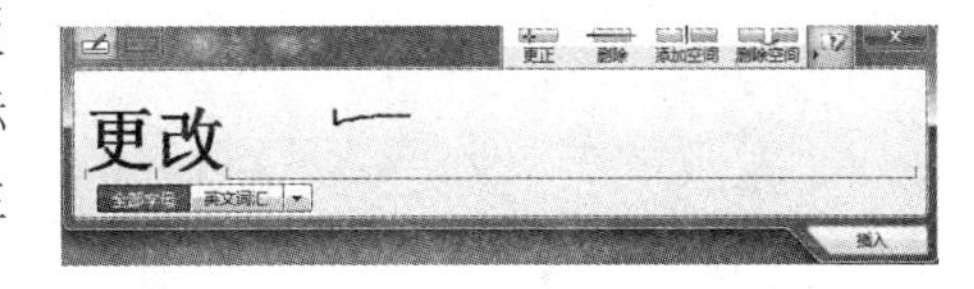

图2.4.32　在Tablet PC面板中输入内容

（4）输入完成后，单击“插入”按钮，即可将书写的内容插入到光标所在的位置，如图2.4.33所示。

（5）如果在面板中书写错误，单击输入面板中的“删除”按钮，然后拖动鼠标在错字上划一条横线即可删除。

（6）要关闭Tablet PC面板，直接单击“关闭”按钮是无效的，正确的方法是单击“工具”选项，在展开的下拉菜单中选择“退出”命令，如图2.4.34所示，即可退出。

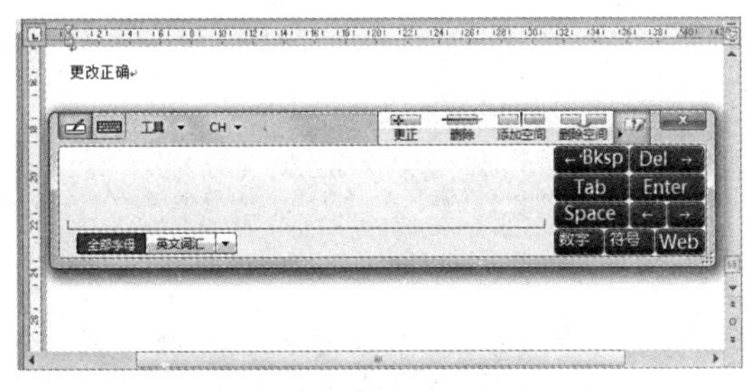

图2.4.33　输入完成后

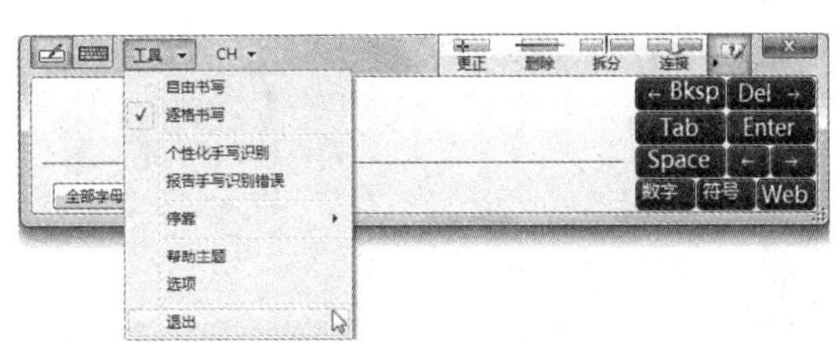

图2.4.34　“退出”输入面板

2. 画图程序的应用

画图程序不但可以绘制图形，而且可以对现有的图片进行剪裁、变色等处理，是Windows的常见的图片处理程序。

（1）绘制图形：

① 单击“开始”→“所有程序”→“附件”→“画图”命令，打开“画图”窗口。

② 在空白窗口中拖动鼠标即可绘制图形，如图2.4.35所示。

③ 如果绘制的不正确，单击“橡皮擦”按钮，鼠标指针即变成小正方形，按住鼠标左键，在需要擦除的地方拖动鼠标即

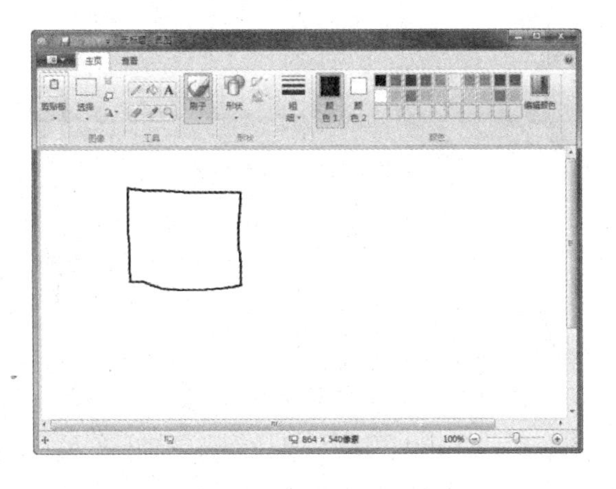

图2.4.35　绘制图形

可删除，如图2.4.36所示。

④ 绘制完成后，在“颜色”区域单击选中需要的颜色，然后单击“用颜色填充”按钮，在图形内单击一下，即可填充选择的颜色，如图2.4.37所示。

图2.4.36　擦除错误部分

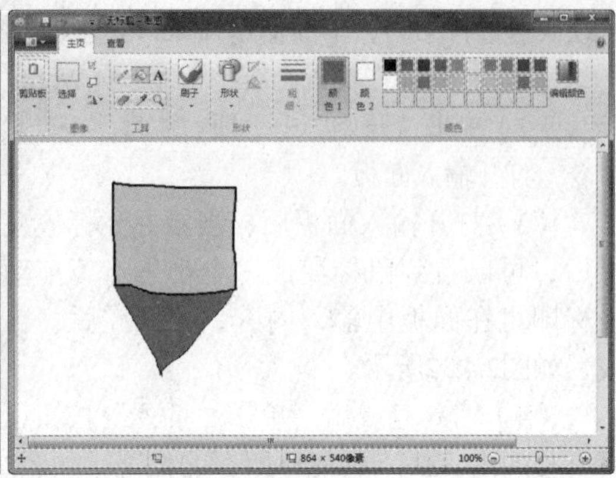

图2.4.37　填充颜色

⑤ 绘制完成后，单击画图窗口左上方的 按钮，在展开的下拉菜单中选择“保存”命令，进行保存即可。

（2）处理图片：

① 在画图程序中，单击 按钮，在下拉菜单中选择“打开”命令，如图2.4.38所示。

② 在弹出的对话框中，选中需要处理的图片，单击“打开”按钮，如图2.4.39所示。

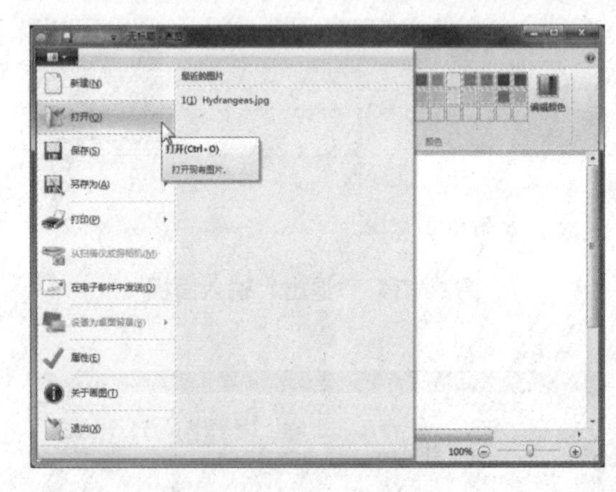

图2.4.38　打开文件

图2.4.39　选择图片

③ 打开图片后，由于图片过大，无法查看到全部图片，可以在画图程序的“查看”选项卡中，单击“缩小”按钮，即可显示完整的图片，如图2.4.40所示。

④ 在“主页”选项卡中，单击“选择”按钮，在下拉菜单中选择选取的形状，如“矩形”，如图2.4.41所示。

⑤ 拖动鼠标，在图片中选取需要的矩形块部分，如图2.4.42所示。

⑥ 再单击“剪裁” 按钮，即可只保留选取的部分，如图2.4.43所示。

⑦ 然后将剪裁后的部分另存在合适的文件夹中即可。

图2.4.40　缩小图片

图2.4.41　选取图片

图2.4.42　拖动鼠标选取

图2.4.43　选取后的效果

3. 记事本的操作

记事本是简单而又方便的文本输入与处理程序，它只能对文字进行操作，而不能插入图片，但是使用起来却极为方便。

（1）单击“开始”→“所有程序”→“附件”→“记事本”命令，打开“记事本”窗口。

（2）在“记事本”窗口中输入内容，并选中。然后单击“格式”→“字体”命令，如图2.4.44所示。

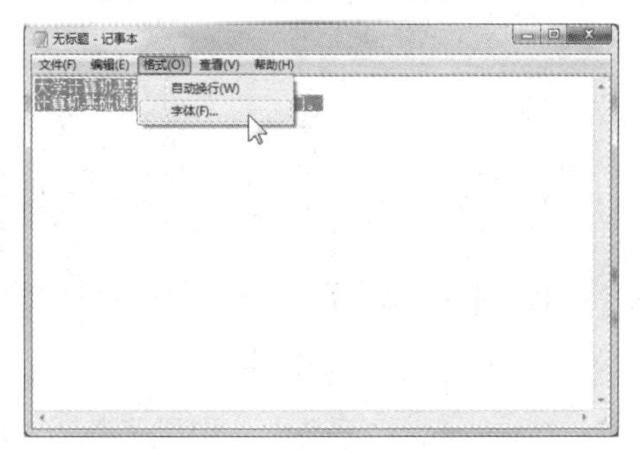

图2.4.44　记事本窗口

（3）打开“字体”对话框，在对话框中可以设置“字体”“字形”和“大小”，如图2.4.45所示。单击“确定”按钮即可设置成功。

（4）单击“编辑”按钮，展开下拉菜单，可以对选中的文本进行复制、删除等操作；也可以选择“查找”命令，对文本进行查找等，如图2.4.46所示。

（5）编辑完成后，单击“文件”→“保存”按钮，将记事本保存在适当的位置。

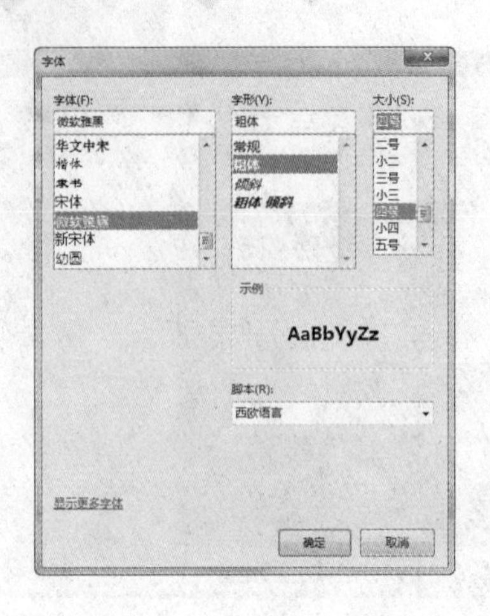

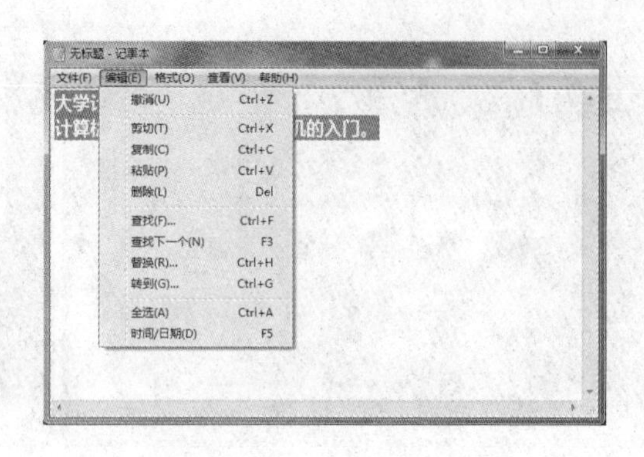

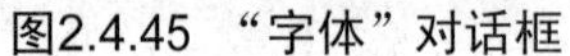
图2.4.45 “字体”对话框

图2.4.46 “编辑”菜单

4. 计算器的使用

（1）单击“开始”→“所有程序”→“附件”→“计算器”命令，打开“计算器”程序。

（2）在计算器中，单击相应的按钮，即可输入计算的数字和方式，如图2.4.47所示输入的“85*63”算式。单击“=”按钮，即可计算出结果。

（3）单击“查看”→“科学型”命令，如图2.4.48所示，即可打开科学型计算器程序，可进行更为复杂的运算。

（4）如计算“tan30”的数值，先单击输入“30”，然后单击tan按钮，即可计算出相应的数值，如图2.4.49所示。

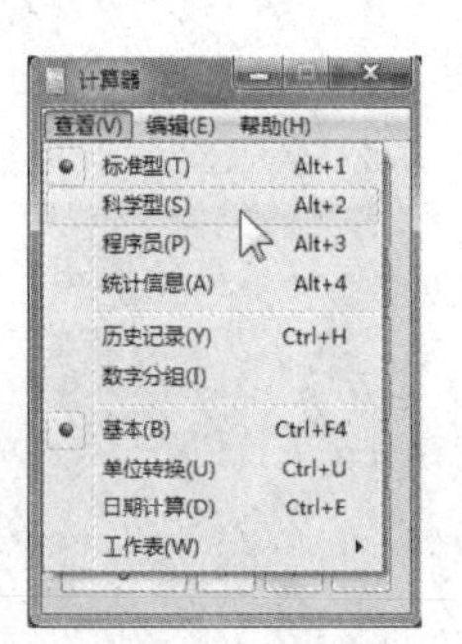

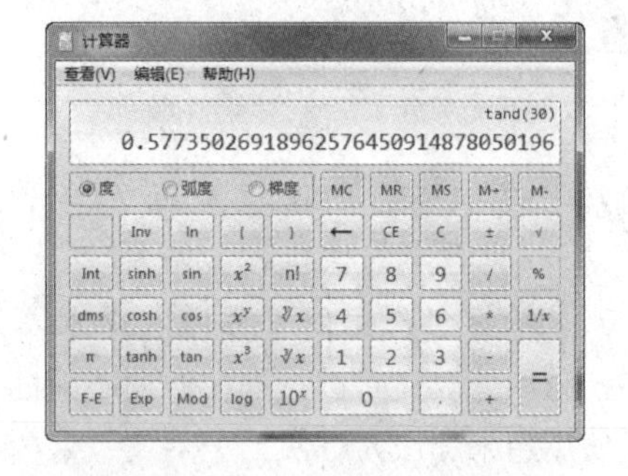

图2.4.47 计算　　图2.4.48 “查看”菜单　　图2.4.49 “科学型”计算器

5. 截图工具的应用

在Windows 7系统中，提供了截图工具。这个截图工具从Windows Vista开始才被包含到所有版本Windows。灵活性更高，并且自带简单的图片编辑功能，方便对截取的内容进行处理。

（1）单击“开始”→“所有程序”→“附件”→“截图工具”命令，启动截图工具后，整个屏幕会被半透明的白色覆盖，与此同时只有截图工具的窗口处于可操作状态。单击“新建”下拉按钮，在展开的列表中选择一种要截取的模式，如“矩形截图”，如图2.4.50所示。

（2）当鼠标变成十字形时，拖动鼠标在屏幕上将希望截取的部分全部框选起来。截取图片后，用户可以直接对截取的内容进行处理，如添加文字标注、用荧光笔突出显示其中的部分内容。这里单击“笔”下拉按钮，在展开的下拉列表中选择“蓝笔”选项，如图2.4.51所示。

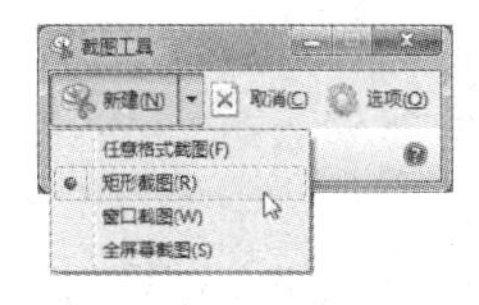

图2.4.50　选择截取类型

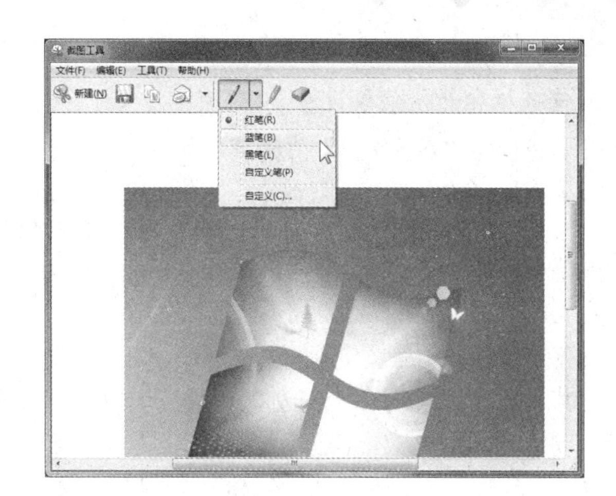

图2.4.51　编辑图形

（3）选择后即可在截取的图中绘制图形或文字，处理好后，可以单击按钮，保存图片，或者单击按钮，发送截图。

环节二　自我巩固

1. 填空题

（1）________是计算机中用来对系统进行设置的工具集，它的窗口有________种查看方式。

（2）可通过设置________、________、________、________来更改主题。

（3）记事本只能对________进行操作。

2. 选择题

（1）在Windows中，各应用程序之间的信息交换是通过________进行的。

A. 记事本　　B. 剪贴板　　C. 画图　　D. 写字板

（2）如果用户在一段时间内________，Windows 将执行屏幕保护程序。

A. 没有按键盘　　B. 没有移动鼠标

C. 既没有按键盘，也没有移动鼠标　　D. 没有使用打印机

（3）删除某程序的快捷方式图标，表示________

A. 既删除了图标，也删除了该程序

B. 只删除图标，没有删除该程序

C. 隐藏了图标，删除了与该程序的联系

D. 将图标放在剪贴板中，同时删除了与该程序的联系

环节三　自我实现

1. 更改主题

应用“Aero”主题中的“场景”，并设置“更改图片时间间隔”为“10秒”，取消“无序播放”播放方式；设置窗口颜色为“南瓜色”，且启用透明效果，将设置完成的主题保存为“考生2的主题”。

2. 设置屏幕保护程序

应用“三维文字”的屏幕保护程序，文本内容为“考试系统”，字体为华文行楷，旋转

动态，表面样式为映像，镜面高亮显示；设置等待时间为10分钟。

3. 任务栏和开始菜单设置

（1）将程序“截图工具”先附到“开始”菜单上，然后锁定到任务栏中。

（2）将程序“便笺”先附到“开始”菜单上，然后锁定到任务栏中。

（3）在任务栏上添加“桌面”工具栏，并将任务栏置于桌面的顶端，自动隐藏任务栏。

（4）锁定任务栏，并设置屏幕上任务栏的位置为‘顶部’，当任务栏被占满时合并任务栏按钮。

（5）设置开始菜单，将“自定义开始菜单”中“要显示的最近打开过的程序的数目”设置为“20”，将“要显示在跳转列表中最近使用的项目数”设置为“15”，并将“电源按钮操作”设置为“注销”。

（6）锁定任务栏，并使用小图标，设置屏幕上任务栏的位置为“左侧”，从不合并任务栏按钮。

4. 设置系统日期和时间

对系统的“日期和时间格式”进行设置，短日期显示为“yyyy-M-d”，短时间显示为“HH:mm”，一周的第一天为 “星期一”。

5. 设置鼠标

调整鼠标属性，启用单击锁定，启用指针阴影，取消“允许主题更改鼠标指针”，设置鼠标指针的移动速度为快，并显示指针轨迹。

任务评价

学习完本次任务，请对自己做个评价，如果不会，就要多下点功夫。

序号	内　　容	评　　价		
		会	基本会	不会
1	更改主题，设置桌面背景，屏幕保护程序			
2	为桌面添加小工具			
3	改变桌面图标			
4	用户账户管理			
5	添加删除程序			
6	设置系统日期和时间			
7	安装设置打印机			
8	磁盘管理			
9	常用附件使用			
你的体会：				

项目三 Word 2010文档制作

Word 2010是中文版Microsoft Office 2010办公软件中的一个极其重要的组成部分。适用于多种文档的编辑排版，如书稿、简历、公文、传真、信件、图文混排和文章等，是人们提高办公质量和办公效率的有效工具。在本项目中，将日常办公中的一些常见操作集成4个任务，帮助大家掌握文字处理中的基本文档编辑操作、表格的编辑，以及文字的排版、打印等一系列工作。

一、项目描述

本项目共集成了4个任务，分别是制作自荐信、制作电子小报、制作个人简历表和编制实训报告。

（1）制作自荐信涉及最基本的文字排版、页眉页脚的插入，满足日常办公文档编辑需要。

（2）制作电子小报主要介绍艺术字的设置、图文混排、分栏等操作，通过任务的实现可以满足大家制作海报、手抄报。

（3）制作个人简历主要介绍表格的制作与编辑。

（4）编制实训报告用于介绍如何插入文档，Word长文档编辑中如何对多级标题设置不同的格式，以及如何生成目录等内容。

二、项目目标

完成本项目，学生能独自进行文字的基本编辑操作、表格处理、图文混排，并在老师的指导下可进行高级排版格式设置及长文档编辑等文字处理的操作。

任务一　制作自荐信

任务目标

通过本任务，培养学生使用Word 2010进行文档编辑、段落格式设置的应用能力。

（1）能熟练运用“开始”功能区中的“字体”“段落”组常用命令对文档的进行字体及段落格式的设置。

（2）能熟练运用“页面布局”功能区中“页面设置”组中常用命令，并根据实际情况在文档中插入页眉和页码。

任务描述

为增强自己社会实践能力，李华准备利用假期寻找一份兼职工作。经了解，招聘的单位需要每位参加应聘的人员递交一份打印的自荐信。信中需说明自己的专长、爱好及应聘后的打算。李华经过精心组织，已完成文字材料的初稿，现需将其制作电子文档。

任务分析

制作自荐书的电子文档打印稿须借助于办公软件完成。Word 2010是目前一款主流文字处理软件，它具有强大的排版功能和丰富的自动修改等特点。针对自荐书的具体要求，建议李华同学选择Word 2010应用程序编辑文档。

任务实施

环节一　我讲授你练习

1. Word 2010窗口简介

启动Word 2010，出现在用户面前的是Word 2010的窗口，它主要由标题栏、功能区、快速访问工具栏、标尺、编辑区、滚动条、状态栏等组成，如图3.1.1所示。

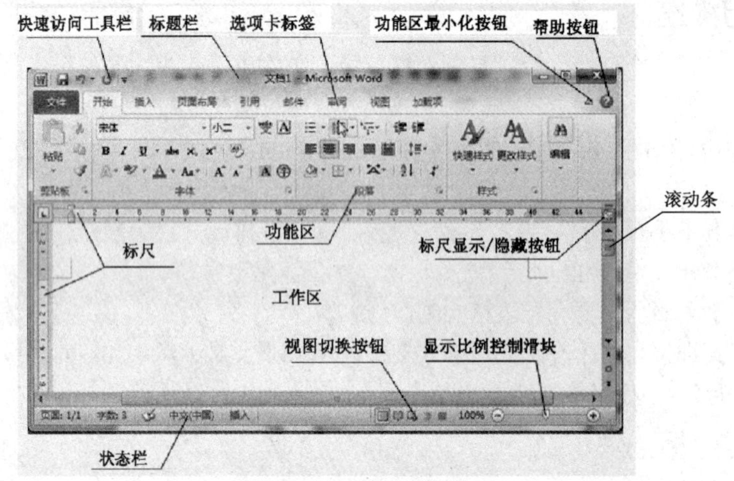

图3.1.1 Word 2010窗口

在Word 2010的窗口组成中，标题栏位于窗口最上方，显示当前窗口的文档名。标题栏最左端控制菜单按钮，单击可以打开包含还原、移动、大小、最大化、最小化、关闭等基本命令的快捷菜单；双击关闭Word程序。此项操作与Word早期版本功能类似。

2. 功能区

Word 2010以功能区替代了早期版本中的菜单栏和工具栏，单击功能区中的选项卡标签，可以打开相应的选项卡。每个选项卡包含任务类别相同的命令按钮组，单击每组右下角的“对话框启动器”按钮，可启动相应对话框或任务窗格。单击“功能区最小化”按钮，可以隐藏功能区，只显示选项卡标签。

【练一练】

（1）打开扩展名为.docx的任一文件，并将打开窗口进行截图保存，文件名为“打开.jpg”。

（2）单击控制菜单按钮，并将打开窗口进行截图保存，文件名为“控制菜单按钮.jpg”。

（3）单开始功能区“字体组”右下角的“对话框启动器”按钮并将打开窗口进行截图保存，文件名为“对话框启动.jpg”。

（4）单击“功能区最小化”按钮，并将打开窗口进行截图保存，文件名为“功能区最小化.jpg”。

【想一想】

你还可通过哪些途径打开Word 2010的文件？

环节二 我示范你练习

打开“教学资源\项目三\任务一\基础练习\练习1\文档1.docx”文件。要求如下：

（1）页面纸张大小设为16开（18.4厘米×26厘米），纸张方向为横向，上下页边距均为2.6厘米，左右页边距均为3.5厘米，并在顶端预留1厘米的装订线位置。

（2）标题格式：黑体、二号、居中，文字加宽度为2.25磅的红色单实线阴影边框、底纹图案的式样为25%。

（3）正文第一段格式：黑体、小四，左对齐。

（4）正文第二、三段格式：加双下画线、字距加宽0.8磅，文字的颜色为红色。

（5）正文第四、五段格式：悬挂缩进2字符，右缩进1厘米，1.2倍行距，段后间距18磅。

（6）在文档中页脚居中位置插入页码，起始页码为125，并在页面顶端居右的位置输入页眉，内容为：计算机文摘。

实现步骤

要求（1）操作示例：

打开文件后进行如下操作：

步骤1：单击“页面布局”选项卡下“页面设置”组中的“纸张大小”按钮，在下拉列表中选择“16开”。如图3.1.2所示。

步骤2：单击“页面布局”选项卡下“页面设置”组中的“页边距”按钮，在下拉列表中选择“自定义边距”，弹出“页面设置”对话框。在“页边距”选项卡下，设置上、下页边距为“2.6厘米”，左、右页边距为“3厘米”，顶端预留1厘米的装订线，纸张方向为“纵向”，如图3.1.3所示。

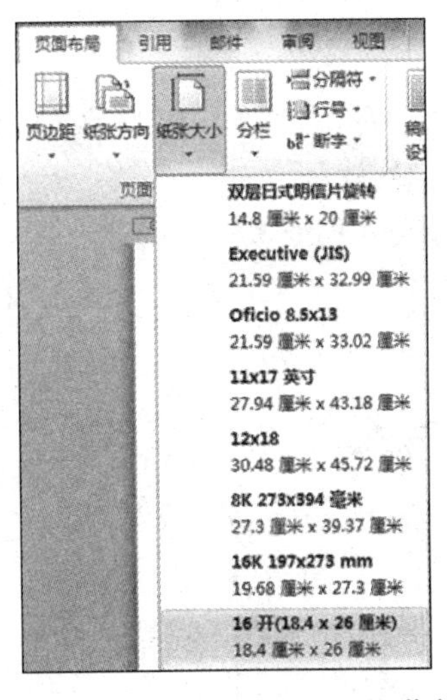

图3.1.2 “纸张大小”下拉菜单

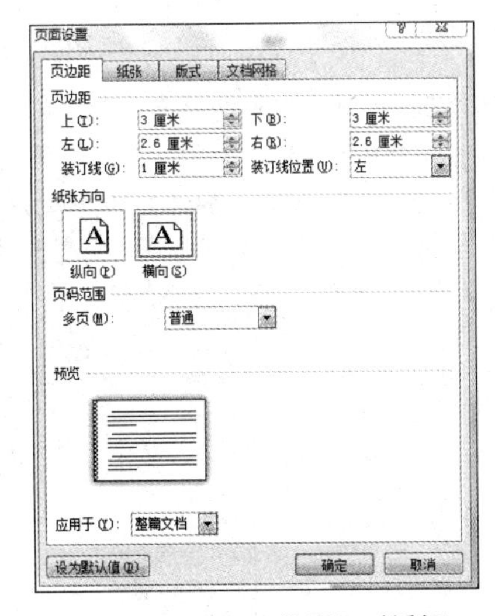

图3.1.3 “页面设置”对话框

要求（2）操作示例：

选中标题文字后，进行如下操作：

步骤1： 在“开始”选项卡“字体”组中将标题文字设置为“黑体”“二号”，如图3.1.4所示。

步骤2： 在“开始”选项卡在“段落”组，单击“居中”按钮，将标题文字居中，如图3.1.5所示。

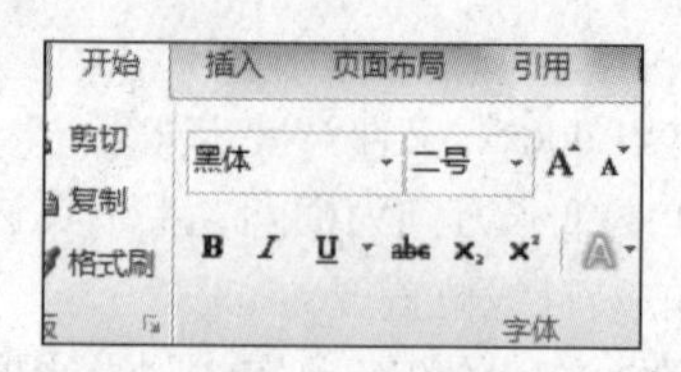

图3.1.4 设置“字体”

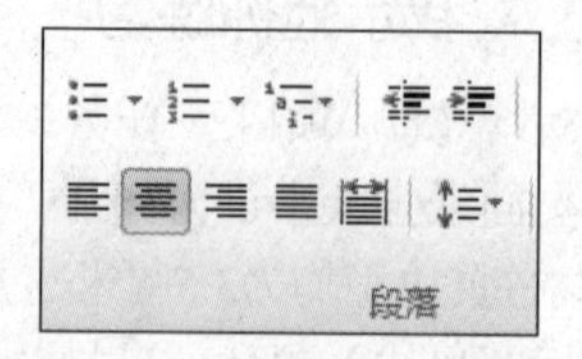

图3.1.5 设置标题“居中”

步骤3： 单击“开始”选项卡下“段落”组中的“下框线”按钮右侧的下拉按钮，在弹出的下拉列表中选择“边框和底纹”命令，弹出“边框和底纹”对话框。

步骤4： 在“边框”选项卡下，设置“阴影”边框；单击“颜色”右侧的下拉按钮，在下拉列表中选择标准色“红色”；单击“宽度”右侧的下拉按钮，在下拉列表中选择线的宽度“2.25磅”，应用范围为“文字”，如图3.1.6所示。

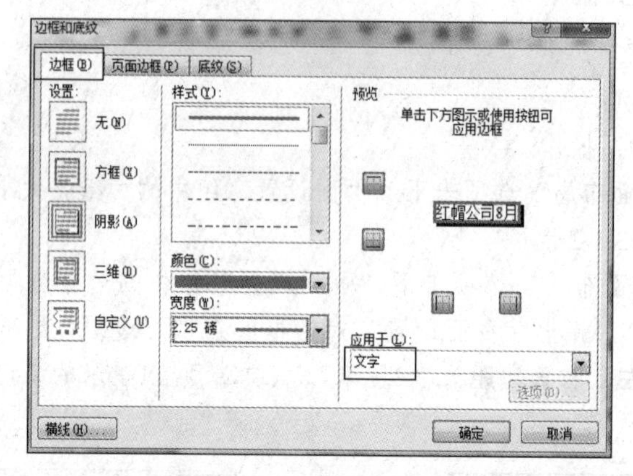

图3.1.6 设置“边框”

步骤5： 再单击“底纹”选项卡，在“图案”区域中，单击“样式”右侧的下拉按钮，在下拉列表中选择样式“20%”，应用范围均为“文字”，如图3.1.7所示。

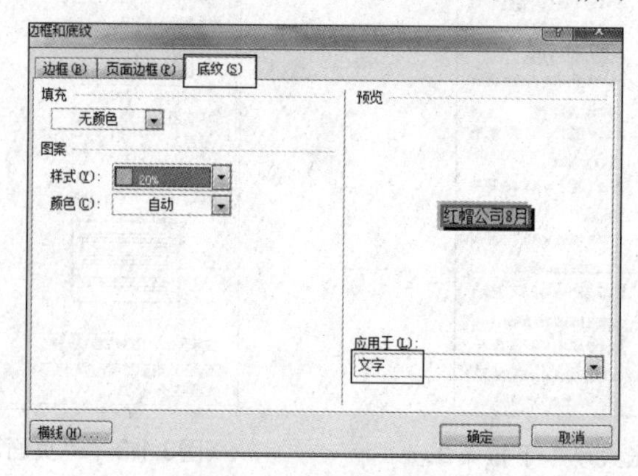

图3.1.7 设置“底纹”

要求（3）操作示例：

选中正文第一段后，进行如下操作：

步骤：在“开始”选项卡“字体”组中，将标题文字设置为“黑体”“二号”；在“段落”组，单击“左对齐”按钮，段落文本左对齐，如图3.1.8所示。

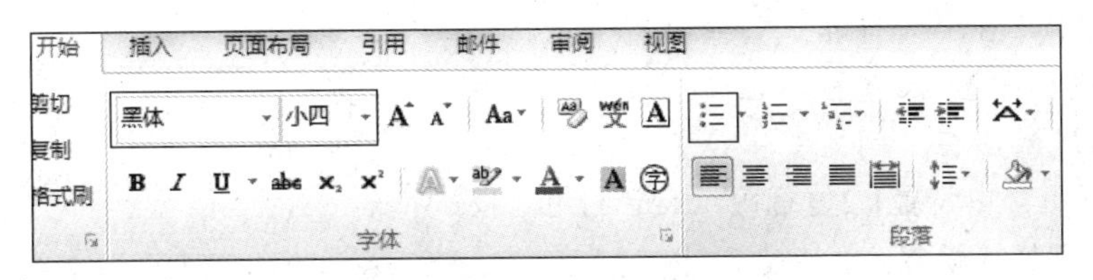

图3.1.8　设置“字体、段落”格式

要求（4）操作示例：

选中正文第二、三段后，进行如下操作：

步骤1：单击“开始”选项卡“字体”组右下角的“对话框启动器”按钮，弹出“字体”对话框，在字体选项卡，设置字体颜色为“红色”，下画线线型为“双下画线”，如图3.1.9所示。也可分别通过字体组中的下画线按钮 U 和字体颜色按钮 A 来完成。

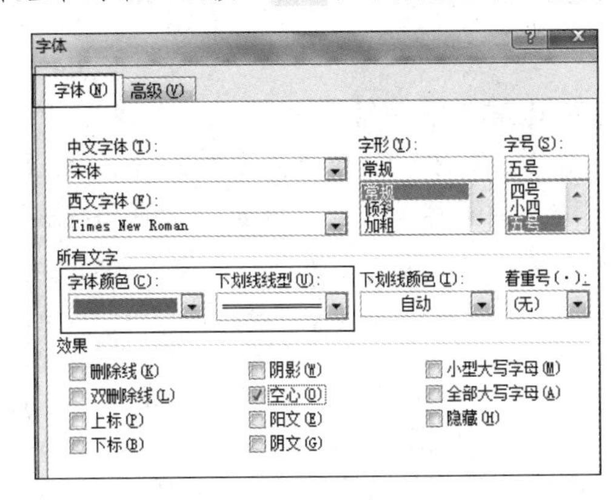

图3.1.9　设置字体“颜色、下画线”

步骤2：在“高级”选项卡下，单击“字符间距”中的“间距”右侧的下拉箭头，在下拉列表中选择“加宽”；“磅值”设置为“0.8磅”，如图3.1.10所示。

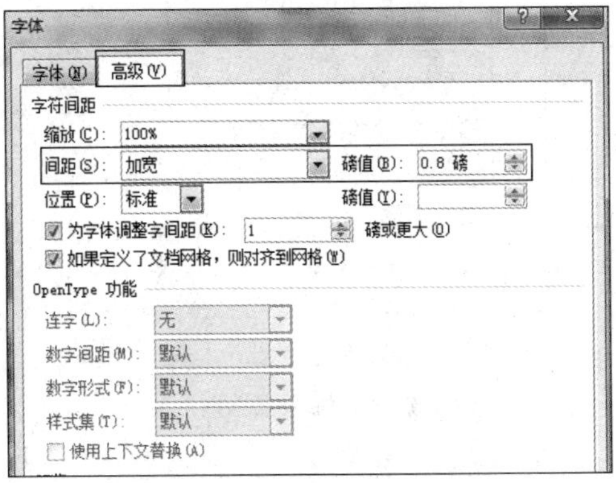

图3.1.10　设置“字符间距”

要求（5）操作示例：

选中正文第四、五段后，进行如下操作：

单击“开始”选项卡下“段落”组中右下角的“对话框启动器”按钮，弹出“段落”对话框，如图3.1.11所示。在“特殊格式”中设置“悬挂缩进”，“磅值”设置为2字符，在“缩进”中设置“左侧”为1厘米，在“间距”中设置“段后”为18磅，在“行距”中设置1.2倍行距。或者利用“段落”组中的按钮完成设置。

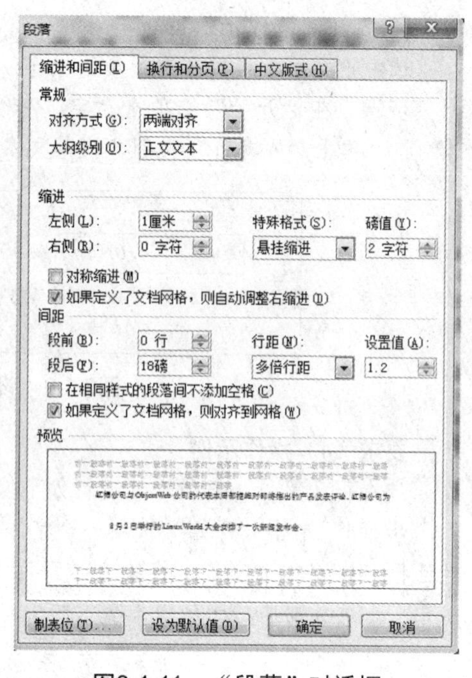

图3.1.11 “段落”对话框

要求（6）操作示例：

将光标置于文档任何位置，进行如下操作：

步骤1：单击“插入”选项卡下“页眉和页脚”组中的“页眉”按钮，在弹出的下拉列表中选择“编辑页眉”命令，文档进入页眉/页脚编辑状态。在页眉处输入“Java应用”，如图3.1.12所示。接着单击“开始”选项卡下“段落”组中的“居右”按钮。

步骤2：单击“插入”选项卡下“页眉和页脚”组中的“页码”按钮，在下拉列表中选择“页面底端”“普通数字2”，再单击“页码”按钮，在下拉列表中选择“设置页码格式”，在弹出的“页码格式”对话框中设置起始页码为“125”，如图3.1.13所示。

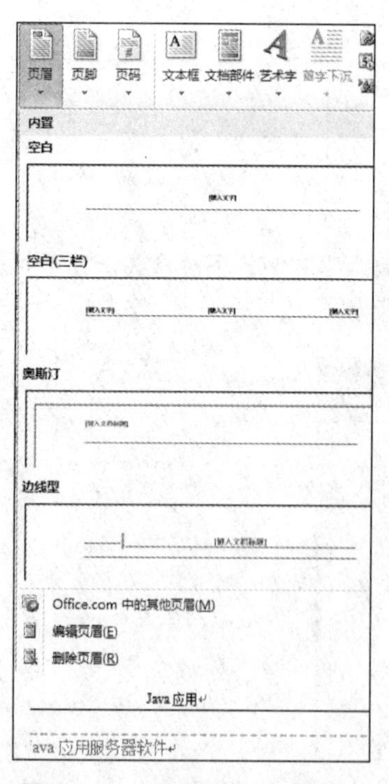

图3.1.12 “页眉”下拉列表

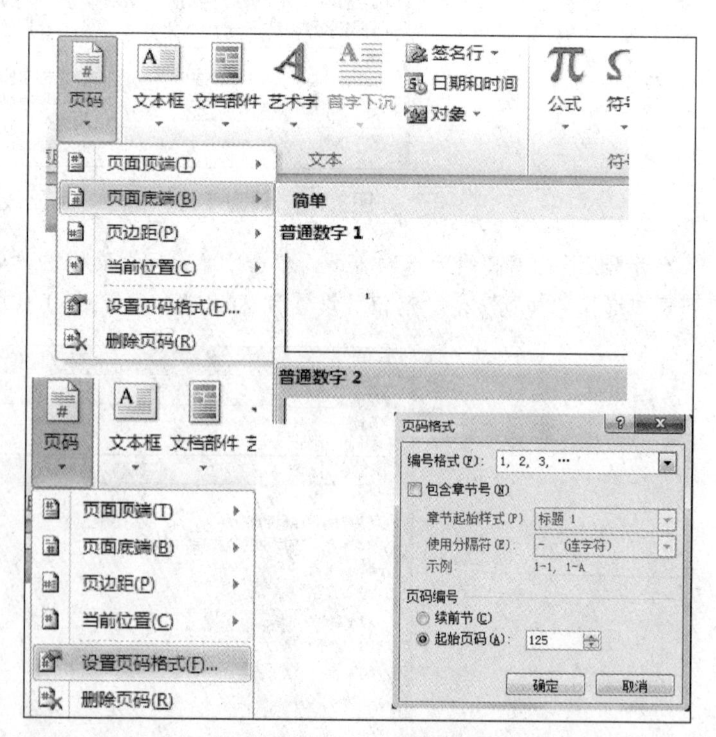

图3.1.13 设置页码

知识链接

页眉和页脚：通常显示文档的附加信息，常用来插入时间、日期、页码、单位名称等。其中，页眉在页面的顶部，页脚在页面的底部。

通常页眉也可以添加文档注释等内容。页眉和页脚也用作提示信息，特别是其中插入的页码，通过这种方式能够快速定位所要查找的页面。

如果想在Word 2010中设置不同的页眉与页脚，关键的步骤是将需要设置不同页眉页脚的页分成不同的节，这样文档就按节分成了不同的部分，页眉和页脚就可以设置为不同内容了。

环节三　自我巩固

打开“教学资源\项目三\任务一\基础练习”，按题目所示要求完成“练习1～练习4”内习题，并正确保存。

【提示】

（1）在“页面设置”中，如果所需设置的纸张大小不在“纸张大小”下拉列表之中，则可通过选择“其他页面大小”选项，在弹出的对话框中进行自定义设置。

（2）在“边框与底纹”中，需注意应用于“文字”与“段落”的区别。

（3）在进行字号、字符间距、段落缩进、行距等大小的设置时，若要求的度量单位与软件默认的单位不一致时，则直接输入要求的单位即可。如段落格式设置中“缩进”的默认单位为“字符”，如实际要求为“厘米”时，则直接将字符改 “厘米”即可。

（4）在页眉/页脚编辑状态时，不可对正文进行编辑。

（5）对文字或段落进行格式化操作时，一定要选取相应的对象。

（6）若需要查找或替换某一内容，可通过“开始”选项卡下“编辑”组中的“查找”或是“替换”命令实现。

环节四　自我实现

根据所提供的素材（也可自行输入自荐信），请你与李华一起制作一封电子自荐信。制作过程中需注意以下要求：

（1）体现字体、段落格式的设置，特别是标题与正文的字号要有所区别。

（2）需加入页眉和页码，页眉内容和页码自定。

（3）自荐信的排版需符合书信的写作要求。

（4）预览效果以视觉舒服为宜。

（5）文档以“×××（个人姓名）的自荐信.docx”命名并保存。

【试一试】

若要检查输入的文本中是否有错，可通过“审阅”选项卡下“校对”组中的“拼写和语法”命令对文本初步检查。

任务评价

学习完本次任务，请对自己作个评价，如果不会，就要多下点功夫。

序号	内　　容	评　　价		
		会	基本会	不会
1	Word 文件的打开和保存			
2	字体格式的设置			
3	段落缩进、间距、特殊格式设置			
4	边框和底纹的设置			
5	页眉和页码的设置			
6	自荐信的输入、排版及保存			
你的体会：				

知识链接

（一）自荐信小知识

自荐信（Self Recommendation Letter）是自我推销采用的一种形式，推荐自己适合担任某项工作或从事某种活动,以便对方接受的一种专用信件。

自荐信没有正式的格式，其规则与普通信函的格式基本相同。写信时需要有以下4个方面的内容：①标题；②称谓；③正文，包括基本情况（姓名、性别、年龄、学历、政治面貌、职务、职称等），推荐理由（专长、特点、成果等），个人的决心，被接受后的态度；④署名、日期、联系地址、电话。

（二）Word 2010排版的基本格式

除一些特殊文档（如公文排版）需遵循既定的要求外，一般办公文件的电子文档纸张常使用 A4 排版，整体文本、表格要在纸张版面范围内居中，页边距可根据实际情况修改，留左装订线位即左边距略宽于右边距。现提供以下说明以仅供参考。

1. 字号

（1）标题一般按封面标题、一级标题逐级递……

（2）文本内容使用小四/四号字（依内容多少而定），一般而言，文本的字号需比标题的字号小1～2级。

（3）表格内文本使用五号/小五号字（依内容多少而定）。

2. 字体

所有文字包括标题、文本、表格内文本使常用宋体、字色为黑色，避免使用其他颜色。

3. 对齐方式

（1）文本使用左对齐。

（2）标题或需要置于中间的文本使用居中，不要使用空格调整。

（3）正常正文首行空2个中文字符。

（4）表格内使用水平垂直居中（中部居中）。

4. 排列序号

最好不使用自动项目编号，序号分级排列如下：“一、二、三、……”点为中文顿号；“1.2.3.……”点为英文句号；“a.b.c.……”点为英文句号。如分级较多可在每级下多一种带括号格式如下：（一）、（1）、a）。

5. 其他

（1）表格如不在一页内，将其分成两个独立表格分在两页。

（2）表格边距不使用加粗线，所有边距使用标准格式。

（3）表格内文字除有特定要求加粗、改字体之外，全体使用默认格式。

任务二　制作电子小报

任务目标

通过本任务，培养学生使用Word 2010进行图文混排操作的应用能力，能独立制作样式美观的电子小报。

（1）能熟练运用“插入”功能区中“插图”组常用命令在文档中插入图片、艺术字等，并进行编辑。

（2）能熟练运用“页面布局”功能区中“页面设置”组“页面背景”常用命令进行分栏、页面颜色、水印等操作。

任务描述

为了配合即将到来的母亲/父亲节，学校团委书记交待李华制作一期有关母亲/父亲节的电子小报，在学校宣传栏中展示，使大家了解更多上述两个节日的有关知识，培养学生感恩的品德。

任务分析

制作电子小报的目的主要是为了展示围绕某一主题所展开的图文并茂的内容。一般大小正好为一页A4纸。它与一般小报的唯一区别就在于它是不经过手工制作，考虑到Word 2010具有较强大的图文混排功能，故建议李华同学选择Word 2010应用程序进行制作。

任务实施

环节一　我示范你练习

打开“教学资源\项目三\任务二\基础练习\练习1\文档1.docx”文件。要求如下：

（1）将标题“中国软件业全面反攻”设置为艺术字（注意：设置后，删除原标题文字及所在行）；艺术字式样，艺术字库中的第2行第4列；字体，隶书、32号；艺术字形状，朝鲜鼓；阴影，右下斜偏移，位于页面（4，2）厘米处；环绕方式，上下型。

（2）正文第一、二段格式：字体为黑体、小四、蓝色、加着重号，字距加宽0.6磅。

（3）正文第三段格式：首行缩进0.85厘米，1.2倍行距、段前间距8磅，段落加宽度为1.5

磅的红色单实线方框、底纹填充色为浅蓝色。

（4）正文第一、二段分为三栏，栏距相等，加分隔线，第1段首字下沉2行。

（5）在计算机本机图片库中选择示例图片“水母”插入到文档中，要求：高度和宽度均为3厘米，环绕方式为“四周型”。

（6）在文档中插入文字水印“中国软件”，并将页面颜色设置为浅绿，填充效果为渐变、双色，颜色1为“浅绿”，颜色2为“白色”，底纹样式为“中心辐射”。

（7）在文档尾空白处，插入笑脸图形，填充为黄色，设置为半透明。

实现步骤

要求（1）操作示例

步骤1：选中标题，将文字内容删除。单击“插入”选项卡下“文本”组中的“艺术字”按钮，选择第2行第4列艺术字样式，如图3.2.1所示。在弹出的艺术字输入框中输入“中国软件业全面反攻”。

步骤2：切换到“开始”选项卡，选中刚输入的标题文字“中国软件业全面反攻”，在“字体”分组将其设置为隶书、32号，如图3.2.2所示。

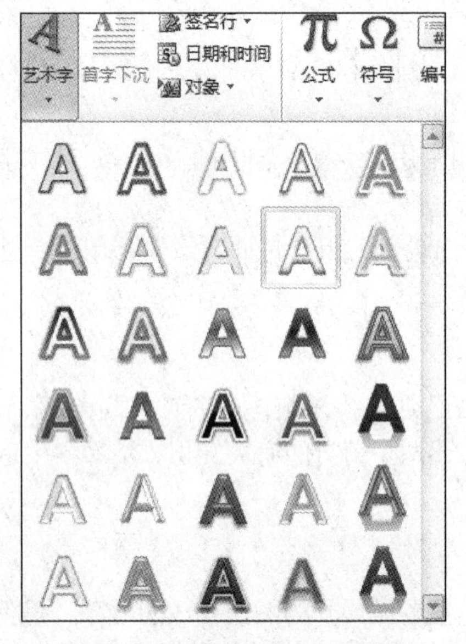

图3.2.1 “艺术字”下拉列表

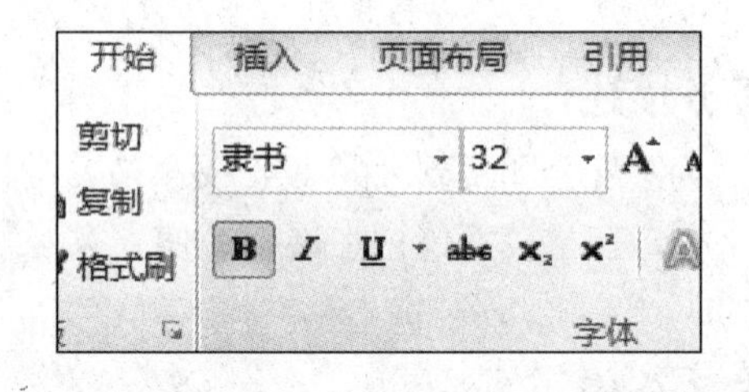

图3.2.2 设置“艺术字字体”

步骤3：选中艺术字，单击“绘图工具”|“格式”选项卡下“艺术字样式”组中的“文本效果”按钮，在弹出的下拉列表中选择“转换”→“朝鲜鼓”命令，如图3.2.3所示。

步骤4：选中艺术字，单击“绘图工具”|“格式”选项卡下“艺术字样式”组中的“文本效果”按钮，在弹出的下拉列表中选择“阴影”→“右下斜偏移”命令，如图3.2.4所示。

步骤5：选中艺术字，单击“绘图工具”|“格式”选项卡下“排列”组中的“位置”按钮，在下拉列表中选择“其他布局选项”命令，弹出“布局”对话框，在“位置”选项卡下，位于页面（4，2）厘米处，如图3.2.5所示。

步骤6：选中艺术字，单击“绘图工具”|“格式”选项卡下“排列”组中的“位置”按钮，在下拉列表中选择“其他布局选项”命令，在弹出的“布局”对话框中单击“文字环

绕”选项卡，在“环绕方式”栏中选择“上下型”。或者选中艺术字，单击“绘图工具”|“格式”选项卡下“排列”组中的“自动换行”按钮，在下拉列表中选择“上下型环绕”命令，如图3.2.6所示。

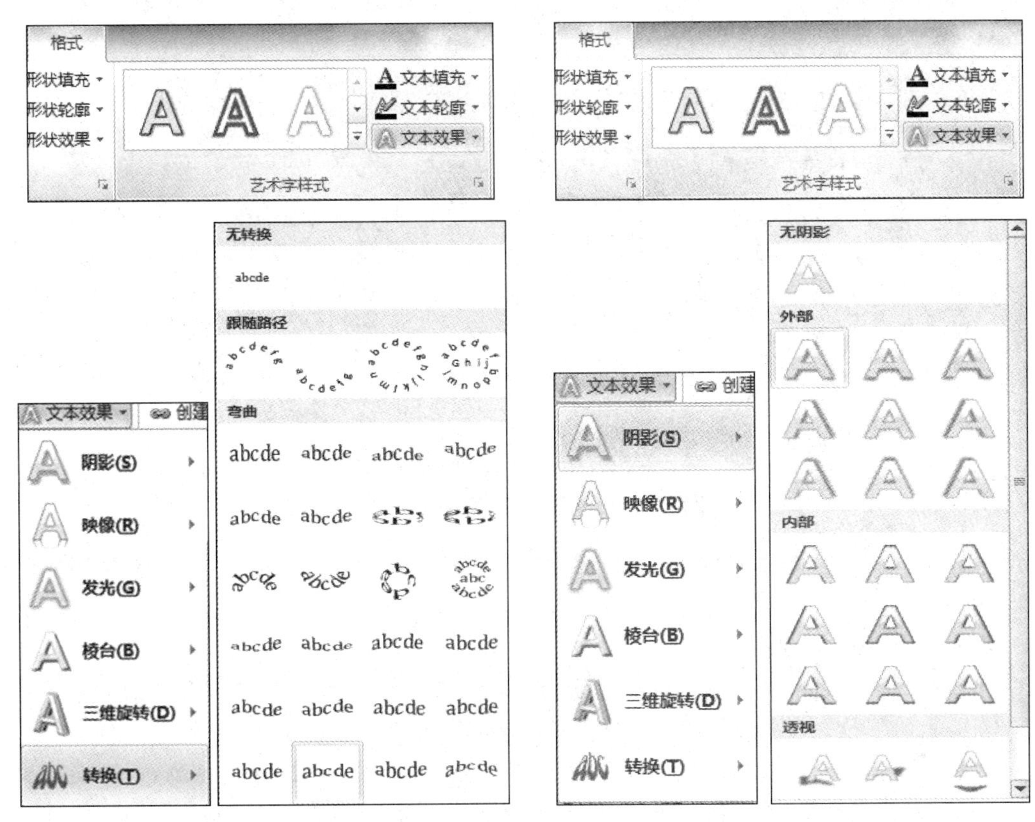

图3.2.3　设置“艺术字转换”　　　图3.2.4　设置“艺术字阴影”

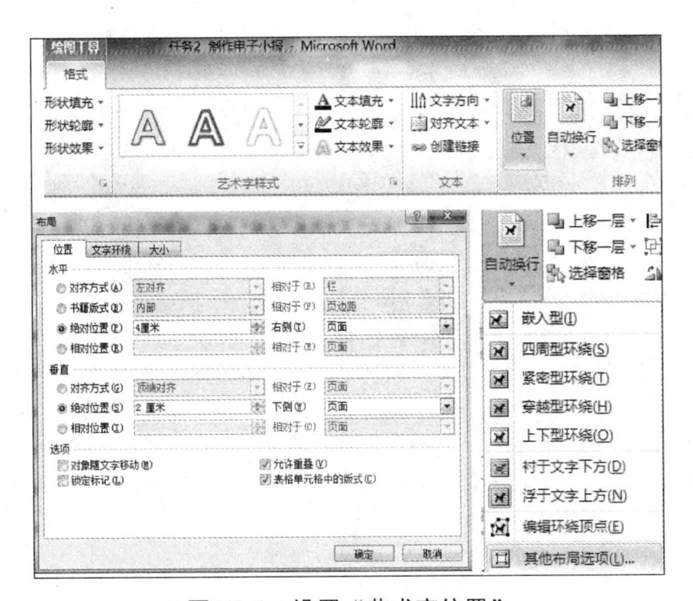

图3.2.5　设置“艺术字位置”

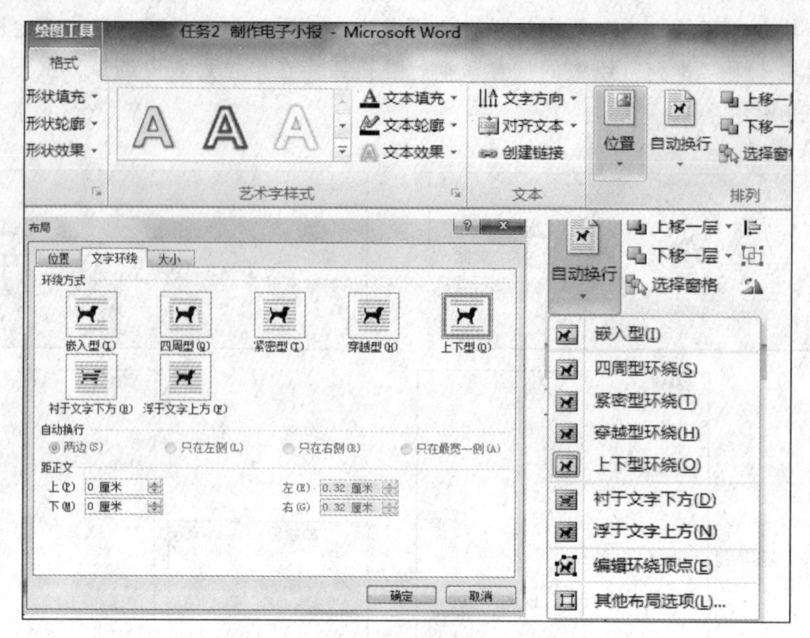

图3.2.6 设置“艺术字环绕方式”

要求（2）及要求（3）的操作示例在本项目任务一中已作类似的示范，故在本任务中不再作详细示例。

要求（4）操作示例：

步骤1： 选中第1、2段文字，单击“页面布局”选项卡下“页面设置”组中的“分栏”按钮，在弹出的下拉列表中选择“更多分栏”命令，弹出“分栏”对话框。选择“预设”栏中的“两栏”设置，选中“分隔线”和“栏宽相等”复选框，如图3.2.7所示。

步骤2： 将光标置于第1段，在“插入”选项卡“文本”组中单击“首字下沉”按钮，在弹出的下拉列表中选择“首字下沉选项”命令，弹出“首字下沉”对话框。选择“位置”栏中的“下沉”，在选项栏中将“下沉行数”设置为“2”，如图3.2.8所示。

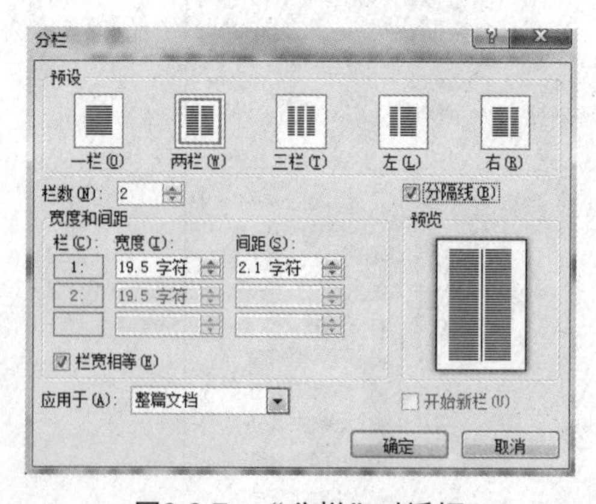

图3.2.7 “分栏”对话框

图3.2.8 “首字下沉”对话框

要求（5）操作示例：

步骤1： 单击“插入”选项卡下“插图”组中的“图片”按钮，在弹出的“插入图片”对话框中，双击示例图片文件夹，选择“水母”图片，单击“插入”按钮，即可完成图片的插入，如图3.2.9所示。

步骤2：选中图片，单击“图片工具”｜“格式”选项卡下“排列”组中的“自动换行”按钮，在下拉列表中选择“四周型环绕”命令，如图3.2.10所示。或是通过“图片工具”｜“格式”选项卡下“排列”组中的“位置”按钮，在下拉列表中选择“其他布局选项”命令，在弹出的“布局”对话框中单击“文字环绕”选项卡，在“环绕方式”栏中选择“四周型”来实现。

图3.2.9 “插入图片”对话框

图3.2.10 “自动换行”下拉列表

步骤3：选中图片，单击“绘图工具”｜“格式”选项卡下“排列”组中的“位置”或“自动换行”按钮，在下拉列表中选择“其他布局选项”命令，通过弹出的“布局”对话框中单击“大小”选项卡，在高度栏和宽度栏中分别输入“3厘米”。如图3.2.11所示。

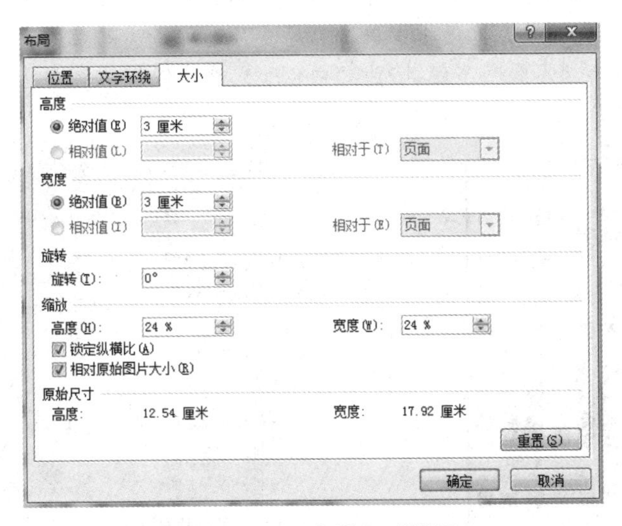

图3.2.11 “布局”对话框

【提示】

所谓纵横比，指的是图片原始高度和宽度的比值。锁定纵横比情况下，调整图片大小时宽、高会同时等比例变化。不锁定纵横比，才能单独调整图片的高，或者图片的宽。

要求（6）操作示例：

步骤1：将光标置于文档中，单击“页面布局”选项卡下“页面背景”组中的“水印”按钮，在下拉菜单中选择“自定义水印”，如图3.2.12所示。在弹出的“水印”对话框中，选择“文字水印”单选按钮，并在“文字”输入框中输入“中国软件”后单击“确定”按钮，如图3.2.13所示。当然，如果有需要，也可对字体、字号、颜色及版式进行设置。

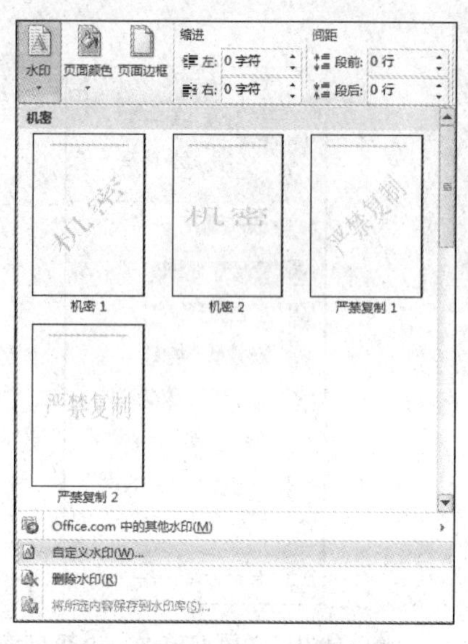

图3.2.12 “水印”下拉列表

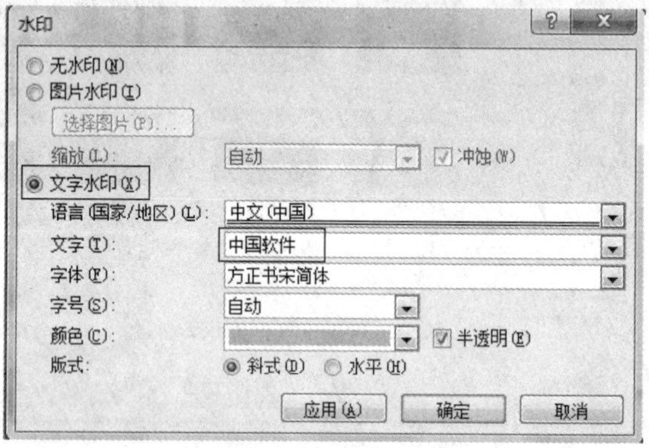

图3.2.13 “水印”对话框

步骤2：将光标置于文档中，单击“页面布局”选项卡下“页面背景”组中的“页面颜色”按钮，在下拉列表中选择“浅绿”，如图3.2.14所示。

步骤3：在图3.2.14所示的下拉列表中选择“页面颜色”，在其下拉列表中选择“填充效果”，在弹出的“填充效果”对话框中单击“渐变”选项卡。并在颜色栏中选择“双色”单选按钮，设置颜色1为“浅绿”，颜色2为“白色”；在底纹样式栏中选择“中心辐射”以完成设置，如图3.2.15所示。

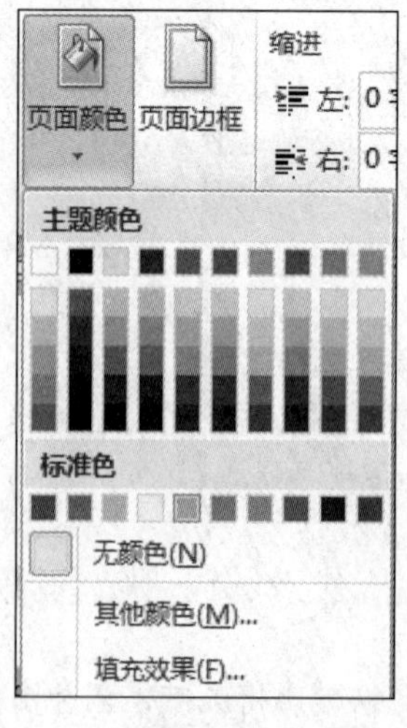

图3.2.14 “页面颜色”下拉列表

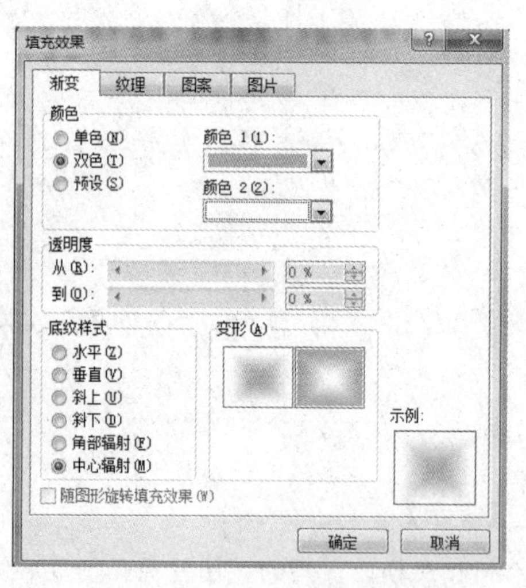

图3.2.15 “填充效果”对话框

要求（7）操作示例：

步骤1：将光标置于文档尾空白处，单击“插入”选项卡“插图”组中“形状”按钮，在下拉列表“基本形状”栏单击“笑脸”图形，如图3.2.16所示。当光标变成“+”时，按住左键并拖动鼠标绘制出合适大小的“笑脸”图形。

步骤2：选中笑脸图形，单击“绘图工具”丨“格式”选项卡下“形状样式”组中的“形状填充”按钮，在出现的下拉列表中选择“黄色”，如图3.2.17所示。

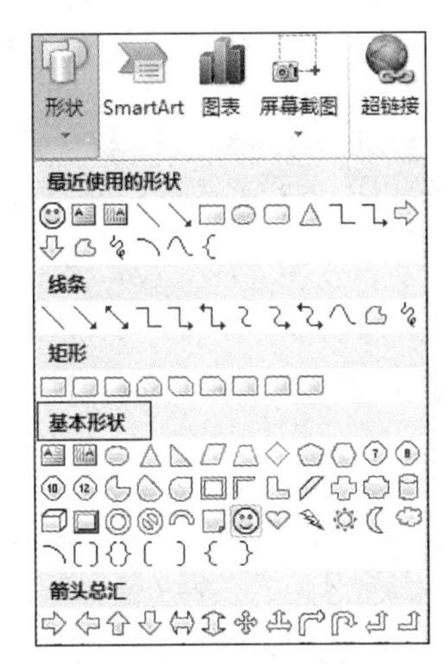

图3.2.16　“形状”下拉列表

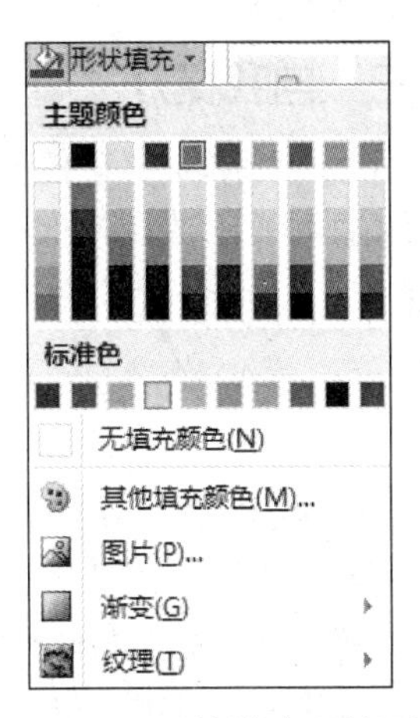

图3.2.17　形状填充下拉列表

步骤3：选中笑脸图形，单击“绘图工具”丨“格式”选项卡下“形状样式”组右下角的“对话框启动器”按钮，在弹出的“设置形状格式”对话框中选择“填充”功能，将透明度设置为50%。如图3.2.18所示。

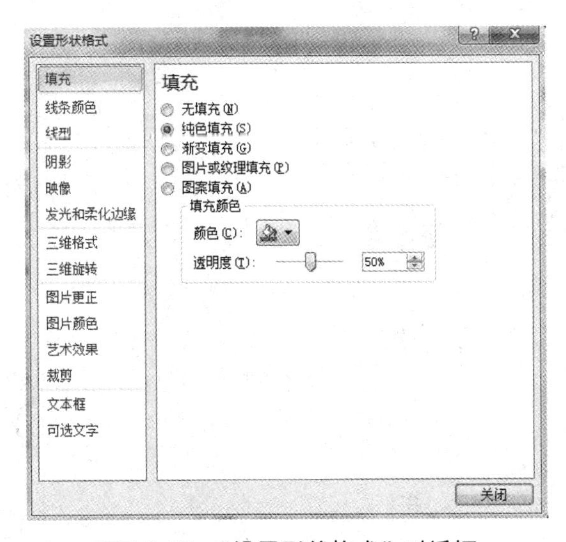

图3.2.18　“设置形状格式”对话框

环节二　自我巩固

打开“教学资源\项目三\任务二\基础练习”，按题目所示要求完成“练习1～练习4”内习题，并正确保存。

【提示】

（1）当标题需设置为艺术字，正文第一段又需要进行分栏操作时，建议先设置艺术字，再进行分栏。

（2）对文档的最后一段进行分栏操作时，建议先在段尾回车，再进行分栏操作，避免出现分栏操作后动版的问题。

（3）若有多个独立的图形或图片作为一个图形对象需要，可同时选中若干图形或图片，通过“组合”功能来实现。

环节三　自我提升

打开“教学资源\项目三\任务二\提升练习”，按题目所示要求完成“练习1～练习4”习题进行图文混排操作，并正确保存。

环节四　自我实现

参照提供的图片及文字素材，请你与李华一起制作一封电子小报。制作过程中需注意体现以下要求：

（1）字体格式设置、段落格式设置。

（2）图片的插入、页眉页脚的插入、艺术字、自绘图形的使用。

（3）页面背景及页面的设置。

（4）预览效果以美观为宜。

（5）文档以“×××（个人姓名）的自荐信.docx”命名并保存。

（6）若有不明之处，可见参考样张。见图3.2.19和图3.2.20。

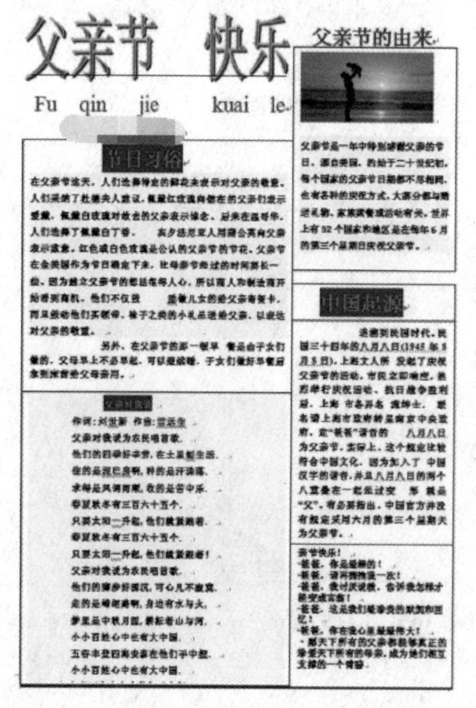

图3.2.19　样张1

图3.2.20　样张2

【试一试】

在电子小报的制作中，有时需要将文字进行竖排。这一操作可通过选中相应的文字后右击，在快捷菜单中选择“文字方向”命令。

任务评价

学习完本次任务，请对自己做个评价。如果不会，想想问题出在哪，并努力掌握。

序号	内　　容	评　　价		
		会	基本会	不会
1	艺术字的插入及格式设置			
2	图片的插入及格式设置			
3	段落的分栏设置			
4	首字下沉的设置			
5	页面背景中水印及页面颜色的设置			
6	电子小报的制作及保存			
你的体会：				

知识链接

（一）电子小报的基本组成

电子小报的基本组成：报头、标题、专栏、文字、花边、插图。

（二）小报设计思路

定主题、选内容；整体构思\设计框架；美化框架；填入文字\图片；整体效果修饰。

（三）小报编辑排版的基本步骤

（1）页面设置。

（2）整体框架的构建。用各种各样的自选图形作为文章的边框，并可对自选图形进行设置。

（3）设计报头。报刊中最重要的部分是报头。报头主要写清楚报头名称、主编、日期、期数等，还可适当插入一些图片。在设计报头的色彩时应注意突出字的色彩。

（4）文本的添加。文字是小报的基本单位。小报的文本一般都采用六号宋体，少数采用五号字。小报中一般不使用繁体字。为了便于读者阅读，在页面中一般采用分栏形式。为了将文章与文章区分开来，一般都采用简单的文字框边线，或用不同的颜色文字、底纹色块来加以区别。

（5）标题的构思。标题是各篇稿件的题目。标题主要起突出报刊重点，引导读者阅读的作用。在形式上主题所用字号要大，地位要突出。

（6）背景效果。

（7）美化与加工。

任务三 制作个人简历

任务目标

通过本任务，培养学生使用Word 2010制作表格及使用公式对表格中的数据进行基础运算的能力，能独立制作具有个性的个人简历。

（1）能熟练运用“表格工具” | “设计”各组中的命令对表格进行样式设置、边框和底纹的设置。

（2）能熟练运用“表格工具” | “布局”各组的命令插入行和列、进行单元格的合并与拆分、表格的格式设置、表格属性的设置等内容。

任务描述

面临毕业的李华为了在面试时给用人单位留下良好的印象，在众多求职者中脱颖而出，现在他面临的首要任务就是制作一份精美电子简历，请你和他一起制作，促他美梦成真。

任务分析

个人简历一般采用表格的形式完成，形式简洁、明了。办公软件中Word 2010应用程序除了方便对文本进行排版，可以快捷地插入剪贴画或图片、图形、艺术字外，还可以在文档中灵活地绘制表格。另外，边框和底纹可以有各种形状和多种组合，能够增强表格的美观性。因此，根据实际需求，故建议李华同学选择Word 2010应用程序完成简历的制作。

任务实施

环节一 我示范你练习

打开“教学资源\项目三\任务三\基础练习 \练习1\表格制作1.docx”文件，具体要求如下：

（1）按图3.3.1制作表格并输入文字，将表格中第1行、7行的行高设置为1.8厘米，其余为默认行高和列宽；第1列的列宽设置为1.5厘米，其余列宽相等。

（2）第一行的文字设置为黑体，三号，其余设置为五号宋体。

（3）将“说明”所在的单元格设置为黄色的底纹，表格的外框线设置为0.5磅双线，文字方向为“纵向”。

（4）在“A1004”所在行下方插入一行，并输入“A1005”；全部单元格对齐方式为中部居中，并将整个表格水平居中放置。

（5）在第3行第5列用平均公式计算平均成绩。

成绩表				
学号	数学	计算机	电子技术	平均成绩
A1001	78	85	80	
A1002				
A1003				
A1004				
说明				

图3.3.1　样表

实现步骤

要求（1）操作示例：

步骤1：

方法1：单击“插入”功能区，在“表格”组单击“表格”按钮，在下拉列表中选择“插入表格”命令（见图3.3.2所示），在弹出的“插入表格”对话框中，设置“列数”为5列，“行数”为7行，如图3.3.3所示，单击“确定”按钮。

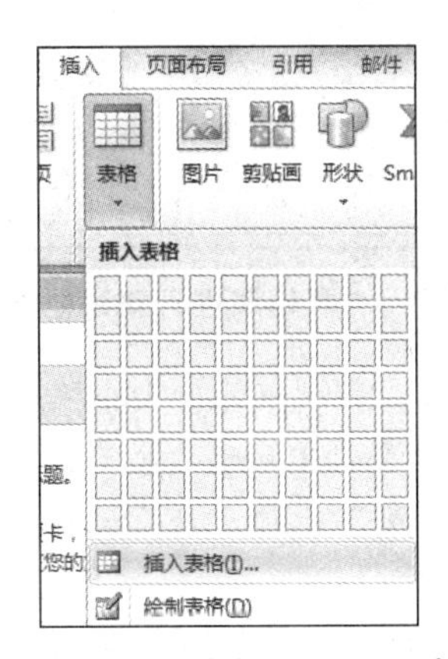

图3.3.2　“表格”下拉列表

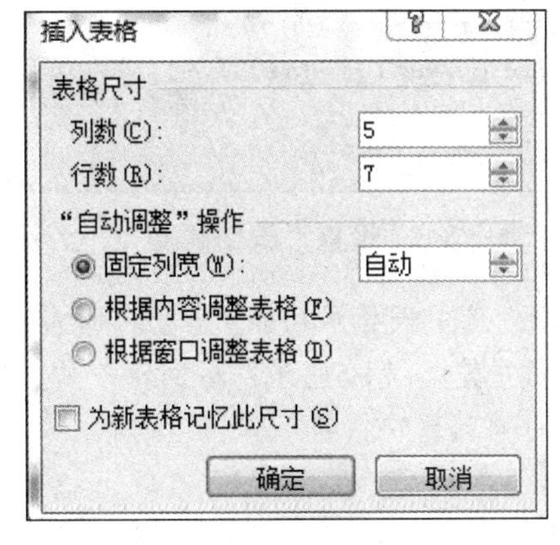

图3.3.3　“插入表格”对话框

方法2：单击“插入”功能区，在“表格”组单击“表格”按钮，通过下拉列表中的模拟单元格，插入一个“5 × 7表格”，如图3.3.4所示。插入后的效果如图3.3.5所示。

图3.3.4　插入“表格”

图3.3.5　完成效果

【提示】

单元格是表格中行与列的交叉部分，它组成表格的最小单位，可拆分或者合并。单个数据的输入和修改都是在单元格中进行的。

步骤2：选中表格第1行，单击“表格工具”|“布局”功能区选项卡，在“单元格大小”组中“高度”输入框中输入“1.8厘米”后回车，如图3.3.6所示。或者单击“单元格大小”组中右下角的“对话框启动器”按钮，弹出“表格属性”对话框，单击“行”选项卡进行设置行高，如图3.3.7所示。利用同样的方法对第7行的行高进行设置。

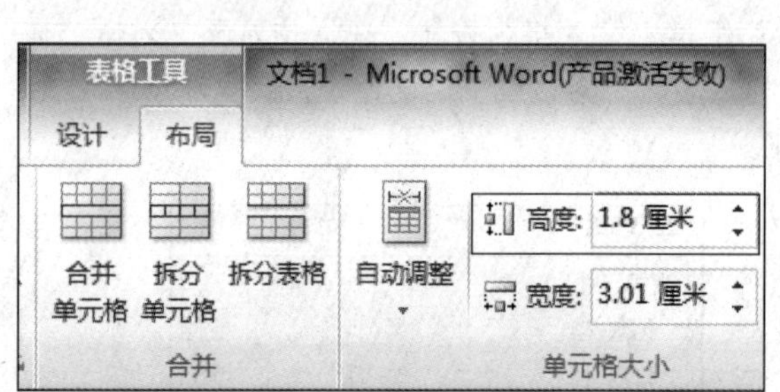

图3.3.6 设置“表格高度”

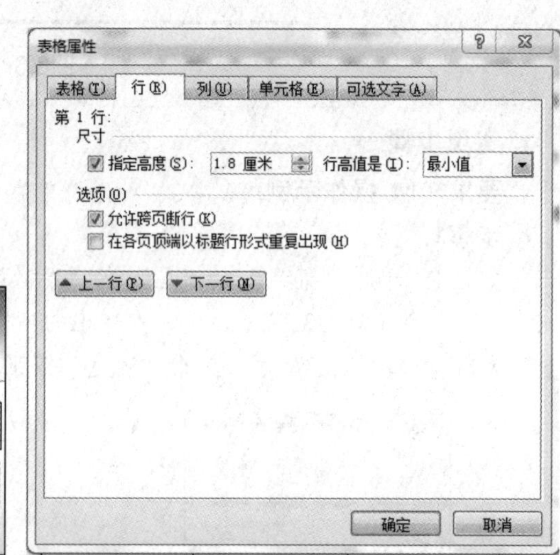

图3.3.7 “表格属性”对话框 1

步骤3：选中表格第1列，单击 “表格工具布局”选项卡，在“单元格大小”组中“宽度”输入框中输入“1.5厘米”后回车，如图3.3.8所示。或者单击“单元格大小”组中右下角的“对话框启动器”按钮，弹出“表格属性”对话框，单击“列”选项卡进行设置列宽，如图3.3.9所示。

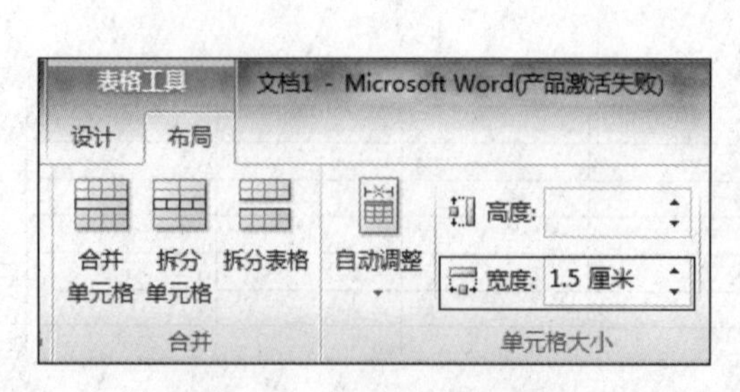

图3.3.8 设置“表格宽度”

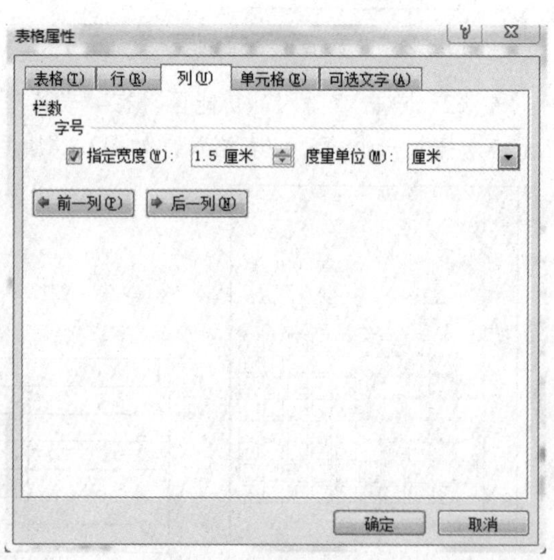

图3.3.9 “表格属性”对话框 2

步骤4：选中表格第1行的第1～5列单元格，单击“合并”组中的“合并单元格”按钮。如图3.3.10所示。使用同样的方法合并其他的单元格，合并后效果如图3.3.11所示。

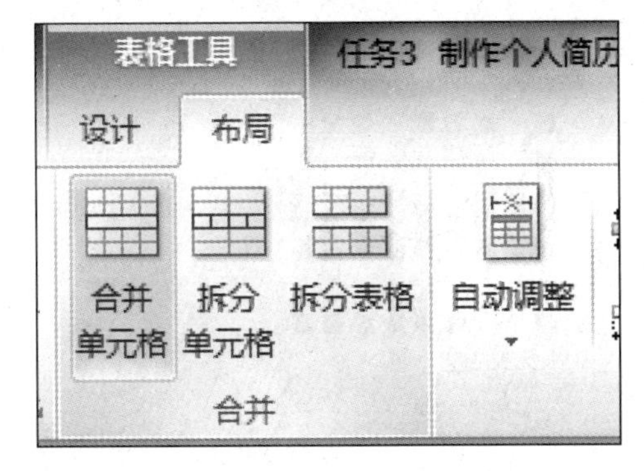

图3.3.10　“合并”单元格

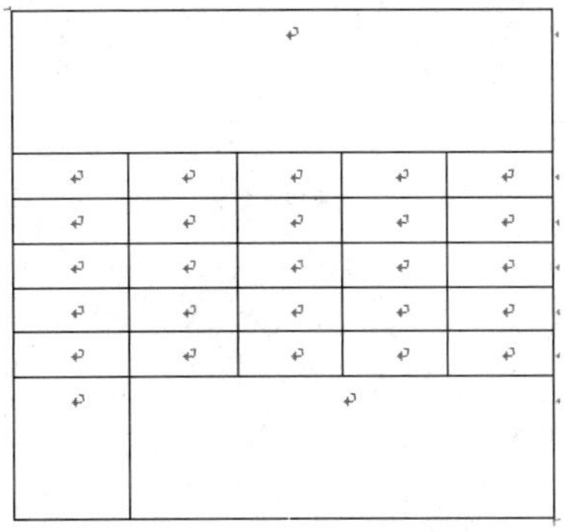

图3.3.11　合并后的效果图

要求（2）操作示例：

步骤1：按样表输入表格内文字。

步骤2：选中第一行文字，单击“开始”选项卡，在“字体”组进行字体、字号设置，如图3.3.12所示。利用同样的方法可对其他单元格的文字格式进行设置。

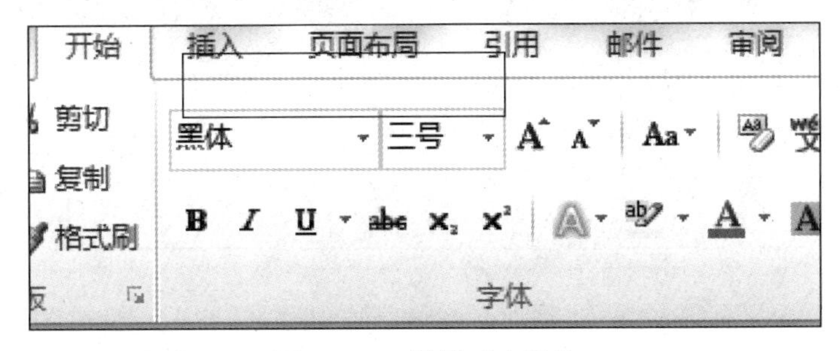

图3.3.12　设置“字体”

要求（3）操作示例：

步骤1：选中“说明”所在单元格，单击“表格工具”|“布局”选项卡，在“对齐方式”组单击“文字方向”按钮，将文字方向改为“纵向”，如图3.3.13所示。

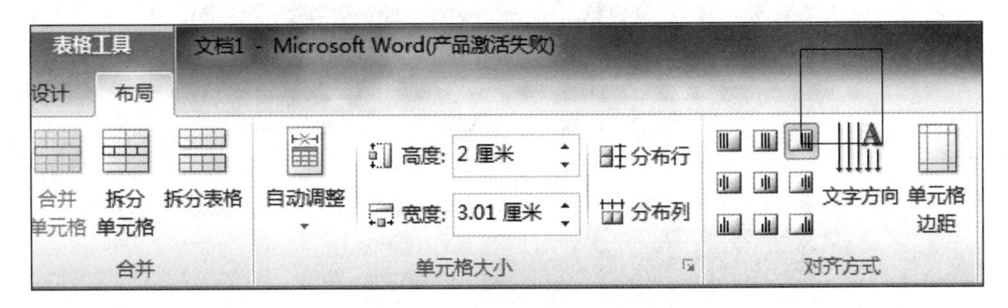

图3.3.13　设置“文字方向”

步骤2：选中“说明”所在单元格，单击“表格工具”|“设计”选项卡，在“表格样式”组，单击“底纹”按钮，选择“黄色”底纹，如图3.3.14所示。

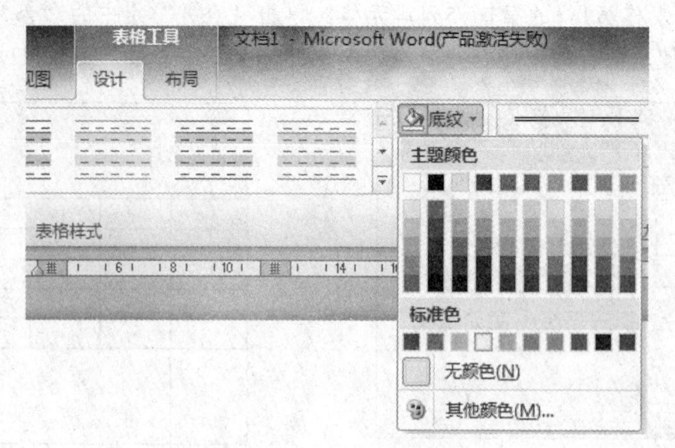

图3.3.14　设置“底纹”

步骤3：选中整个表格，单击“表格工具”|“设计”选项卡，在“绘制边框”组选择线形为“双线”，磅值为“0.5磅”，如图3.3.15所示。在“表格样式”组，单击“边框”按钮，在下拉列表中选择选择“外侧框线”，如图3.3.16所示。

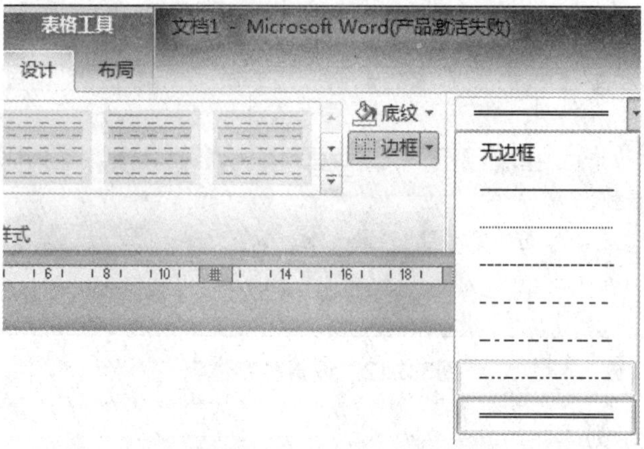

图3.3.15　设置“边框线型”

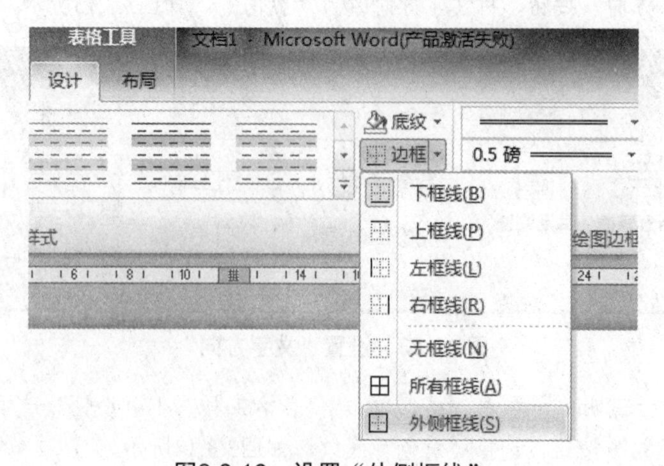

图3.3.16　设置“外侧框线”

要求（4）操作示例：

步骤1：选中“A004”所在行，单击“表格工具”|“布局”选项卡，在“行和列”组，单击“在下方插入”按钮，即可在“A004”所在行下方插入一行，并在相应的单元格输入“A005”，如图3.3.17所示。

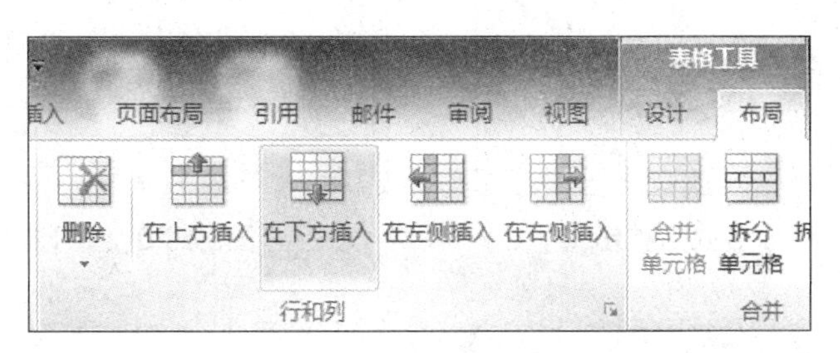

图3.3.17　插入“行”

步骤2：选中整个表格，单击“表格工具”|“布局”选项卡，在“对齐方式”组，单击“中部居中”按钮，即可将全部单元格对齐方式设置为“中部居中”。选择“开始”选项卡，在“段落”组点击☰按钮，即可将整个表格水平居中放置，如图3.3.18所示。

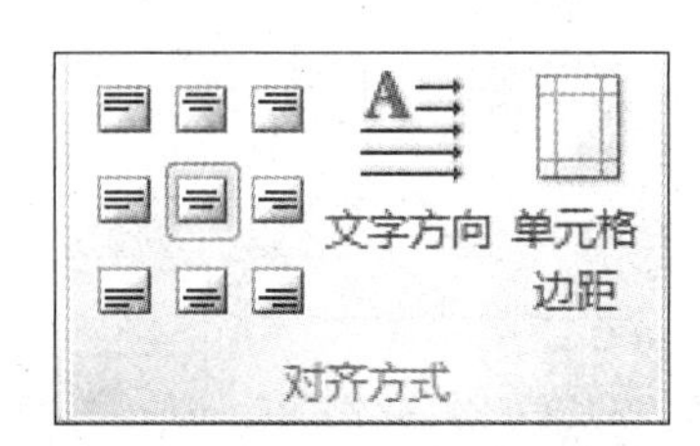

图3.3.18　设置“对齐方式”

知识链接

在对表格进行编辑时，首先要选定表格，被选定的部分呈反显状态。

表格的选定有以下几种方式：

（1）单元格的选定：将鼠标指针移到单元格内部的左侧，鼠标指针变成向右的黑色箭头，单击可以选定一个单元格，按住鼠标左键拖动可以选定多个单元格。

（2）表行的选定：将鼠标指针移到页左选定栏，鼠标指针变成向右的箭头，单击可以选定一行，按住鼠标左键继续向上或向下拖动，可以选定多行。

（3）表列的选定：将鼠标指针移至表格的顶端，鼠标指针变成向下的黑色箭头，在某列上单击可以选定一列，按住鼠标向左或向右拖动，可以选定多列。

（4）表中矩形块的选定：按住鼠标左键从矩形块的左上角向右下角拖动，鼠标扫过的区域即被选中。

（5）整表选定：将鼠标指针移到表格内，表格外部左上方会出现一个按钮⊞，单击该按钮可以选定整个表格。或者单击“表格工具”|“布局”选项卡“表”组中的“选择”按钮，可以分别选择光标所在单元格、列、行或整个表格。

要求（5）操作示例：

步骤1：将光标定位第3行第5列，单击“表格工具”|“布局”选项卡的“数据”组中的“公式”按钮，如图3.3.19所示，打开“公式”对话框，如图3.3.20所示。

步骤2：在“公式”列表框中显示“=SUM(LEFT)”，表明对左侧各列数据求和。本例要求计算平均值，如图3.3.21所示。故单击“粘贴函数”列表框，在列表中选择求平均值。公式改写为“=AVERAGE（LEFT）”，如图3.3.22 所示，单击“确定”按钮即可。

图3.3.19 “公式”按钮

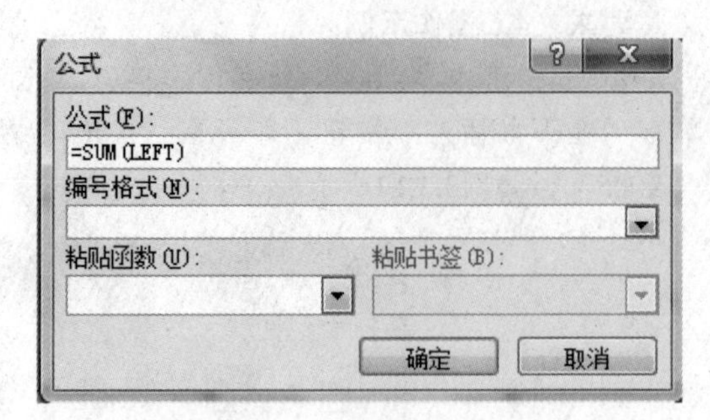

图3.3.20 “公式”对话框

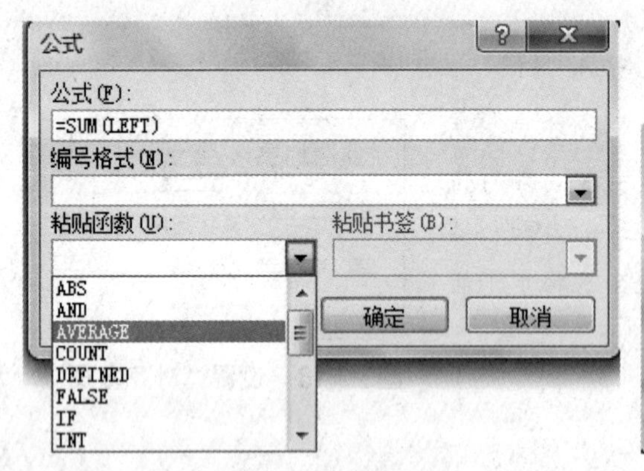

图3.3.21 选取平均函数

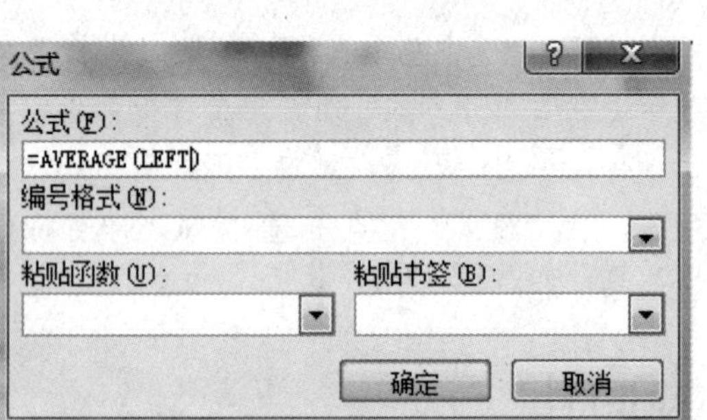

图3.3.22 输入求平均值公式

【提示】

Word 2010提供了对表格数据进行求和、求平均值、求最大、求最小等常用的统计计算功能，利用这些功能可以对表格数据进行计算。公式的格式为“=函数(数据区)”，其中RIGHT是计算本单元格右边的内容；LEFT是计算左边的内容；ABOVE是计算上边的内容。

环节二 自我巩固

打开“教学资源\项目三\任务三\提升练习”，按题目所示要求制作“练习1～练习4”内习题，并正确保存。

【提示】

（1）在制作表格时，建议先制作一个标准的表格，再根据样表对新表进行合并或拆分等操作，尽量不要利用“绘制表格”命令一列列去绘制。

（2）在进行表格格式设置时，也可利用右键，从弹出的快捷菜单中选择相应的命令去完成。

（3）利用“表格工具”|“设计”选项卡中的“表格样式”组中的表格样式列表，可以快速套用Word 2010提供的多种内置表格格式模板，快速格式化表格，使表格美化。

环节三 自我提升

打开“教学资源\项目三\任务二\提升练习”，按样张表格进行制作表格，并自拟文件名正确保存。

环节四　自我实现

参照提供样张，请你与李华一起制作一份个人简历。制作过程中需注意体现以下要求：

（1）纸张为A4纸，纵向，边距为默认值。

（2）简历需要有标题、页眉及页码。

（3）制作效果以美观为宜。

（4）文档以“×××（个人姓名）的个人简历.docx”命名并保存。

（5）制作可见参考样张，见图3.3.23和图3.3.24，建议体现自己的原创，切勿照搬。

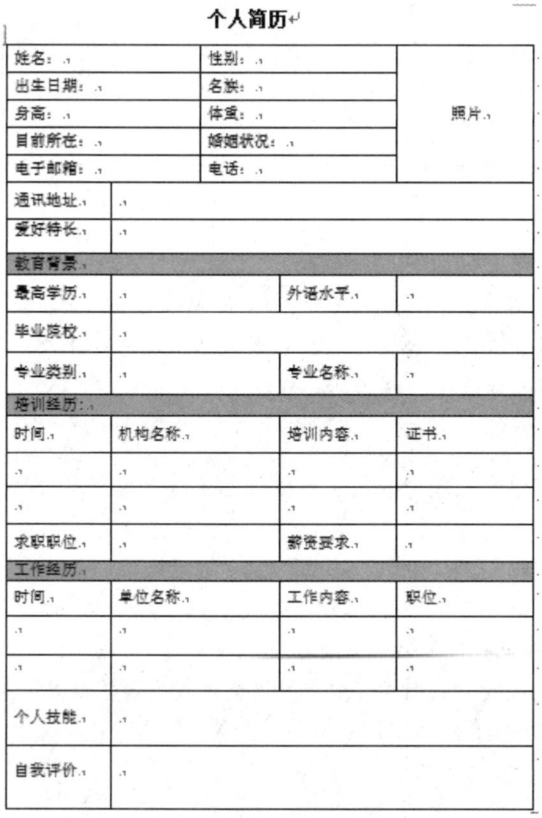

个人简历

姓名：		性别：	照片
出生日期：		名族：	
身高：		体重：	
目前所在：		婚姻状况：	
电子邮箱：		电话：	
通讯地址			
爱好特长			
教育背景			
最高学历		外语水平	
毕业院校			
专业类别		专业名称	
培训经历：			
时间	机构名称	培训内容	证书
求职职位		薪资要求	
工作经历			
时间	单位名称	工作内容	职位
个人技能			
自我评价			

图3.3.23　样张1

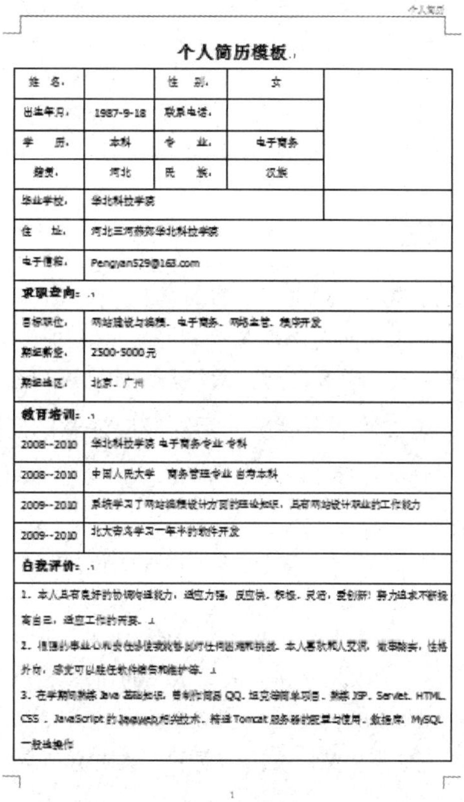

个人简历

个人简历模板

姓　名		性　别	女	
出生年月	1987-9-18	联系电话		
学　历	本科	专　业	电子商务	
籍贯	河北	民　族	汉族	
毕业学校	华北科技学院			
住　址	河北三河燕郊华北科技学院			
电子信箱	Pengyan529@163.com			
求职意向：				
目标职位	网站建设与编辑、电子商务、网络主管、程序开发			
期望薪金	2500-5000元			
期望地区	北京、广州			
教育培训：				
2008--2010	华北科技学院 电子商务专业 专科			
2008--2010	中国人民大学　商务管理专业 自考本科			
2009--2010	系统学习了网站编辑设计方面的理论知识，具有网站设计职业的工作能力			
2009--2010	北大青鸟学习一年半的软件开发			
自我评价：				
1. 本人具有良好的协调沟通能力，适应力强，反应快、积极、灵活，爱创新！努力追求不断提高自己，适应工作的需要。 2. 相信的事业心和责任感使我能够面对任何困难和挑战。本人喜欢帮人交流，做事踏实，性格外向，感觉可以胜任软件销售和维护等。 3. 在学期间熟练 Java 基础知识，曾制作简易 QQ、坦克等简单项目。熟练 JSP、Servlet、HTML、CSS、JavaScript 的 Javaweb 相关技术。精通 Tomcat 服务器的配置与使用。数据库：MySQL 一般性操作				

1

图3.3.24　样张2

【试一试】

制作个人简历，还可插入个人电子相片，相片的插入方式及调整可参照“任务二”中所讲进行操作。

任务评价

学习完本次任务，请对自己做个评价。如果不会，想想问题出在哪，并努力学会。

<table>
<tr><th rowspan="2">序号</th><th rowspan="2">内　　容</th><th colspan="3">评　　价</th></tr>
<tr><th>会</th><th>基本会</th><th>不会</th></tr>
<tr><td>1</td><td>插入表格的</td><td></td><td></td><td></td></tr>
<tr><td>2</td><td>行、列的插入及单元格的合并、拆分</td><td></td><td></td><td></td></tr>
<tr><td>3</td><td>行高、列宽的设置</td><td></td><td></td><td></td></tr>
<tr><td>4</td><td>表格边框、底纹的设置</td><td></td><td></td><td></td></tr>
<tr><td>5</td><td>利用公式对表格中数据进行基础运算</td><td></td><td></td><td></td></tr>
<tr><td colspan="5">你的体会：</td></tr>
</table>

知识链接

（一）个人简历

个人简历是求职者给招聘单位发的一份简要介绍，包含自己的基本信息以及自我评价、工作经历、学习经历、荣誉与成就、求职愿望、对这份工作的简要理解等。

（二）个人简历的写法及应注意的问题

个人简历可以是表格的形式，也可以是其他形式。个人简历一般应包括以下几个方面的内容:

（1）个人资料：姓名、性别、出生年月、家庭地址、政治面貌、婚姻状况，身体状况，兴趣、爱好、性格等。

（2）学业有关内容：就读学校、所学专业及技能掌握程度等。

（3）本人经历：入学以来的简单经历，主要是担任社会工作或加入党团等方面的情况。

（4）所获荣誉；三好学生、优秀团员、优秀学生干部、专项奖学金等。

（5）本人特长：如驾驶、文艺体育等。

（三）个人简历的写法及应注意的问题

（1）要仔细检查已成文的个人简历，绝对不能出现错别字、语法和标点符号方面的低级错误。

（2）个人简历最好用A4标准复印纸打印，字体最好采用个人简历常用的宋体，尽量不要用艺术字体和彩色字体，排版要简洁明快，切忌标新立异，排得像广告一样。当然，如果你应聘的是排版工作则是例外。

（3）要记住你的个人简历必须突出重点，它不是你的个人自传，与你申请的工作无关的事情要尽量不写，而对你申请的工作有意义的经历和经验绝不能漏掉。

（4）要保证你的简历会使招聘者在30秒之内即可判断出你的价值，并且决定是否聘用你。

（5）个人简历越短越好，因为招聘人没有时间或者不愿意花太多的时间阅读一篇冗长空洞的个人简历，最好在一页纸之内完成，一般不要超过两页。

（6）要切记不要仅仅寄你的个人简历给应聘的公司，附上一封简短的应聘信，会使公司增加对你的好感。否则，你成功的几率将大大降低。

（7）要尽量提供个人简历中提到的业绩和能力的证明资料，并作为附件附在个人简历的后面。一定要记住是复印件，千万不要寄原件给招聘单位，以防丢失。

（8）一定要用积极的语言，切忌用缺乏自信和消极的语言写你的个人简历。

任务四　制作实训报告

任务目标

通过本任务，培养学生使用Word 2010编辑长文档的能力，巩固字体格式的设置、段落格式的设置、页眉/页脚的设置，学习样式的使用、目录的生成等文字处理功能。

（1）能熟练运用任务一～任务三所涉及的知识点对文档进行排版。

（2）能运用“插入”选项卡中“文本”组中“对象”命令插入文本。

（3）能运用“插入”选项卡中“页”组中“空白页”命令插入空白页。

（4）能运用“样式”组的命令进行正文、标题样式设置。

（5）通运用“引用”选项卡中“目录”组中“目录”命令制作并修改目录。

任务描述

为锻炼大家的合作意识，实习指导老师要求李华和他的组员共同编制一份实训报告。由于实训报告文档篇幅长，李华他们决定每人编写一部分，最后再合并成一份完整的文档。同时，为了方便对实训报告进行修订，他们打算给这份实训报告编制目录。

任务分析

对于一篇较长的文档，读者可通过查看目录了解整个文档的间架结构， 也可让读者有重点的查阅文档内容。而Word 2010“引用”功能区可用于实现在文档中插入目录等比较高级的功能。因此，根据实际需求，故建议李华同学选择Word 2010应用程序完成实训报告的制作。

任务实施

环节一　我示范你练习

打开“教学资源\项目三\任务四\基础练习\练习1\文档1.docx”文件，具体要求如下：

（1）将页面纸张大小设为A4，方向为纵向，上下页边距均为3厘米，左右页边距均为2.6厘米，并在顶端预留0.5厘米的装订线位置。

（2）将练习1文件夹中的WDC1.docx文件内容插入到本文档中。

（3）标题文字为黑体、小二号、加粗、居中。

（4）正文的一级标题采用黑体、三号字、居中对齐，一级标题与下面正文之间的段落格式的段前段后 “0.5行”；二级标题采用宋体、小四号、加粗、首行缩进2字符，段前段后间距为“自动”；三级标题采用宋体、小四号，首行缩进2字符，段前段后间距为“自动”；正文采用宋体、小四号字、1.25倍行距，段落格式段前、段后均设为“0行”，首行缩进2个字符。

（5）在文档正文部分页脚居中位置插入页码，起始页码为1，在页面顶端居右的位置输入页眉，内容为：计算机病毒。

（6）目录按三级目录制作，“目录”页标题“目录”字体格式采用黑体、三号字、居中。目录内容采用宋体、小四号字，行间距为“1.5倍”。

实现步骤

要求（1）操作示例：

步骤1：单击“页面布局”选项卡下“页面设置”组中的“纸张大小”按钮，在下拉列表中选择“A4”，如图3.4.1所示。

步骤2：单击“页面布局”选项卡下“页面设置”组中的“页边距”按钮，在下拉列表中选择“自定义边距”，弹出“页面设置”对话框。在“页边距”选项卡下，设置上、下页边距为“3厘米”，左、右页边距为“2.6厘米”，顶端预留0.5厘米的装订线，纸张方向为“纵向”，如图3.4.2所示。

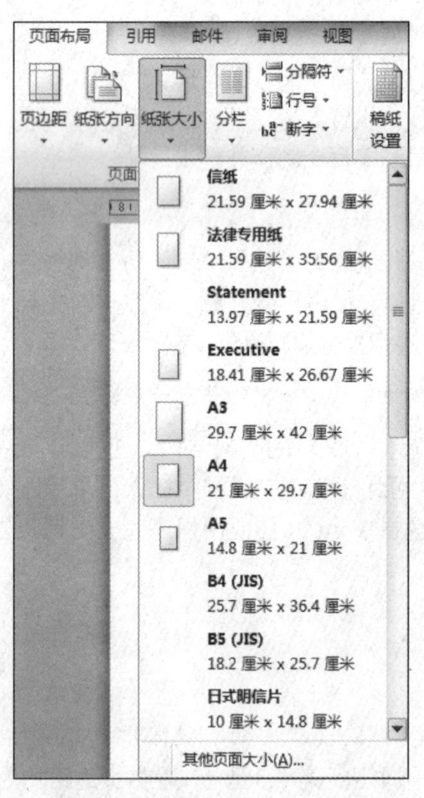

图3.4.1 “纸张大小”下拉列表

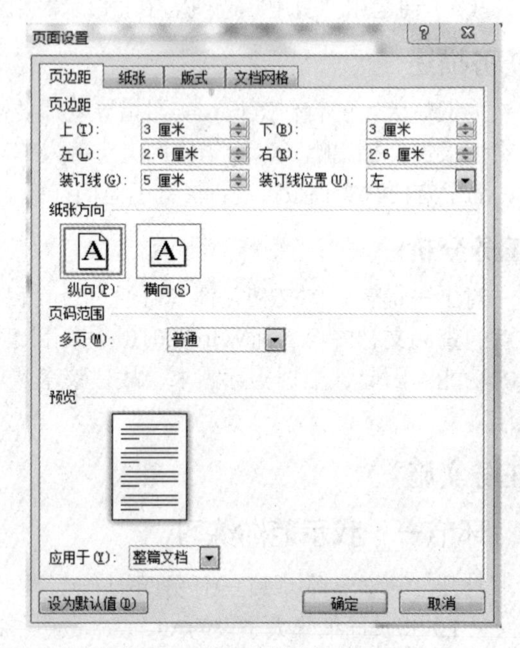

图3.4.2 设置“纸张方面”

【提示】

上述操作也可通过以下方式实现：

单击“页面布局”选项卡下“页面设置”组右下角的“对话框启动器”按钮，在弹出的“页面设置”对话框中通过“页边距”“纸张”选项卡完成，如图3.4.3和图3.4.4所示。

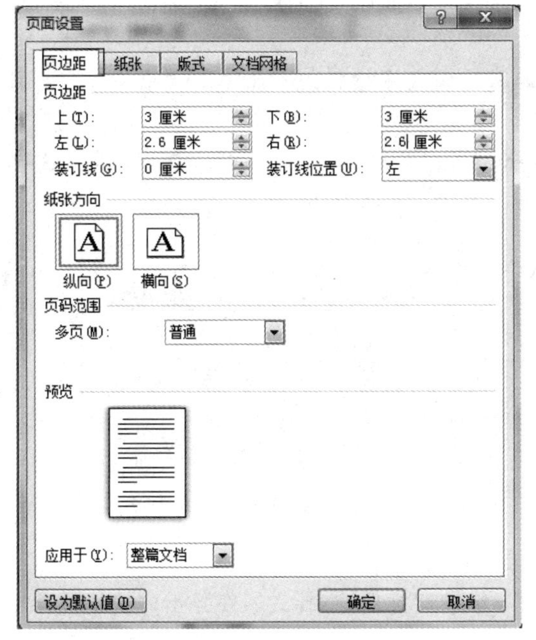

图3.4.3 设置“页边距”

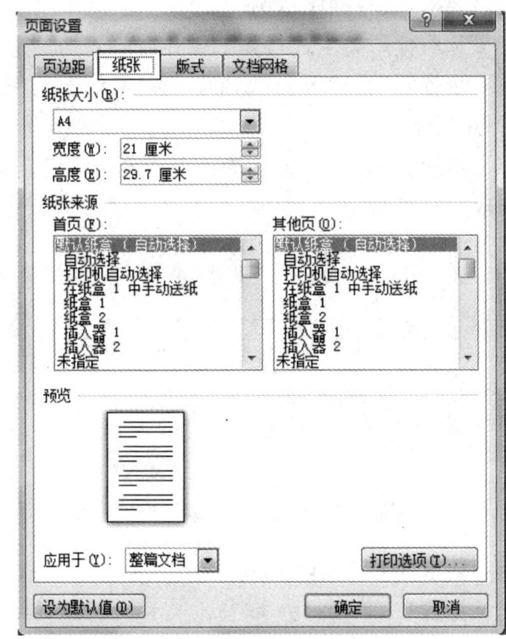

图3.4.4 设置“纸张大小”

要求（2）操作示例：

步骤1：光标定位于待插入文档后回车。单击“插入”选项卡下“文本”组的“对象”右侧的下拉按钮，选择“文件中的文字”命令，如图3.4.5所示。

步骤2：在弹出的“插入文件”对话框中，找到待插入文件WDC1.docx，单击“插入”按钮即可，如图3.4.6所示。

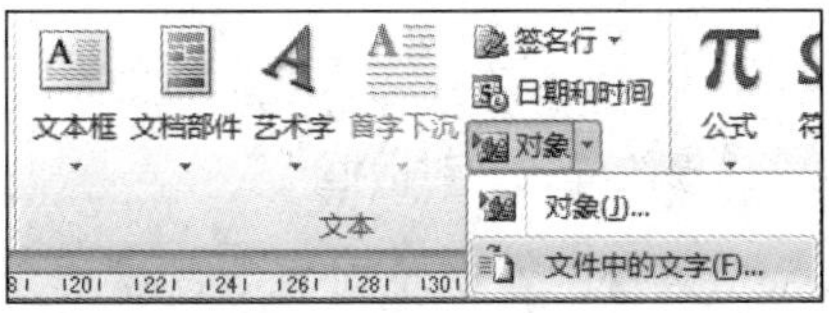

图3.4.5 插入“文件中的文字”

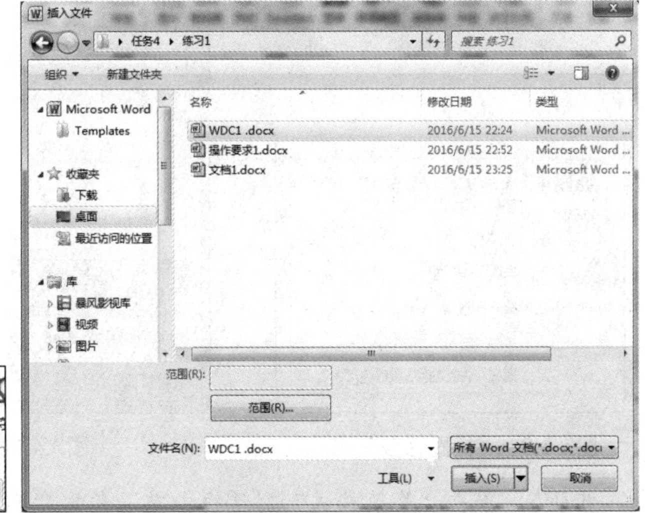

图3.4.6 “插入文件”对话框

【提示】

如果操作时文件的类型为.txt格式，则可在文件名后的属性框中选择“所有文件（*.*）”。

要求（3）操作示例：

选中标题文字进行如下操作：

步骤1：在“开始”选项卡“字体”组中，将标题文字设置为“黑体”“小二号”，如图3.4.7所示。

步骤2：在“开始”选项卡“段落”组，单击“居中”按钮，使标题文字居中，如图3.4.8所示。

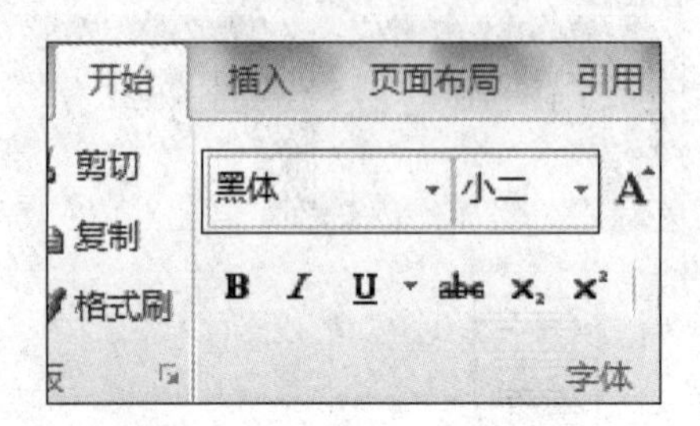

图3.4.7　设置“字体”格式

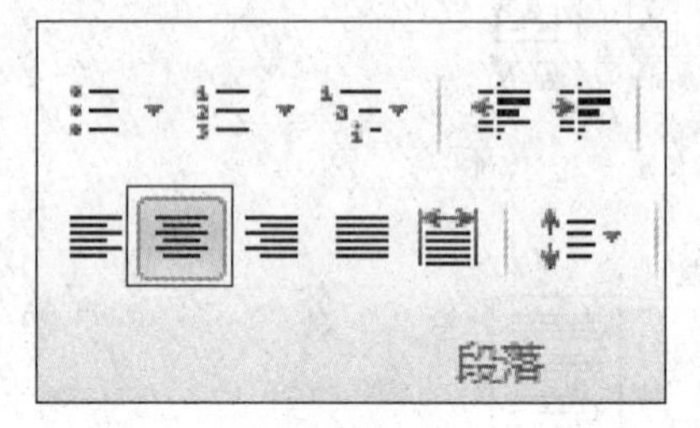

图3.4.8　设置“段落”格式

要求（4）操作示例：

步骤1：单击“开始”选项卡，右击“样式”组中“标题1”样式，在弹出的快捷菜单中选择“修改”命令，如图3.4.9所示。

步骤2：在弹出的“修改样式”对话框中，将字体设置为黑体、三号字，如图3.4.10所示。

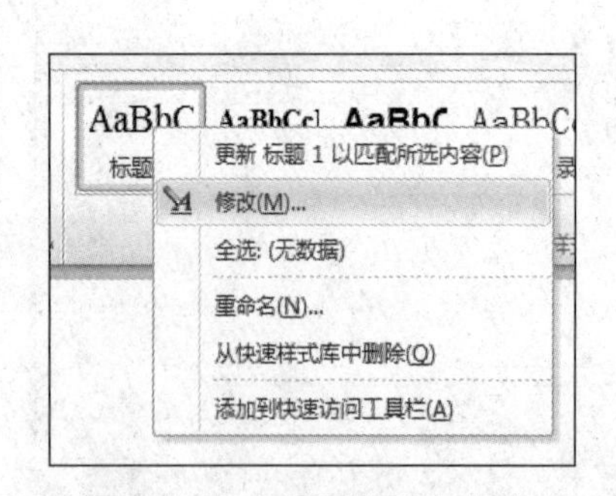

图3.4.9　“标题修改”命令

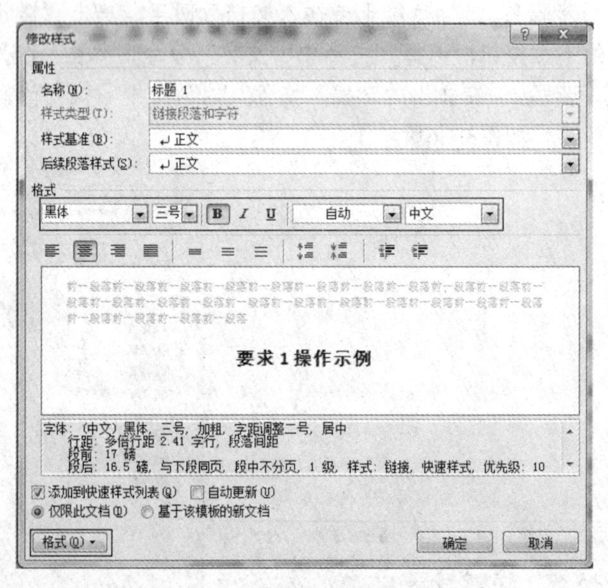

图3.4.10　“修改样式”对话框

步骤3：单击“修改样式”对话框中左下角的“格式”按钮，在下拉列表中选择“段落”命令，弹出“段落”对话框，将对齐方式设置为“居中”，段前与段后间距设置为“0.5行”，单击“确定”按钮，完成“标题1”样式的修改，如图3.4.11所示。

【提示】

如果在“样式”组中找不到“标题2”，则单击“样式”组右下角处的“对话框启动器”

按钮，在弹出的“样式”窗格中，单击位于下方的“管理样式”按钮，弹出“管理样式”对话框，如图3.4.12所示。在“推荐”选项卡下，在列表中选择“标题2”，单击“显示”按钮，再单击“确定”按钮即可。

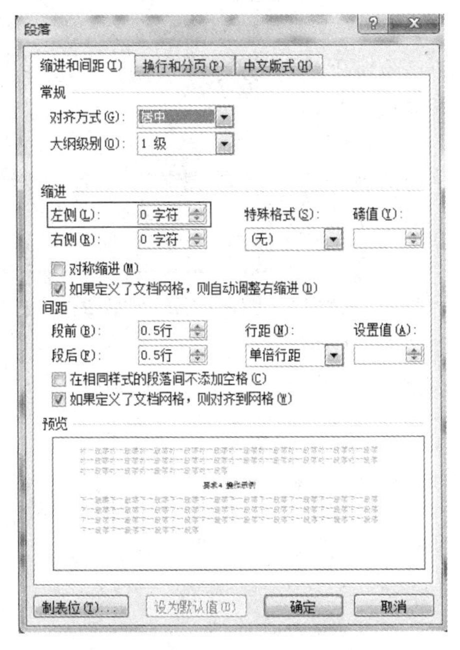

图3.4.11　“段落”对话框

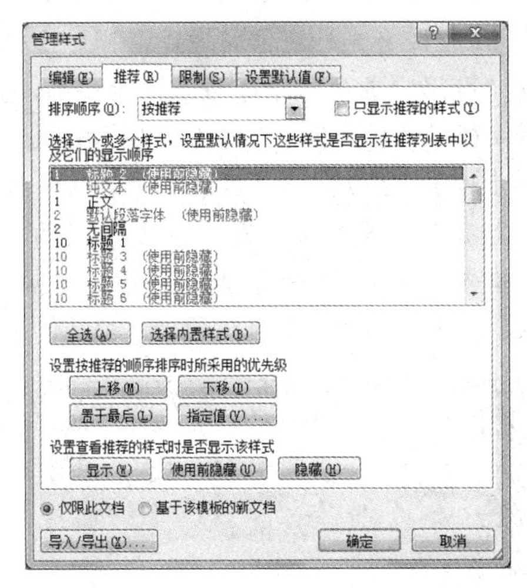

图3.4.12　“管理样式”对话框

步骤4：依照上述步骤，修改“标题2”样式为宋体、小四号字、加粗，段前段后间距为“自动”，首行缩进2字符。修改“标题3”样式为宋体、小四号字，段前段后间距为“自动”，首行缩进2字符。

步骤5：选中论文的正文，设置正文格式为宋体、小四号字、1.5倍行距，段落格式段前段后设为“0”，首行缩进2个字符。

步骤6：选中正文中的文本内容“1 前言”，单击“标题1”样式，完成一级标题的设置。将光标定位在“1 前言”，单击“开始”选项卡下“剪贴板”组中的“格式刷”按钮，如图3.4.13所示。此时鼠标指针变为“刷子”形状，再选中正文中的文字“2 计算机病毒概述”，完成相同格式的设置。利用格式刷依次完成“3 反病毒软件”的一级标题样式的设置。

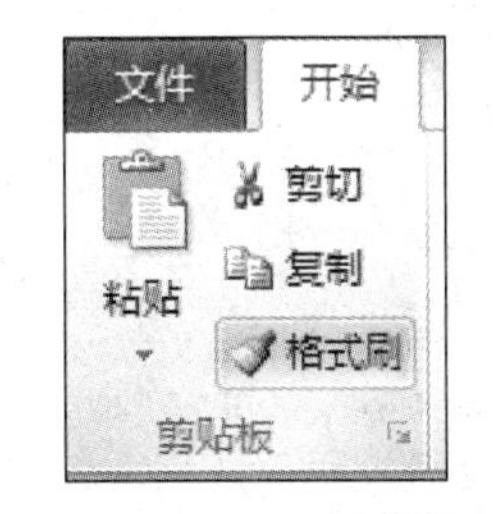

图3.4.13　“格式刷”按钮

步骤7：选中正文中的文本内容“2.1 计算机病毒的特征”，单击“标题2”样式，完成二级标题的设置。依次利用格式刷工具，将正文中含有类似“*.*”编号的段落行，完成所有的二级标题设置。

步骤8：选中正文中文本内容“2.3.1 按病毒的破坏状况分类”，单击“标题3”样式，完成三级标题的设置。依次利用格式刷工具，将正文中含有类似“*.*.*”编号的段落行，完成所有的三级标题设置。

【提示】

单击“格式刷”按钮，只能完成一次格式的复制操作。如果需要一种格式的多次复制，可双击“格式刷”按钮来实现。当不需要格式复制时，再次单击“格式刷”按钮，鼠标指针的形状恢复正常。

要求（5）的操作在本项目任务1中已作类似的示范，故在本任务中不再作详细示例。

要求（6）操作示例：

步骤1： 将光标定位正文开头，单击“插入”选项卡下“页”组中的“空白页”按钮，如图3.4.14所示。待插入空白页后，输入“目录”二字。

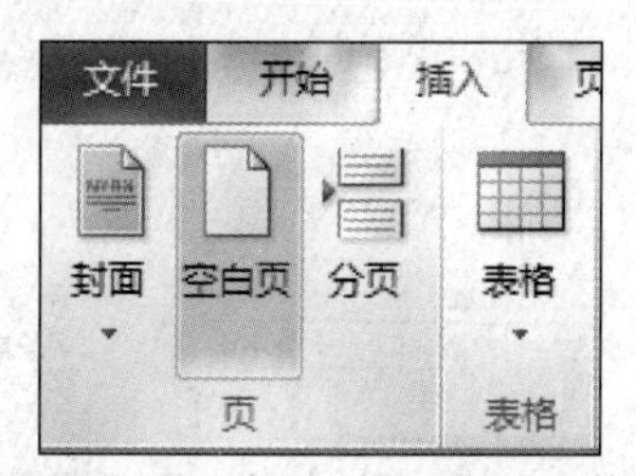

图3.4.14 “空白页”按钮

步骤2： 将光标定位到“目录”页目录标题下一行的位置，单击“引用”选项卡下“目录”组中的“目录”按钮，在下拉列表中选择“插入目录”命令，如图3.4.15所示。

步骤3： 在弹出的“目录”对话框中选中“显示页码”“页码右对齐”复选框，“显示级别”设为“3”，如图3.4.16所示，单击“确定”按钮。此时目录会根据设置自动生成（目录之所以会自动生成是因为一级目录、二级目录和三级目录的格式都是使用样式设置的，目录是根据样式生成的）。

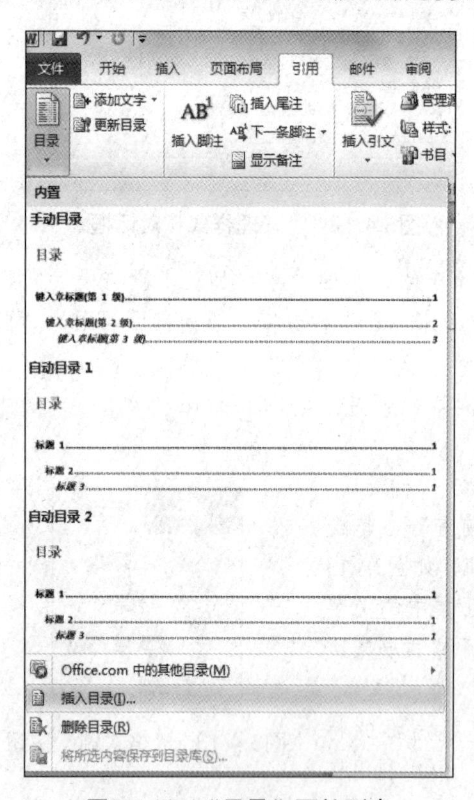

图3.4.15 “目录”下拉列表

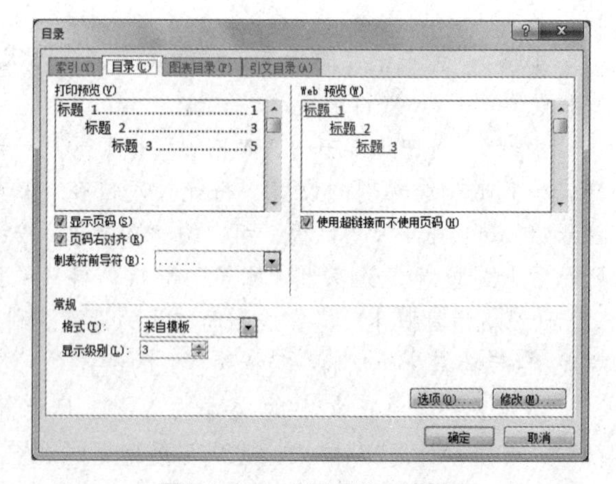

图3.4.16 “目录”对话框

步骤4： 利用前面所学技能选中“目录”页标题“目录”设置为“黑体，三号，居中”。

步骤5： 选中生成的目录内容，设置目录为“宋体、小四号字，1.5倍行间距”。

环节二 自我巩固

打开“教学资源\项目三\任务四\基础练习”，按题目所示要求完成“练习1～练习4”内习题，并正确保存。

【提示】

（1）排版时一定不要用手动敲空格来达到对齐的目的。只有英文单词间才会有空格，中文文档没有空格。所有的对齐都应该利用标尺、制表位、对齐方式和段落的缩进等来设置。如果发现自己手动打了空格，一定要谨慎，想想是否可以通过其他方法来避免。同理，一定不要通过敲回车来调整段落的间距。

（2）插入文档时，如果找不到相应的文档，则需查看文档所在的位置及类型是否正确。

（3）对各级标题样式的设置有利于以后目录的生成和对个别部分的修改而引发的目录页码的变化，切勿利用“字体”的命令进行格式的设置。

环节三　自我提升

打开“教学资源\项目三\任务四\提升练习，按要求对“练习1～练习4”中“文档1～文档4”进行编辑，并自拟文件名正确保存。

环节四　自我实现

根据所提供的素材（也可与同组同学共同输入实训/项目报告初稿），请你与李华等同学一起完成实训/项目报告的编制。制作过程中需注意体现以下要求：

（1）纸张为A4纸，纵向，边距为默认值。

（2）报告需有封面（注明指导教师、作者）、目录页。

（3）格式设置运用前述任务所学的知识进行操作，效果以美观为宜。

（4）文档以“×××（个人姓名）的实训报告.docx”命名并保存。

（5）封面及目录制作可见参考样张，见图3.4.17和图3.4.18，建议将目录建到3级。

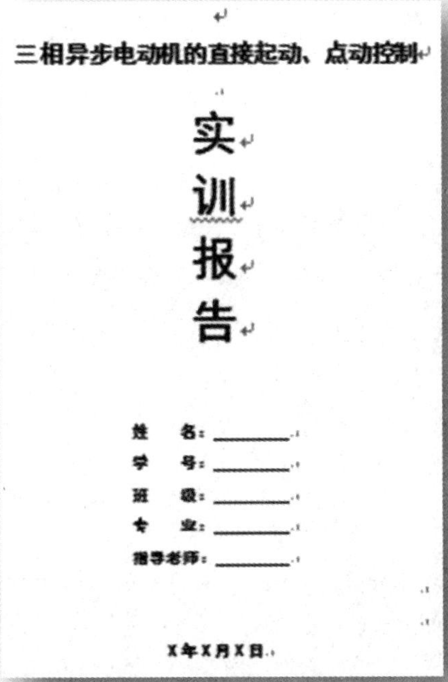
三相异步电动机的直接起动、点动控制

实

训

报

告

姓　名：

学　号：

班　级：

专　业：

指导老师：

X年X月X日

图3.4.17　样张1

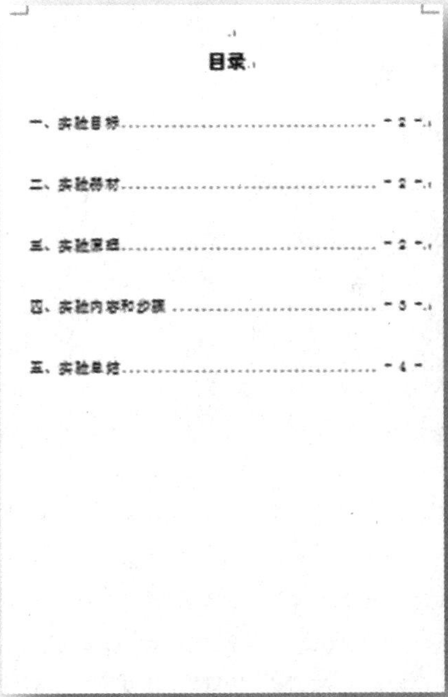
目录

一、实验目标 -2-

二、实验器材 -2-

三、实验原理 -2-

四、实验内容和步骤 -3-

五、实验总结 -4-

图3.4.18　样张2

【试一试】

（1）如果选中“视图”选项卡下“显示”组“导航空格”前的复选框，可以看到所有设置级别的标题在文档的左侧显示出来，如果想要快速定位到某一节或某一章，就可以直接在大纲视图中单击某一节或某一章即可，这时文档会自动跳到那一部分，而省去来回翻找的麻烦了。

（2）利用“插入”选项卡中“页”组中“封面”命令插入Word自带的封面模版。

任务评价

学习完本次任务，请对自己做个评价。如果不会，想想问题出在哪，并努力学会。

序号	内　　容	评　　价		
		会	基本会	不会
1	文档中文本的插入			
2	空白页的插入			
3	样式的设置			
4	目录的生成及修改			
你的体会：				

知识链接

（一）实训报告

实训报告，是在学习过程中，通过实验中的观察、分析、综合、判断，如实地把实验的全过程和实验结果用文字形式记录下来的书面材料。它包含实训目的、实训环境、实训原理、实训过程、实训结果、实训总结等方面。实训报告的格式一般为包含以下几项内容：

（1）实训名称。要用最简练的语言反映实训的内容。可写成“×××实训报告”。

（2）所属课程名称。

（3）学生姓名、学号、合作者及指导教师。

（4）实训日期和地点（年、月、日）。

（5）实训目的。目的要明确，在理论上验证原理、公式，并使实验者获得深刻和系统的理解；在实践上，掌握使用实验设备的技能技巧和程序的调试方法。

（6）实训原理。与实训相关的主要原理。

（7）实训内容。这是实训报告极其重要的内容。要抓住重点，可以从理论和实践两个方面考虑。这部分要写明依据何种原理、定律算法或操作方法进行实验，并详细理论计算过程。

（8）实训环境和器材。实训用的软硬件环境（配置和器材）。

（9）实验步骤。只写主要操作步骤，不要照抄实习指导，要简明扼要。如有需要还应该画出实训流程图、加工图纸或线路原理图，再配以相应的文字说明，这样既可以节省许多文字说明，又能使实验报告简明扼要，清楚明白。

（10）实验结果。包括实验现象的描述，实验数据的处理等。原始资料应附在本次实验主要操作者的实验报告上，同组的合作者要复制原始资料。

（二）目录

目录，是指书籍正文前所载的目次，按照一定的次序编排而成，为反映馆藏、指导阅读、检索图书的工具。在计算机应用中，目录的发展成了“文件夹”。

目录有检索和导读的功能。

（三）标题级别的标示

（1）编制企业标准、作业规程、管理制度、设备使用说明书、论文等文件时，一般标题都有多级，常采用的格式是：

一级标题序号—— 1.

二级标题序号—— 1.1

三级标题序号—— 1.1.1

四级标题序号—— 1.1.1.1

五级标题序号—— 1.1.1.1.1

（2）一般文档编制时，也可采用下述形式：

一级标题序号—— 一、

二级标题序号——（一）

三级标题序号—— 1.

四级标题序号——（1）

五级标题序号—— ①

Excel 2010电子表格制作

Excel 2010也是Microsoft Office 2010办公软件中的一个非常重要组件。由于Excel 2010具有强大的数据处理分析功能，从而被广泛应用于财务、金融、统计、管理等领域，成为用户处理数据信息、进行数据统计分析的得力工具。在日常工作和生活中，Excel 2010工作表在处理、分析和管理各种数据方面显示出不可替代的作用，并且该软件简单易学，因此深受全世界用户的青睐。在本项目中，将日常办公中的一些常见操作集成为3个任务，帮助大家掌握电子表格中的表格制作、表格修饰、公式和函数计算、数据分析、图表制作等应用。

一、项目描述

本项目共集成了3个任务，分别是制作学生信息表、奖金发放表、学生考试成绩统计分析表。

（1）在制作学生信息表中涉及Excel 2010最基本的操作，包括表格的修饰、单元格设置、打印输出的设置等。

（2）学生奖金发放表主要介绍表格中数据的公式常用函数（IF()、AVERAGE()、MAX()、MIN()、SUM()、COUNTIF()）的运用等内容。

（3）学生考试成绩统计分析主要介绍数据排序和筛选、条件格式的设置、图表的编辑使用等。

二、项目目标

通过完成项目，使学生熟练掌握电子表格的基本表格编辑操作、公式和常用函数的运用、数据的管理与统计操作过程及方法，并能较好地应用在学习和生活中。

任务一　制作学生信息表

任务目标

通过本任务，使学生能对表格的进行格式化设置、重命名及删除工作表。

（1）能熟练运用“开始”功能区中的“字体”“对齐”“单元格”组常用命令对单元格进行格式化设置、插入行或列。

（2）能说出并理解工作簿、工作表与单元格概念。

（3）能对工作表进行重命名、删除和保存。

任务描述

为了核实同学们的信息，班主任要求李华制作一份本班同学信息总表的电子版，包括序号、班级、学号、姓名、性别、出生年月、身份证号及家庭住址，需要对表格进行格式设置并打印，请你和他一起完成这项任务吧！

任务分析

制作信息表的电子文档须也需借助于办公软件完成。虽然Word 2010中的表格制作也能完成此项任务，但考虑到Excel 2010强大的数据处理功能，可快速地填充序列数据。针对信息表中有序号、学号这些序列数据，建议李华同学选择Excel 2010应用程序编辑文档。

任务实施

环节一　我讲授你练习

（一）Excel 2010窗口简介

启动Excel 2010后就可以看到电子表格界面，如图4.1.1所示。这是Excel 2010自动创建的新工作簿文件，其扩展名为“.xlsx”。

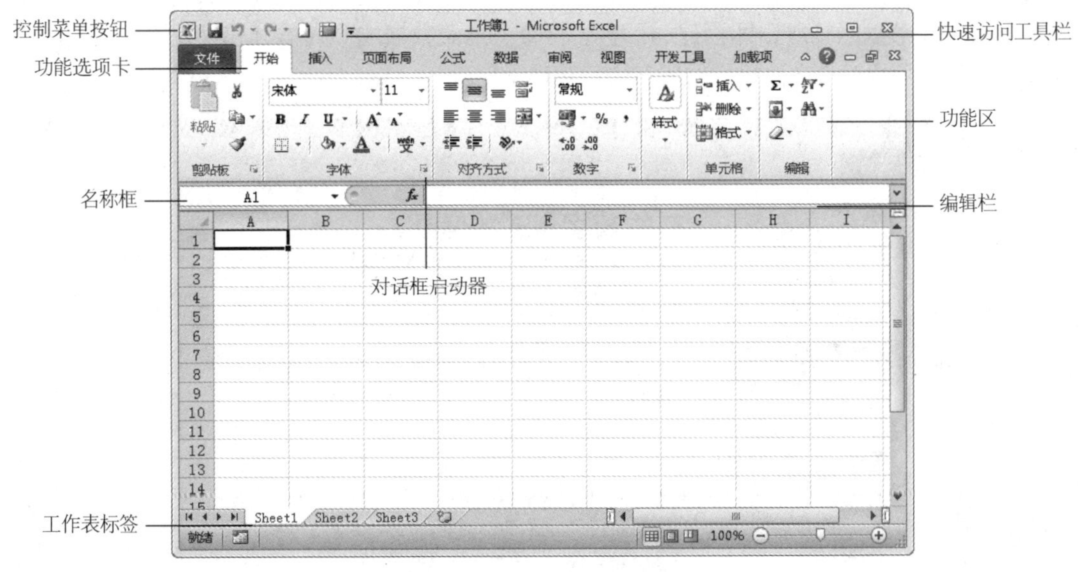

图4.1.1　Excel 2010主窗口

（二）工作簿、工作表与单元格

1. 工作簿与工作表

工作簿是一个Excel文件（其扩展名为.xlsx），其中可以含有一个或多个表格（称为工作表）。它像一个文件夹，把相关的表格或图表存在一起，便于处理。一个工作簿最多可以含有255个工作表，一个新工作簿默认有3个工作表，分别命名为Sheet1、Sheet2和Sheet3，也可以根据需要改变新建工作簿时默认的工作表数。

工作表的名称可以修改，工作表的个数也可以增减。工作表像一个表格，由含有数据的行和列组成。在工作表窗口中单击某个工作表标签，则该工作表就会成为当前工作表。

2. 工作表与单元格

工作表由单元格、行号列标、工作表标签等组成。工作表中行列交汇处的区域称为单元格，它可以保存数值和文字等数据。水平方向有16 384个单元格，垂直方向有1 048 576个单元格。每一个单元格都有一个地址，地址由“行号”和“列标”组成，列标由字母表示，如A～Z、AA～AZ、BA～BZ、…、IA～IV、…、XFD；行号由数字表示，如1～9、10～100、…、1 048 576，列标在前，行号在后。如第3行、第2列的单元格地址是“B3”。

每个工作表都有一个标签，用于显示工作表的名字。如果一个工作表在计算时要引用另一个工作表单元格中的内容，需要在引用单元格地址前面加上另一个“工作表名”和“!”符号，形式为：<工作表名>!<单元格地址>。

3. 当前单元格

单击一个单元格，该单元格被选定成为当前（活动）单元格，此时，当前单元格的框线变为粗黑线。

（三）工作簿和Excel文件管理

通过单击“文件”选项卡可以访问Excel 2010新增的Backstage视图，如图4.1.2所示。该视图可帮助用户查找常用功能和发现Excel 2010工作簿的新增功能。Backstage视图是用户管理文件及其相关数据的场所，即创建、保存、检查、隐藏数据或个人信息和设置选项。简而言之，它包括了用户对该文件执行的所有文件管理操作。

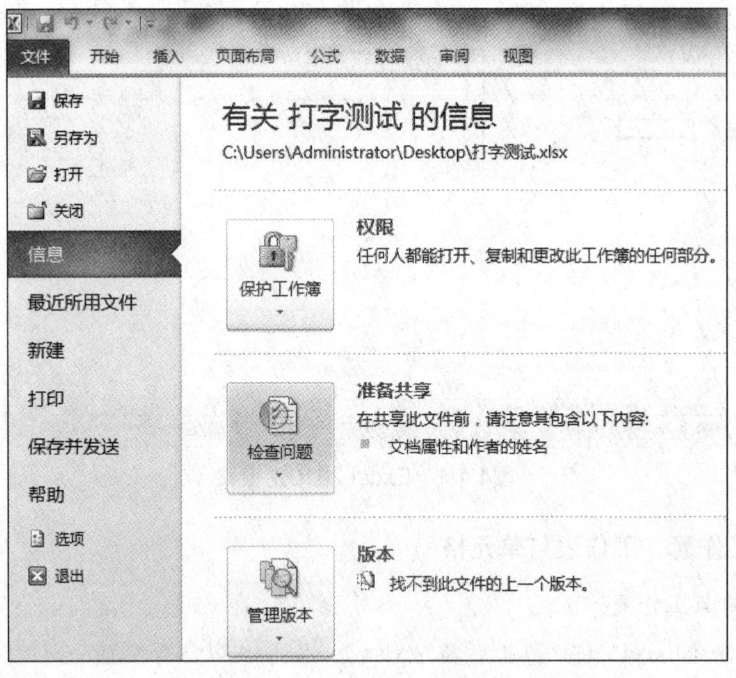

图4.1.2 Backstage视图

1. 创建新工作簿

常用方法：选择“文件”|“新建”命令，在展开的列表中选择“空白工作簿”选项，单击右侧“创建”按钮，如图4.1.3所示。

另外，还可通过模板创建工作簿。

图4.1.3 新建空白工作簿

2. 打开工作簿

方法一：对于计算机中已经存在的工作簿文件，可以在Excel 2010中将其打开后查看或编辑。打开工作簿的方法如下：选择“文件”|“打开”命令，在弹出的“打开”对话框中选择需打开的文件，然后单击“打开”按钮。

方法二：选择“文件”|“最近所用文件”命令后，在打开的菜单右侧会显示“最近使用的工作簿”和“最近的位置”列表，列表中分别显示了最近打开的工作簿，以及最近打开文件的所在目录，通过列表可快速打开曾经打开过的工作簿。

3. 保存工作簿

创建并编辑工作簿后，可以将工作簿以文件形式保存在计算机内，以备日后调用或查看其中的数据。保存工作簿的具体方法如下：

方法一：通过“文件”|“保存”命令，或直接单击快速访问工具栏中的“保存”按钮。此操作是将文件保存在原处。

方法二：若打算将文件另存一份，可通过“文件”|“另存为”命令来完成。如果新创建的文件第一次保存，也会自动弹出“另存为”对话框。

（四）Excel 工作表的基本操作

1. 工作表重命名

选择待重命名的工作表，执行“开始”|“单元格”|“格式”|“重命名工作表”命令，进行工作表的重命名；也可右击待重命名的工作表标签，在弹出的快捷菜单中选择“重命名”命令；或双击待重命名的工作表标签，输入新工作表名，按【Enter】键进行工作表的重命名。

2. 插入工作表

在默认状态下，Excel 2010只提供三张工作表，要增加工作表，须采用插入工作表的方法。方法如下：

（1）执行“开始”|“单元格”|“插入”|“插入工作表”命令。

（2）在工作表标签区单击右键，在弹出的快捷菜单中选择“插入”命令，在“插入”对话框中选择“常用”选项中的“工作表”。

（3）直接单击工作表标签区中“插入工作表” 按钮。

【练一练】

（1）打开扩展名为.xlsx的任一文件，并将打开窗口进行截图保存，文件名为“打开.jpg”。

（2）新建一名为“工作簿1.xlsx”的文档，同时将其另存为“工作簿2.xlsx”。

（3）将“工作簿1”改名为“工作簿1－1”，并在“工作簿1－1”中插入新工作表，并将其重命名为“CR”。

【想一想】

你还可通过哪些途径打开Excel 2010的文件？

环节二　我示范你练习

打开“教学资源\项目四\任务一\XLS1.xlsx”文件。要求如下：

（1）将A1:D1表格区域合并，且设为居中对齐、字体为黑体，18磅。

（2）将区域D4:D27中所有单元格的数字设置为“千位分隔符样式”（使用逗号分隔符）。

（3）在第22行前插入一行，并相应列的输入“19（代码列），9982019（职工编号列），郭屹（姓名列），15000（奖金列）”。

（4）为表格添加默认的内部、外边框线。

（5）将Sheet1更名为“年终奖励名单”，并删除Sheet2、Sheet3。

（6）设置表格的打印参数，上、下页边距3.0厘米，左、右页边距2.5厘米，页眉、页脚1.2厘米，页眉内容为“年终奖励名单”，居中。纸张大小为A4。设置打印区域为A1:D27，表格水平、垂直居中。

实现步骤

要求（1）操作示例：

步骤：选中A1:D1单元格，单击“开始”选项卡下“对齐方式”组中的“合并后居中”按钮。单击“字体”组中的相应按钮，设置字体为黑体、字号18磅，如图4.1.4所示。或者单击“开始”选项卡“字体”组中右下角的“对话框启动器”按钮，在弹出的“设置单元格格式”对话框中选择“字体”选项，完成上述的字体、字号的设置。也可通过右键快捷菜单，选择“设置单元格格式”命令完成。

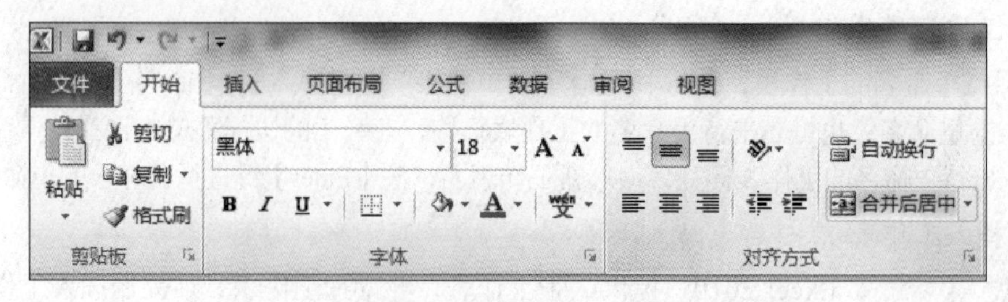

图4.1.4　设置“单元格格式”常用的工具组

【提示】

A1:D1表示从单元格A1至单元格D1，“：”相当于“到”的意思；另通过“字体”组还可完成单元格进行底纹填充、字体颜色等进行设置。

要求（2）操作示例：

步骤：选中D4:D27单元格，单击“开始”选项卡下“数字”组中右下角的“对话框启动器”按钮，在弹出的“设置单元格格式”对话框中，选择“数字”选项卡，选中“使用千位分隔符样式”前的复选框，如图4.1.5所示。也可通过右键快捷菜单，选择“设置单元格格式”命令完成。

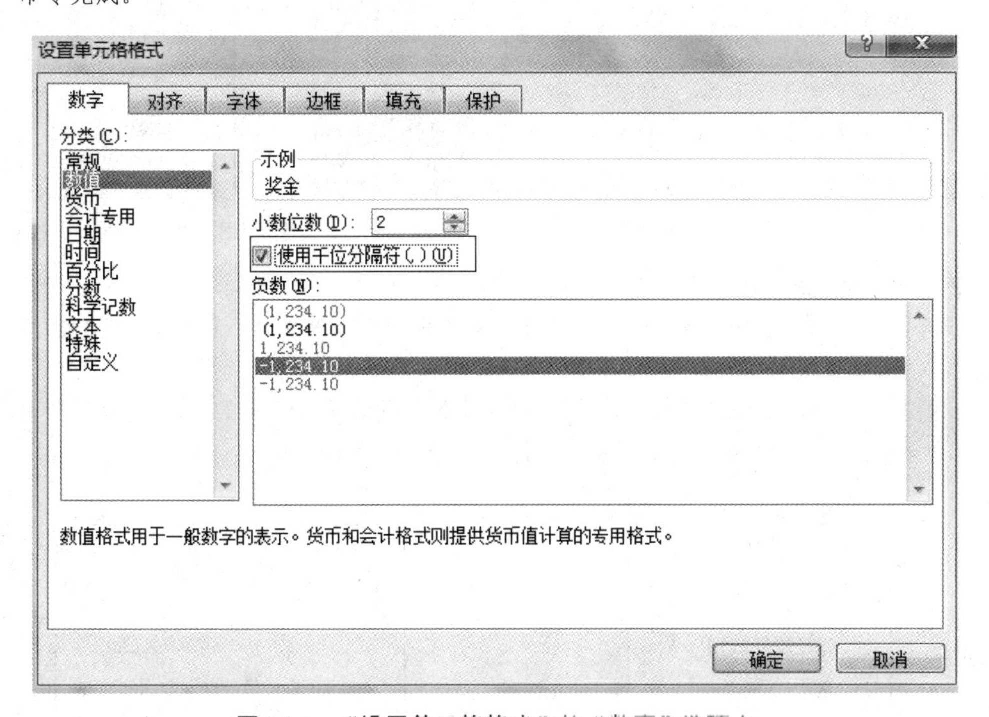

图4.1.5 “设置单元格格式”的“数字”选项卡

要求（3）操作示例：

步骤：将光标移至第22行，并单击，单击“开始”选项卡下“单元格”组中的“插入”命令，选择“插入工作表行”选项。如图4.1.6所示。也可通过右键快捷菜单，选择“插入”命令完成。并根据题目要求输入相应的数据。

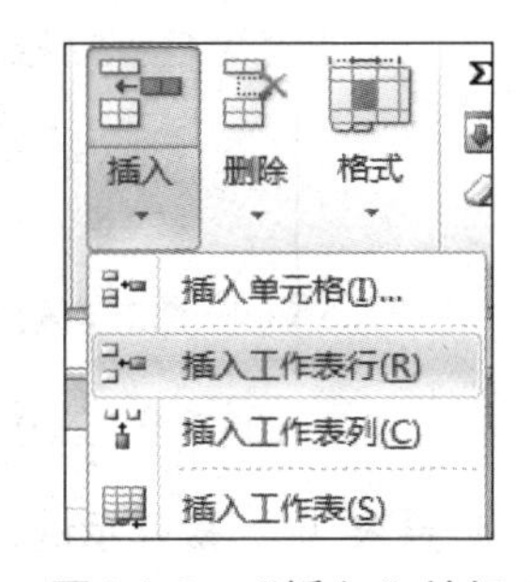

图4.1.6 “插入”按钮

【提示】

插入列的方式与此类似。

要求（4）操作示例：

步骤：选中要设置边框的表格范围A3:D28，右击，在弹出的快捷菜单中选择“设置单元格格式”命令，弹出“设置单元格格式”对话框。切换到“边框”选项卡，如图4.1.7所示。单击“外边框”“内部”按钮，为表格添加内外边框线。也可单击“开始”选项卡下“字体”组中的“下框线”下拉按钮，弹出下拉菜单，如图4.1.8所示，在其中进行设置。

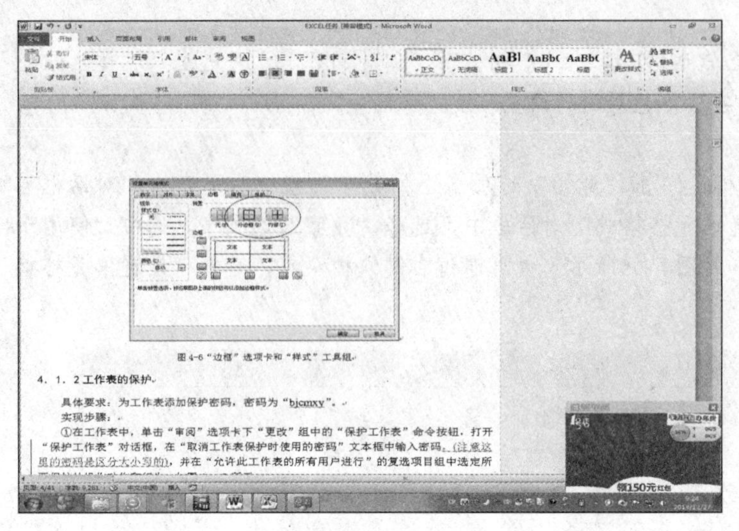

图4.1.7 "设置单元格格式"的"边框"选项卡

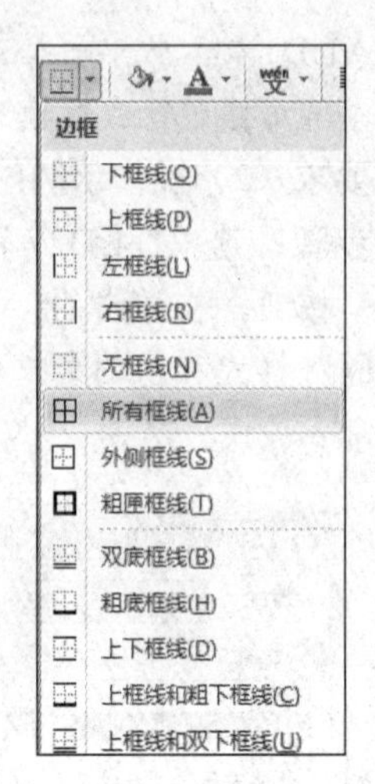

图4.1.8 "下框线"下拉菜单

要求（5）操作示例：

步骤1：右击Sheet1工作表，在弹出的快捷菜单中选择"重命名"命令，如图4.1.9所示，输入文字"年终奖励名单"。

步骤2：单击选中Sheet2工作表，按住【Ctrl】键的同时单击Sheet3工作表，可以同时选中两张工作表，右击弹出快捷菜单，选择"删除"命令，如图4.1.10所示。

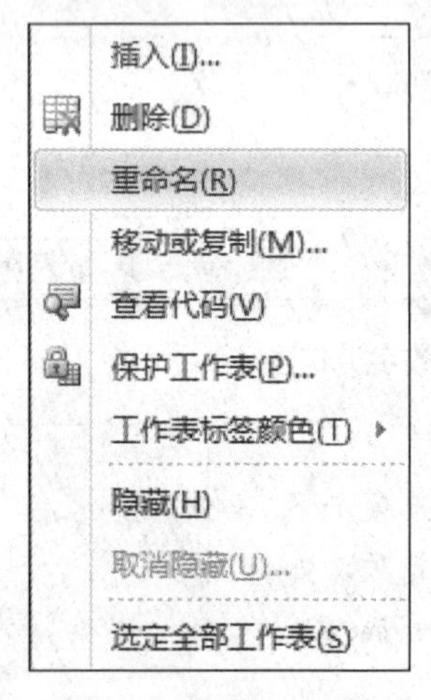

图4.1.9 重命名工作表

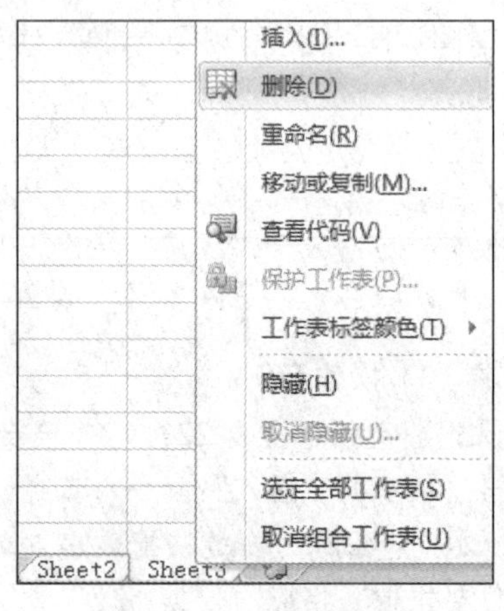

图4.1.10 删除工作表

要求（6）操作示例：

步骤1：单击"页面布局"选项卡下"页面设置"组中的"页边距"按钮，选择"自定义边距"命令，弹出"页面设置"对话框，也可以单击"页面设置"组右下角的对话框启动器，再单击"页边距"选项卡，在"页边距"选项卡中，设置页面边距和表格的居中方式，如图4.1.11所示。

步骤2：单击"页面设置"对话框中的"页面"选项卡，设置纸张大小、方向，如图4.1.12所示。

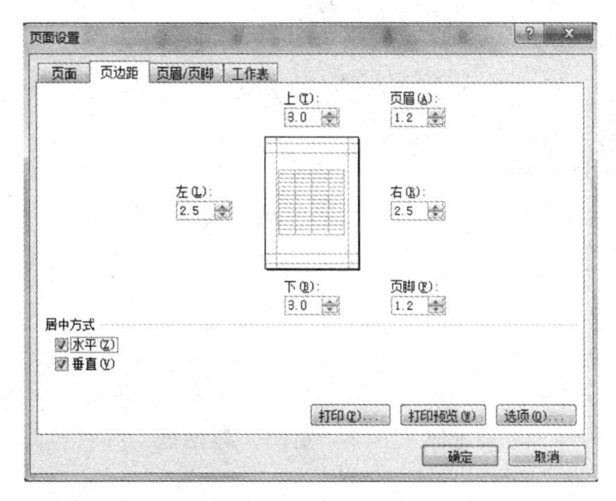

图4.1.11　“页边距”设置

图4.1.12　“页面”设置

步骤3：单击“页面设置”对话框中的“页眉/页脚”选项卡，进入页眉/页脚设置状态，如图4.1.13所示。单击“自定义页眉”按钮，在弹出的“页眉”对话框中输入页眉内容“年终奖励”，如图4.1.14所示。

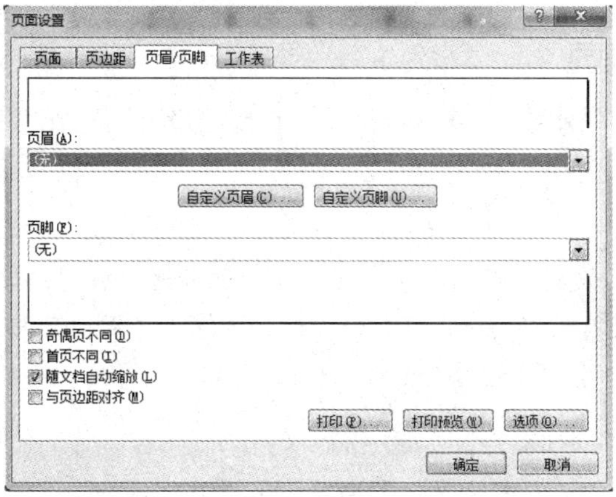

图4.1.13　“页眉/页脚”选项卡

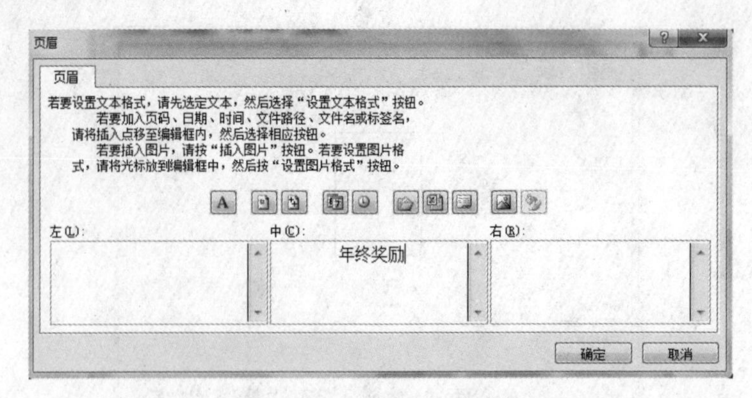

图4.1.14 “页眉”对话框

步骤4：单击“页面设置”对话框中的“工作表”选项卡，设置打印区域为A1:D27，如图4.1.15所示。

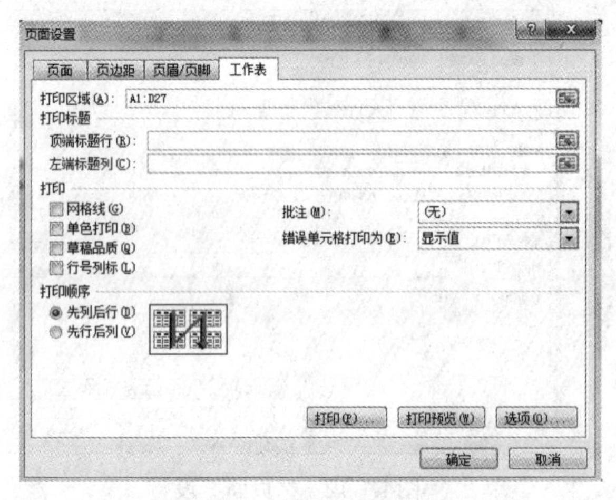

图4.1.15 设置打印区域

【提示】

如果表格有多页，每页均要显示顶端标题，可在图4.1.15“顶端标题行”的数据区域进行设置。

环节三 自我巩固

打开“教学资源\项目四\任务一\基础练习”，按题目所示完成 “练习1～练习 4”中的习题，并正确保存。

【提示】

（1）单元格格式的设置、行高及列宽的设置等也可通过右键快捷菜单来实现，其实现方式有与利用Word 2010进行表格的设置有类似之处，大家在学习时可相互借鉴。

（2）输入序号、学号时可利用填充柄进行快速填充。

环节四 自我实现

搜集本班同学的信息（以班或以宿舍为单位），制作本班（本宿舍）学生信息表。制作过程中需注意以下要求：

（1）信息表中要包括序号、班级、学号、姓名、性别、出生年月、身份证号及家庭住址等基本信息。

（2）信息表要有标题，标题与正文的字体字号自定。

（3）信息表需加内外框线，其排版需符合表格要求。

（4）预览效果以视觉舒服为宜。

（5）文档以“×××班（宿舍）学生信息表.xlsx”命名并保存。

【试一试】

由于Excel 2010中默认的数字格式是“常规”，最多可以显示11位有效的数字，超过11位就会以科学记数形式表达。故在输入身份证号码时可尝试以下两种方法：①将单元格格式设置为文本；②先输入一个英文单引号“'”再输入数字。

任务评价

学习完本次任务，请对自己做个评价，如果不会，就要多下点功夫。

序号	内　　容	评　　价		
		会	基本会	不会
1	指出工作簿、工作表及单元格的关系			
2	单元格及数据区域的选取			
3	数据的正确输入			
4	工作表的重命名、删除及保存			
5	字体格式、对齐方式的设置			
6	边框和底纹的设置			
7	行、列的插入及设置			
8	打印输出的设置			
你的体会：				

知识链接

（一）Excel 2010编辑知识

1. 工作簿

相关内容或成套表格放在同一个文件内分成不同工作簿并标注名称。

2. 格式

（1）字体及颜色：一般文字使用宋体，颜色为黑色，避免使用其他颜色。

（2）字号：标题逐级递减，表格内容常使用五号/小五号字体。

（3）对齐方式：所有内容使用居中（中部居中），如有版面需要则加大行高。如果输入过长的文本，可通过“对齐方式”命令，将“文本控制”选择为自动换行。

（4）表格设置：使用自动换行，不要把内容分在两行上。

（5）数字：使用“常规”录入，注意小数点位不要出现多重数字格式。

（6）边框：同 Word 排版要求相同，不使用加粗边框，只使用标准默认边框。

3. 数据输入

（1）分数的输入：如果直接输入“1/5”，系统会将其变为“1月5日”，解决办法是：先输入“0”，然后输入空格，再输入分数“1/5”。

（2）序列“001”的输入：如果直接输入“001”，系统会自动判断001为数据1，解决办法是：首先输入“'”（西文单引号），然后输入“001”。

（3）日期的输入：如果要输入“4月5日”，直接输入“4/5”，再回车就行了。如果要输入当前日期，按下【Ctrl+；】组合键。

（二）单元格与单元格区域的选定

在进行单元格操作时，鼠标指针会随着操作的不同有所变化，并且只有当对应的鼠标形状出现时才可进行相应的操作。为了方便，以表格的形式列出不同情况下鼠标指针形状与操作之间对应关系，如表4.1.1所示。

表4.1.1　鼠标形状与操作的对应关系

鼠标指针形状	何时出现	可以完成哪种操作
	单击单元格	单元格选定
45	鼠标指针移动到选定单元格的边线处	单元格的移动
	鼠标指针移动到选定单元格右下角	单元格数据的填充
1	单击行号	选定整行单元格
A	单击列号	选定整列单元格
A ✛ B	鼠标指向两列之间	手动调整列宽
1 2	鼠标指向两行之间	手动调整行高

填充柄是Excel 2010中提供的快速填充单元格工具。在选定的单元格右下角，会看到方形点，当鼠标指针移动到上面时，会变成细黑十字形，拖动它即可完成对单元格的数据、格式、公式的填充。

任务二　制作奖金发放表

任务目标

通过本任务，培养学生使用Excel 2010 中公式和函数的一些基础应用；学会用公式和函数解决生活中的实际问题。

（1）能熟练运用“公式”功能区中“函数库”组常用函数处理数据。

（2）能熟练运用填充柄进行公式或函数的填充。

（3）能针对具体的数据需求选择正确的函数进行处理。

任务描述

班主任要求李华同学制作一份本班的奖金发放表，要求按成绩的等级来进行发放资金，统计出共发放的奖金及相关的数据。

任务分析

用Excel 2010处理数据离不开公式和函数，公式的使用使得工作表的处理更加简单，而函数则是公式使用过程中的一种内部工具，它可以被看作是比较复杂的公式。李华同学要制作奖金发放表，必须要掌握公式与函数的一些相关的概念及其基础应用，才能快速地完成此项任务。

任务实施

环节一 我示范你练习

打开“教学资源\项目四\任务二\练习1\xls1.xlsx”文件。要求如下：

（1）在“总评分”列，按公式“0.35×理论+0.65×操作”求出每个学生的总分，保留2位小数。

（2）在“理论评定”列，通过 IF()函数求出对每个学生的理论评定：“理论”成绩大于等于85为“优良”，“理论”成绩大于等于60为“及格”，否则为“较差”。

（3）分别在相应单元格分别统计出“理论”“操作”的最高分、最低分、总分、平均分和不及格人数。

实现步骤

要求（1）操作示例：

步骤1：单击选中“总分”列的第一个单元格E2，然后在编辑栏中输入公式“=0.35*C2+0.65*D2”并按【Enter】键，如图4.2.1所示。

E2 =0.35*C2+0.65*D2

	A	B	C	D	E	F
1	学 号	姓 名	理论	操作	总分	理论评定
2	98214001	邓斯滨	93	94	93.65	
3	98214002	尹修怀	67	87		
4	98214003	梁辉	95	83		
5	98214004	麦海科	82	83		
6	98214005	冼辉文	83	89		
7	98214007	梁艺	45	86		
8	98214008	刘俊娟	64	75		
9	98214009	张汉龙	50	88		
10	98214011	陈锋	82	96		
11	98214012	梁华雄	74	89		
12	98214014	杨娜坤	50	56		
13	98214015	周健伦	50	66		
14	98214016	胡晓芬	92	78		
15	98214017	刘碧娇	53	66		
16	98214018	周惠燕	82	83		
17	98214019	利耿景	84	89		
18	98214020	余泳斌	85	81		
19	98214021	黄胜新	68	76		
20	98214022	杨家锋	58	74		
21	98214023	曾凤威	89	85		
22	98214024	梁冠标	81	73		

图4.2.1 E2单元格输入公式

步骤2：单击“开始”选项卡下“数字”组中的“增加小数点位数”按钮将总分保留为2位小数。

【提示】

为“增加小数点位数”按钮，每单击一次，则小数点位数增加一位。为“减少小数点位数”按钮，每单击一次，则小数点位数减少一位。

步骤3：选择该E2单元格右下角的填充柄，然后按住鼠标左键向下拖动至“总分”末行单元格，则公式自动复制并且计算出每位同学的总分，如图4.2.2所示。

E2 =0.35*C2+0.65*D2

	A	B	C	D	E	F
1	学 号	姓 名	理论	操作	总分	理论评
2	98214001	邓斯滨	93	94	93.65	
3	98214002	尹修怀	67	87	80.00	
4	98214003	梁辉	95	83	87.20	
5	98214004	麦海科	82	83	82.65	
6	98214005	冼辉文	83	89	86.90	
7	98214007	梁艺	45	86	71.65	
8	98214008	刘俊娟	64	75	71.15	
9	98214009	张汉龙	50	88	74.70	
10	98214011	陈锋	82	96	91.10	
11	98214012	梁华雄	74	89	83.75	
12	98214014	杨娜坤	50	56	53.90	
13	98214015	周健伦	50	66	60.40	
14	98214016	胡晓芬	92	78	82.90	
15	98214017	刘碧娇	53	66	61.45	
16	98214018	周惠燕	82	83	82.65	
17	98214019	利耿景	84	89	87.25	
18	98214020	余泳斌	85	81	82.40	
19	98214021	黄胜新	68	76	73.20	
20	98214022	杨家锋	58	74	68.40	
21	98214023	曾凤威	89	85	86.40	
22	98214024	梁冠标	81	73	75.80	

图4.2.2 用填充柄自动填充公式

要求（2）操作示例：

步骤1：单击选中“理论评定”列的第一个单元格F2，单击“公式”选项卡下的“函数库”组中的“逻辑”按钮，在下拉列表中选择IF，并弹出“函数参数”对话框，如图4.2.3和图4.2.4所示。

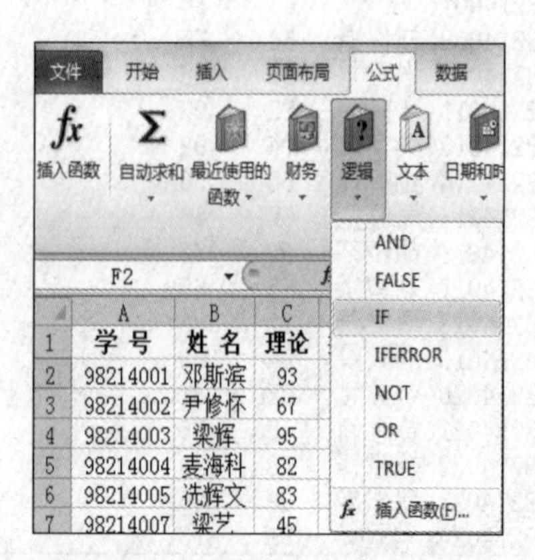

图4.2.3 “逻辑”按钮下拉菜单

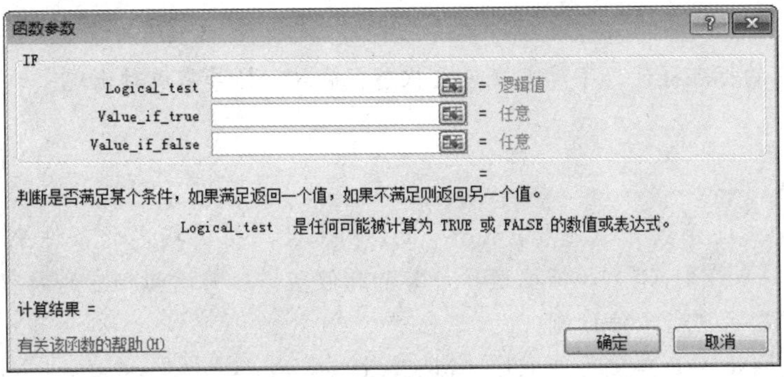

函数参数

IF

Logical_test = 逻辑值

Value_if_true = 任意

Value_if_false = 任意

=

判断是否满足某个条件，如果满足返回一个值，如果不满足则返回另一个值。

Logical_test 是任何可能被计算为 TRUE 或 FALSE 的数值或表达式。

计算结果 =

有关该函数的帮助(H) 确定 取消

图4.2.4 “IF函数参数”对话框

步骤2： 在弹出的“函数参数”对话框中运用IF()函数。

方法一：在Logical_test文本框中输入逻辑条件，“C2>=85”，在Value_if_true文本框中输入满足条件返回的值“"优良"”，在Value_if_false文本框中输入不满足条件返回的值“"IF(C2<60,"较差","及格")"”，如图4.2.5所示，单击“确定”按钮。也可直接在编辑栏中输入“=IF(C2>=85,"优良",IF(C2<60,"较差","及格"))”后回车。

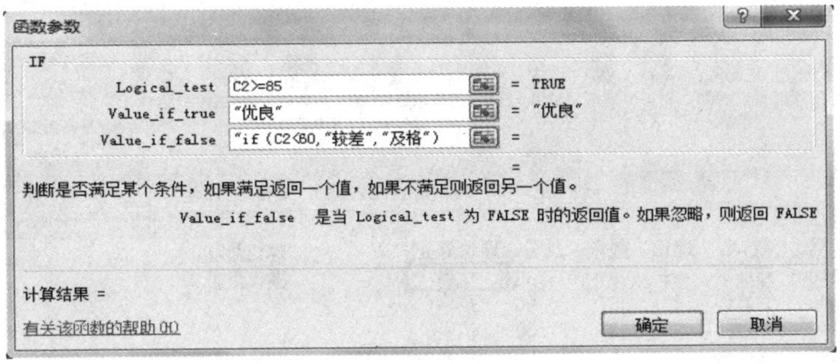

函数参数

IF

Logical_test C2>=85 = TRUE

Value_if_true "优良" = "优良"

Value_if_false "if (C2<60,"较差","及格") =

=

判断是否满足某个条件，如果满足返回一个值，如果不满足则返回另一个值。

Value_if_false 是当 Logical_test 为 FALSE 时的返回值。如果忽略，则返回 FALSE

计算结果 =

有关该函数的帮助(H) 确定 取消

图4.2.5 设置函数参数（1）

方法二：在Logical_test文本框中输入逻辑条件，“C2>=85”，在Value_if_true文本框中输入满足条件返回的值“"优良"”，在Value_if_false文本框中输入不满足条件返回的值“"IF(C2>=60,"及格","较差")"”，如图4.2.6所示，单击“确定”按钮。也可在编辑栏中输入“=IF(C2>=85,"优良",IF(C2>=60,"及格","较差")”后回车。

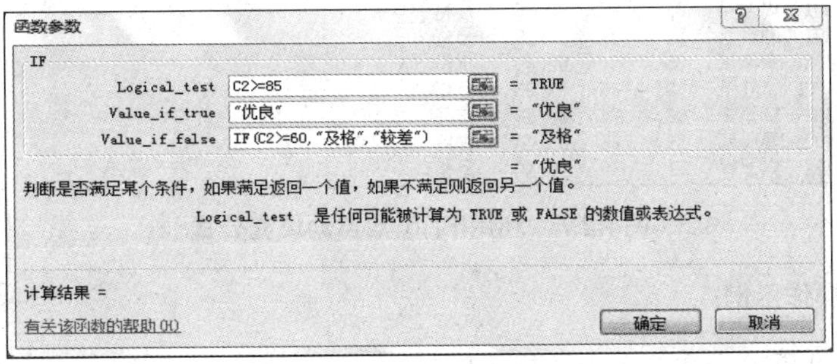

函数参数

IF

Logical_test C2>=85 = TRUE

Value_if_true "优良" = "优良"

Value_if_false IF(C2>=60,"及格","较差") = "及格"

= "优良"

判断是否满足某个条件，如果满足返回一个值，如果不满足则返回另一个值。

Logical_test 是任何可能被计算为 TRUE 或 FALSE 的数值或表达式。

计算结果 =

有关该函数的帮助(H) 确定 取消

图4.2.6 设置函数参数（2）

【想一想】

上述两种方法的异同在何处？

【提示】

公式中所有的标点符号、字母需在英文状态下输入，括号需成对出现。

知识链接

IF()函数:

（1）定义：IF函数一般是指Excel中的IF()函数，根据指定的条件来判断其“真”（TRUE）“假”（FALSE），根据逻辑计算的真假值，从而返回相应的内容。可以使用函数 IF()对数值和公式进行条件检测。

（2）语法结构：IF(条件，结果1，结果2)。

（3）释义：IF(C2>=85,"优良",IF(C2>=60,"及格","较差")) 表示函数从左向右执行。首先计算E2>=85，如果该表达式成立，则显示“优”，否则继续计算E2>=60，如果该表达式成立，则显示“及格”，否则显示“较差”。

步骤3：将鼠标指针移至F2单元格右下角，待其变成填充柄后，按住鼠标左键往下拖至名单结束，如图4.2.7所示。

F2 =IF(C2>=85,"优良",IF(C2>=60,"及格","较差"))

	A	B	C	D	E	F	G	H
1	学号	姓名	理论	操作	总分	理论评定		理论最高
2	98214001	邓斯滨	93	94	93.65	优良		操作最低
3	98214002	尹修怀	67	87	80.00	及格		
4	98214003	梁辉	95	83	87.20	优良		
5	98214004	麦海科	82	83	82.65	及格		
6	98214005	冼辉文	83	89	86.90	及格		
7	98214007	梁艺	45	86	71.65	较差		
8	98214008	刘俊娟	64	75	71.15	及格		
9	98214009	张汉龙	50	88	74.70	较差		
10	98214011	陈锋	82	96	91.10	及格		
11	98214012	梁华雄	74	89	83.75	及格		
12	98214014	杨娜坤	50	56	53.90	较差		
13	98214015	周健伦	50	66	60.40	较差		
14	98214016	胡晓芬	92	78	82.90	优良		
15	98214017	刘碧娇	53	66	61.45	较差		
16	98214018	周惠燕	82	83	82.65	及格		
17	98214019	利耿景	84	89	87.25	及格		
18	98214020	余泳斌	85	81	82.40	优良		
19	98214021	黄胜新	68	76	73.20	及格		
20	98214022	杨家锋	58	74	68.40	较差		
21	98214023	曾凤威	89	85	86.40	优良		
22	98214024	梁冠标	81	73	75.80	及格		

图4.2.7 利用IF()函数自动填充公式

要求（3）操作示例：

1. 统计最高分

步骤1：单击选择C23单元格，单击编辑栏中的“插入函数”按钮 *fx*，弹出“插入函数”对话框，默认函数类别为“常用函数”，在“选择函数”列表框中选择“MAX”选项，单击“确定”按钮，如图4.2.8所示。

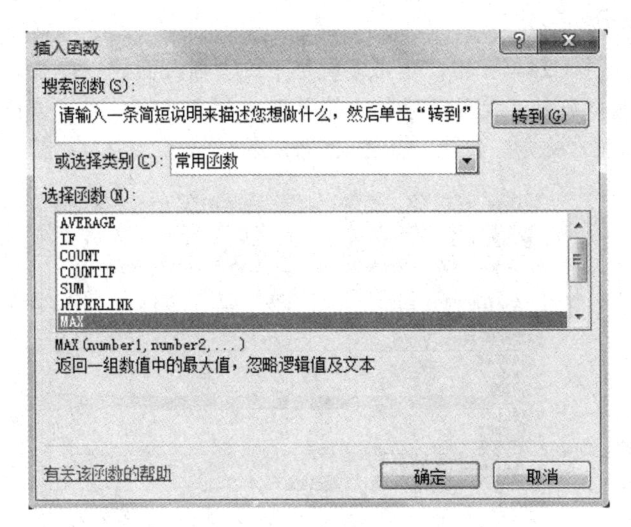

图4.2.8　“插入函数”对话框

步骤2：在“函数参数”对话框中，设置参数单元格的范围，输入“C2:C22”，单击“确定”按钮，或单击数据提取按钮，用鼠标选择要进行计算的区域，然后再单击展开对话框按钮返回对话框，如图4.2.9所示。最后单击“确定”或直接按【Enter】键。

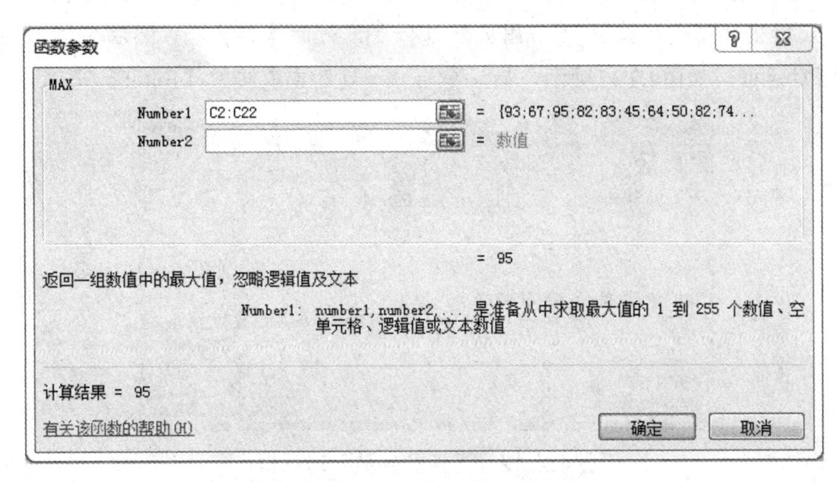

图4.2.9　“函数参数”对话框

步骤3：将鼠标指针移至C23单元格右下角，待其变成填充柄后，按住鼠标左键往右拖至D23，如图4.2.10所示。

C23　　fx　=MAX(C2:C22)

	A	B	C	D	E	F
16	98214018	周惠燕	82	83	82.65	及格
17	98214019	利耿景	84	89	87.25	及格
18	98214020	余泳斌	85	81	82.40	优良
19	98214021	黄胜新	68	76	73.20	及格
20	98214022	杨家锋	58	74	68.40	较差
21	98214023	曾凤威	89	85	86.40	优良
22	98214024	梁冠标	81	73	75.80	及格
23	最高分		95	96		

图4.2.10　利用MAX()函数自动填充公式

2. 统计最低分

步骤1：单击选择C24单元格，单击编辑栏中的“插入函数”按钮fx，弹出“插入函数”对话框，默认函数类别为“常用函数”，将其改为“全部”；在“选择函数”列表框中选择“MIN”选项，单击“确定”按钮，如图4.2.11所示。

插入函数
搜索函数(S):
请输入一条简短说明来描述您想做什么，然后单击“转到”　转到(G)
或选择类别(C): 全部
选择函数(N):
MEDIAN
MID
MIDB
MIN
MINA
MINUTE
MINVERSE
MIN(number1,number2,...)
返回一组数值中的最小值，忽略逻辑值及文本
有关该函数的帮助　确定　取消

图4.2.11　“插入函数”对话框

步骤2：在“函数参数”对话框中，设置参数单元格的范围，输入“C2:C22”，单击“确定”按钮，或单击数据提取按钮，用鼠标选择要进行计算的区域，然后再单击展开对话框按钮返回对话框，如图4.2.12所示。最后单击“确定”或直接按【Enter】键。

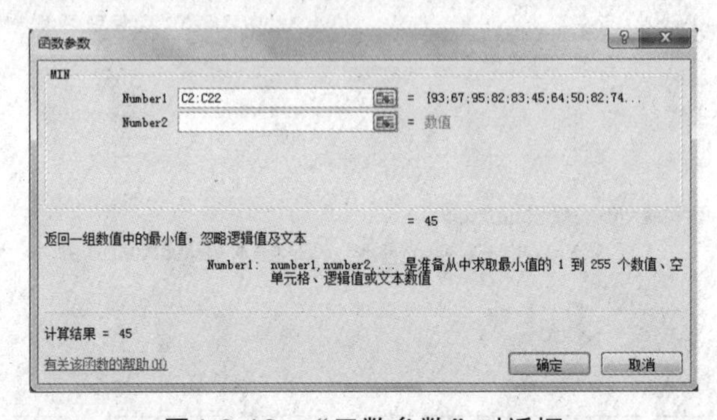

图4.2.12　“函数参数”对话框

步骤3：将鼠标移至C24单元格右下角，待其变成填充柄后，按住鼠标左键往右拖至D24，如图4.2.13所示。

98214018	周惠燕	82	83	82.65	及格
98214019	利耿景	84	89	87.25	及格
98214020	余泳斌	85	81	82.40	优良
98214021	黄胜新	68	76	73.20	及格
98214022	杨家锋	58	74	68.40	较差
98214023	曾凤威	89	85	86.40	优良
98214024	梁冠标	81	73	75.80	及格
最高分		95	96		
最低分		45	56		

图4.2.13　利用MIN()函数自动填充公式

3. 统计总分、求平均分

步骤：操作步骤与统计最高分与最低分一样，只是所用的函数不一样而已。其中统计总分用“SUM()”函数，求平均分则用“AVERAGE()”函数。请各位学习者自行操作，其结果如图4.2.14所示。

C26 fx =AVERAGE(C2:C22)

	A	B	C	D	E	F
8	98214008	刘俊娟	64	75	71.15	及格
9	98214009	张汉龙	50	88	74.70	较差
10	98214011	陈锋	82	96	91.10	及格
11	98214012	梁华雄	74	89	83.75	及格
12	98214014	杨娜坤	50	56	53.90	较差
13	98214015	周健伦	50	66	60.40	较差
14	98214016	胡晓芬	92	78	82.90	优良
15	98214017	刘碧娇	53	66	61.45	较差
16	98214018	周惠燕	82	83	82.65	及格
17	98214019	利耿景	84	89	87.25	及格
18	98214020	余泳斌	85	81	82.40	优良
19	98214021	黄胜新	68	76	73.20	及格
20	98214022	杨家锋	58	74	68.40	较差
21	98214023	曾凤威	89	85	86.40	优良
22	98214024	梁冠标	81	73	75.80	及格
23	最高分		95	96		
24	最低分		45	56		
25	总分		1527	1697		
26	平均分		72.71	80.81		

图4.2.14 总分及平均分计算结果

4. 统计不及格人数

步骤1：单击选择C27单元格，单击编辑栏中的“插入函数”按钮，弹出“插入函数”对话框，默认函数类别为“常用函数”，在“选择函数”列表框中选择“COUNTIF”选项，单击“确定”按钮，如图4.2.15所示。

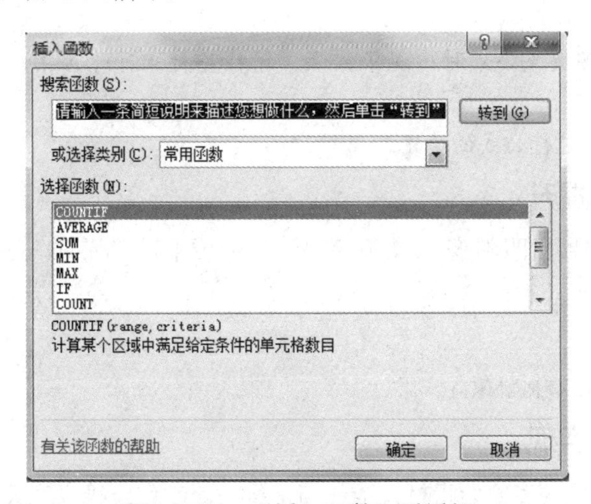

图4.2.15 “插入函数”对话框

步骤2：在“函数参数”对话框中，设置参数单元格的范围，输入“C2:C22”，单击“确定”按钮，或单击数据提取按钮，用鼠标选择要进行计算的区域，然后再单击展开对话框按钮返回对话框，在条件区域输入“<60”,如图4.2.16所示。最后单击“确定”按钮或直接按【Enter】键。

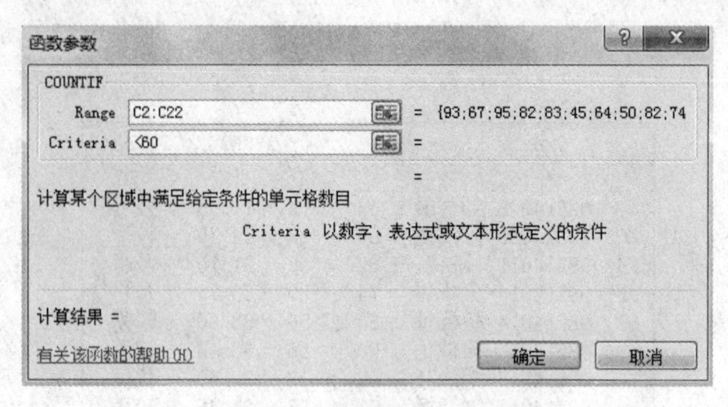

图4.2.16 “函数参数”对话框

步骤3：将鼠标移至C27单元格右下角，待其变成填充柄后，按住鼠标左键往右拖至D27，结果如图4.2.17所示。

最高分	95	96		
最低分	45	56		
总分	1527	1697		
平均分	72.71	80.81		
不及格人数	6	1		

图4.2.17 利用COUNTIF ()函数自动填充公式

环节二 自我巩固

打开“教学资源\项目四\任务二\基础练习”，按要求完成“练习1～练习 4”中的习题，并正确保存。

【提示】

（1）若在运用函数或公式时出现了错误，请检查标点符号、字母是否在英文状态下输入；括号需成对出现。

（2）利用填充柄进行公式的填充。

环节三 自我提升

打开“教学资源\项目四\任务二\提升练习”，按要求对“练习1～练习4”进行操作，并正确保存。

【试一试】

排名次可用排位函数RANK()。

环节四 自我实现

参照提供的奖金发放表原始素材，请你与李华一起制作班级成绩表奖金发放表。制作过程中需注意体现以下要求：

（1）要对表格进行排版，即需要对标题、单元格格式进行设置等。

（2）资金发放表中的具体要求请参考“项目四\任务二\任务实施”内所示要求。

（3）预览效果以美观为宜。

（4）文档以“××班技能节奖金发放表.xlsx”命名并保存。

任务评价

学习完本次任务，请对自己作个评价。如果不会，想想问题出在哪，并努力学会。

序号	内　　容	评　　价		
		会	基本会	不会
1	公式的运用			
2	IF() 函数的运用			
3	MAX()、MIN() 函数的应用			
4	SUM()、AVERAGE() 函数的应用			
5	COUNTIF() 函数的应用			
6	填充柄的使用			

知识链接

Excel除了进行一般的表格处理工作外，数据计算是其主要功能之一。公式就是进行计算和分析的等式，它可以对数据进行加、减、乘、除等运算，也可以对文本进行比较等。

函数是Excel的预定义的内置公式，可以进行数学、文本、逻辑的运算或查找工作表的数据，与直接公式相较，使用函数的速度更快，同时减小出错的概率。

一、公式基础

（一）标准公式

单元格中只能输入常数和公式。公式以“=”开头，后面是用运算符把常数、函数、单元格引用等连接起来成为有意义的表达式。在单元格中输入公式后，按【Enter】键即可确认输入，这时显示在单元格中的将是公式计算的结果。函数是公式的重要成分。

标准公式的形式为“=操作数和运算符”。

操作数为具体引用的单元格、区域名、区域、函数及常数。

运算符表示执行哪种运算，具体包括以下运算符：

（1）算术运算符：（）、%、^、*、/、+、-。

（2）文本字符运算符：&（它将两个或多个文本连接为一个文本）。

（3）关系运算符：=、>、>=、<=、<、<>（按照系统内部的设置比较两个值，并返回逻辑值“TRUE”或“FALSE”）。

（4）引用运算符：引用是对工作表的一个或多个单元格进行标识，以告诉公式在运算时应该引用的单元格。引用运算符包括：“:”（区域）、“,”（联合）、空格（交叉）。区域表示对包括两个引用在内的所有单元格进行引用；联合表示产生由两个引用合成的引用；交叉表示产生两个引用的交叉部分的引用。如：A1:D4；B2:B6,E3:F5；B1:E4 C3:G5。

运算符的优先级：算术运算符＞字符运算符＞关系运算符。

（二）创建及更正公式

1. 创建和编辑公式

选定单元格，在其单元格中或其编辑栏中输入或修改公式。

2. 更正公式

Excel 有几种不同的工具可以帮助查找和更正公式的问题。

（1）监视窗口：在“公式”选项卡“公式审核”组单击“监视窗口”按钮，显示“监视窗口”工具栏，在该工具栏上观察单元格及其中的公式，甚至可以在看不到单元格的情况下进行。

（2）公式错误检查：就像语法检查一样，Excel会用一定的规则检查公式中出现的问题。这些规则不保证电子表格不出现问题，但是对找出普通的错误会大有帮助。

常出现的错误值包括以下几种：

- #DIV/0!：被除数为零。
- #N/A：数值对函数或公式不可用。
- #NAME?：不能识别公式中的文本。
- #NULL!：使用了并不相交的两个区域的交叉引用。
- #NUM!：公式或函数中使用了无效数字值。
- #REF! ：无效的单元格引用。
- #VALUE!：使用了错误的参数或操作数类型。
- #####：列不够宽，或者使用了负的日期或负的时间。

3. 复制公式

对Excel函数、公式，可以像一般的单元格内容那样进行“复制”和“粘贴”操作。常利用填充柄复制公式，操作方法如下：

选定原公式单元格，将鼠标指针指向该单元格的右下角，鼠标指针会变为黑色的十字形填充柄。此外，按住鼠标左键向下或向右拖到需要填充的最后一个单元格就可以将公式复制到其他的单元格区域。

二、函数基础

函数是Excel的预定义的内置公式。在实际工作中，使用函数对数据进行计算比设计公式更为便捷。

（1）函数类别：文本和数据、日期与时间、数学和三角、逻辑、财务、统计、查找和引用、数据库、外部、工程、信息。

（2）函数的一般形式：“函数名(参数1,参数2,…)”，参数是函数要处理的数据，它可以是常数、单元格、区域名、区域和函数。

（3）常用函数：

- 求和函数SUM()
- 平均函数AVERAGE()
- 排位函数RANK()
- 最大值函数MAX()
- 最小值函数MIN()

• 统计函数COUNT()、COUNTIF()，其中前者为计算参数列表中的数字项的个数；后者为对指定区域中符合指定条件的单元格计数。
• 条件函数 IF()

【提示】

条件要加双引号，在英文状态下输入。

三、使用函数的步骤

（1）选中存放结果的单元格。

（2）单击“=”（编辑公式）。

（3）找函数（单击“三角形”形下拉按钮，或者直接输入函数名）。

（4）选范围。

（5）按【Ctrl+回车键】。

任务三 制作学生考试成绩分析表

任务目标

通过本任务，培养学生运用Excel 2010的库函数进行统计分析的能力，并使学生熟练掌握数据排序、数据分析、数据筛选及图表制作的操作方法。

（1）能熟练运用“数据”功能区中“排序和筛选”组中“排序”“筛选”命令对数据进行排序和筛选。

（2）能运用“开始”功能区中“样式”组中“条件格式”命令对数据的格式进行设置。

（3）能熟练运用“插入”功能区中“图表”组中的命令进行插入、修改和移动工作表图表。

任务描述

考试结束了，老师需对每位同学的成绩进行综合统计、分析和比较。要求通过成绩排序表对成绩进行筛选统计，并用颜色或底纹标示、创建图表等方式对成绩进行分析。李华对此也很感兴趣，请你来指导他学习吧。

任务分析

Excel 2010具有强大的数据管理和分析功能，可以方便地组织、管理和分析大量的数据信息。在Excel 2010中，工作表内一块连续不间断的数据就是一个数据库，可以对数据库中的数据进行排序、筛选等操作。此次的测试数据正好符合Excel 2010数据库的特点，所以可以利用Excel 2010对这些销售数据进行分析管理。

任务实施

环节一 我示范你练习

打开“教学资源\项目四\任务三\练习1\xls1.xlsx”文件，按以下要求完成操作，完成后以原文件名保存，具体要求如下：

（1）将工作表Sheet1中的内容复制一份，并重命名为“成绩排序表”，并以“姓名”为主关键字（递增），“数学”为次关键字（递减），对工作表数据进行排序

（2）在工作表Sheet1中，用“高级筛选”将“数学”和“英语”成绩为不小于80（含），或者“心理学”成绩低于65（不含）的记录，复制到以A30单元格为左上角的输出区域，条件区是以J1单元格为左上角的区域。

（3）对各分数段的学生各科成绩用不同颜色进行区分：分数小于60分的设置“红色文本”；分数在60～69之间的设置为“黄填充色深黄色文本”；分数在70～85之间的设置为“绿填充色深绿色文本”；分数大于或等于85分的设置为“标准色蓝色”。

（4）在工作表Sheet1中，根据英语成绩创建折线图图表，数据标志要求居中显示，图例位置在图表区域右上角，横坐标标题为“编号”，纵坐标标题为“分数”，图表标题为“英语成绩折线图”，把生成的图表作为新工作表插入到名为“英语成绩统计表”的工作表中。

实现步骤

要求（1）操作示例：

步骤1：右击工作表“Sheet1”，弹出快捷菜单，选择“移动或复制工作表”命令，如图4.3.1所示，弹出“移动或复制工作表”对话框，如图4.3.2所示。在选择“Sheet1”之前，先选中“建立副本”复选框，单击“确定”按钮，生成“Sheet1（2）”，如图4.3.2所示。右击工作表名称，选择快捷菜单中的“重命名”命令，输入“成绩排序表”。

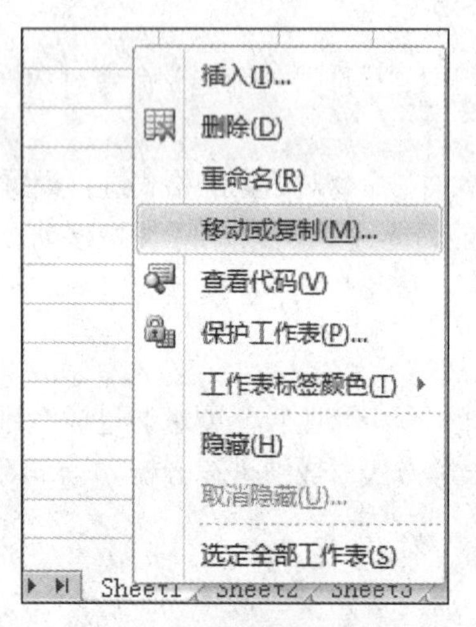

图4.3.1 工作表快捷菜单

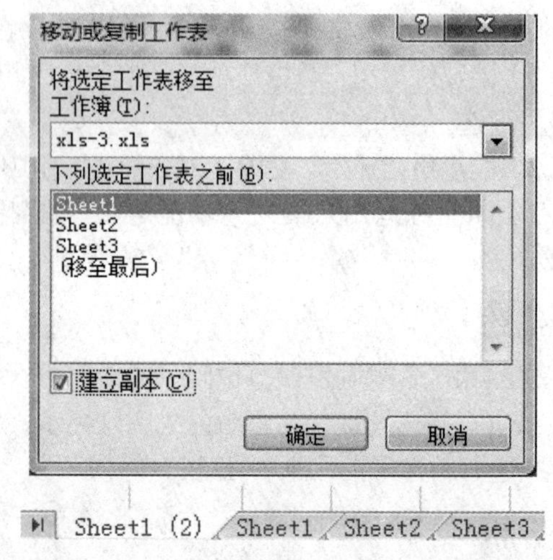

图4.3.2 “移动或复制工作表”对话框

步骤2：单击选中成绩排序表的数据区域中的任意一个单元格，单击“数据”选项卡下“排序和筛选”组中的“排序”按钮，弹出“排序”对话框，如图4.3.3和图4.3.4所示。

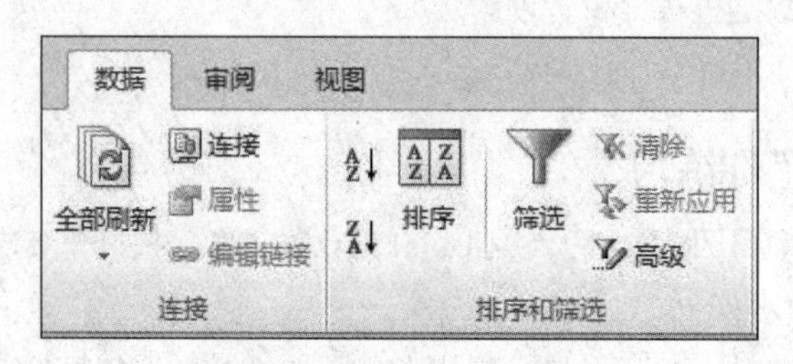

图4.3.3 单击“排序”按钮

图4.3.4　“排序”对话框

步骤3：在弹出的“排序”对话框中，单击“主要关键字”右侧的下拉按钮，在下拉列表中选择“姓名”，将次序下拉列表中选择“升序”。单击“添加条件”按钮，添加次要关键字，在下拉列表中选择“数学”，将次序下拉列表中选择“降序”，如图4.3.5所示。最后单击“确定”按钮。

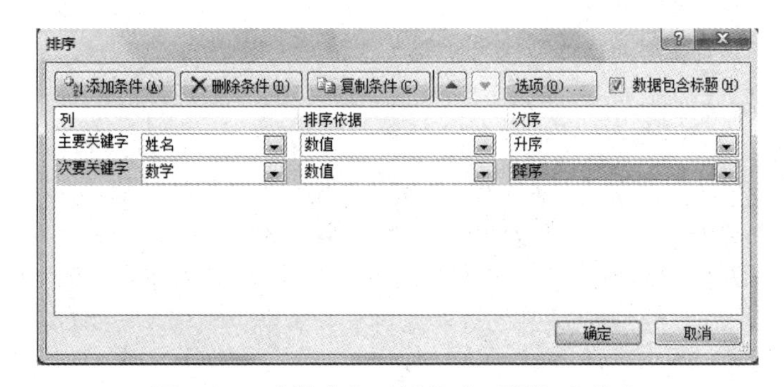

图4.3.5　“排序”对话框之“添加条件”

要求（2）操作示例：

步骤1：选择工作表Sheet1，在以J1单元格为左上角的区域输入筛选条件，如图4.3.6所示。

【提示】

筛选条件中“、”或“而且”代表“与”的关系，表示多个条件均满足，条件需置于同一行；“或”代表“或”关系，表示多个条件均只满足一个，条件需置于不同行。

步骤2：单击选中Sheet1工作表中的数据区域中的任意一个单元格，单击“数据”选项卡下“排序和筛选”组中的“高级”按钮，如图4.3.7所示，弹出“高级筛选”对话框。

J	K	L
数学	英语	心理学
>=80	>=80	
		<65

图4.3.6　筛选条件

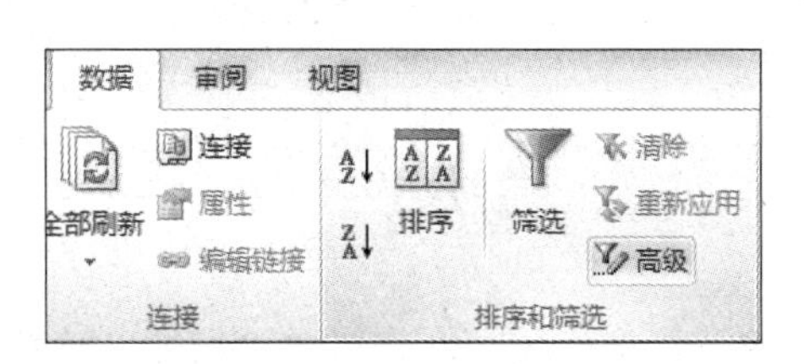

图4.3.7　单击“高级”按钮

步骤3：在“高级筛选”对话框中，单击“条件区域”数据提取按钮，用鼠标选择要条件区域I1:K3，然后再单击展开对话框按钮返回对话框；接下来选中“将筛选结果复制到其他位置”单选按钮，再单击“复制到”数据提取按钮，用鼠标选择要复制的区域A3，最后再单击展开对话框按钮返回对话框，单击“确定”按钮，如图4.3.8所示。筛选结果如图4.3.9所示。

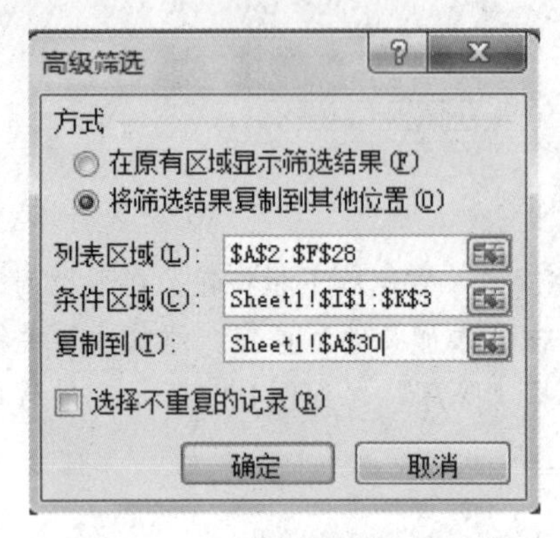

图4.3.8 “高级筛选”对话框

	A	B	C	D	E	F
29						
30	编号	姓名	数学	英语	生物	心理学
31	2004101	陈家辉	80	90	82	74
32	2004103	单劲松	83	86	76	85
33	2004114	马甫仁	90	86	97	88
34	2004115	宋城式	85	87	88	90
35	2004116	陈克	88	86	79	68
36	2004117	魏文鼎	80	71	97	61
37	2004118	钟梦生	99	83	98	74
38	2004122	吴桂青	86	34	75	61

图4.3.9 筛选结果

知识链接

在Excel 2010中，使用公式进行计算时，需要引用单元格或区域，对单元格和区域的引用一般有3种方式：相对引用、绝对引用和混合引用。

- 相对引用的表示方法就是使用单元格和区域的标识，如A1；A1:D2。
- 绝对引用是在相对引用的基础上在行名称和列名称的前面加上$符号，如$F$1。
- 混合引用是指行和列的表示中有一个使用绝对引用，另外一个使用相对引用。

相对引用与绝对引用在使用过程中的区别在于复制公式时，当公式的位置改变时，引用的地址是否随着改变：相对引用会随着改变，绝对引用则不会随着改变。

要求（3）操作示例：

步骤1：选择学生所有成绩，即C4:F28单元格区域。

步骤2：单击“开始”选项卡下“样式”组中的“条件格式”按钮，在下拉列表中选择“突出显示单元格规则”命令，在下拉列表中选择“小于”，在弹出的“小于”对话框中输入数值“60”，设置为“红色文本”，如图4.3.10所示。

图4.3.10 设置小于60的条件格式

步骤3：选择“突出显示单元格规则”命令，在下拉列表中选择“介于”，在弹出的“介于”对话框中输入数值“60”和“69”，设置为“黄填充色深黄色文本”，如图4.3.11所示。

图4.3.11　设置介于60和69之间的条件格式

步骤4：采用相同的方法设置70～85之间的分数为“绿填充色深绿色文本”，如图4.3.12所示。

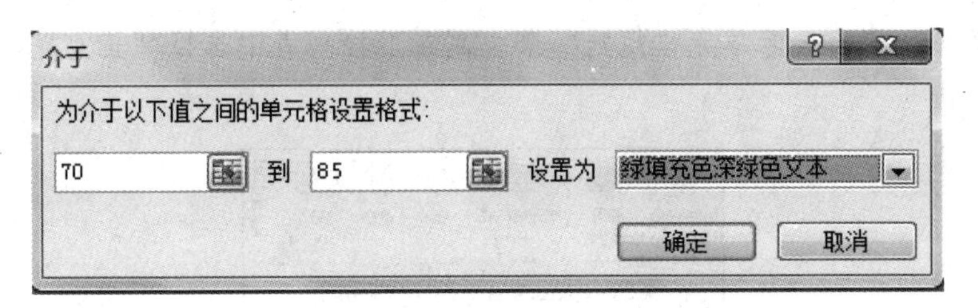

图4.3.12　设置介于70和85之间的条件格式

步骤5：

方法一：

（1）选择“突出显示单元格规则”命令，在下拉列表中选择“大于”，在弹出的“大于”对话框中输入数值“84”，单击“设置为”右侧的下拉按钮，在下拉列表中选择“自定义格式”，在弹出的“设置单元格格式”对话框中，设置颜色为“标准色蓝色”，如图4.3.13所示。

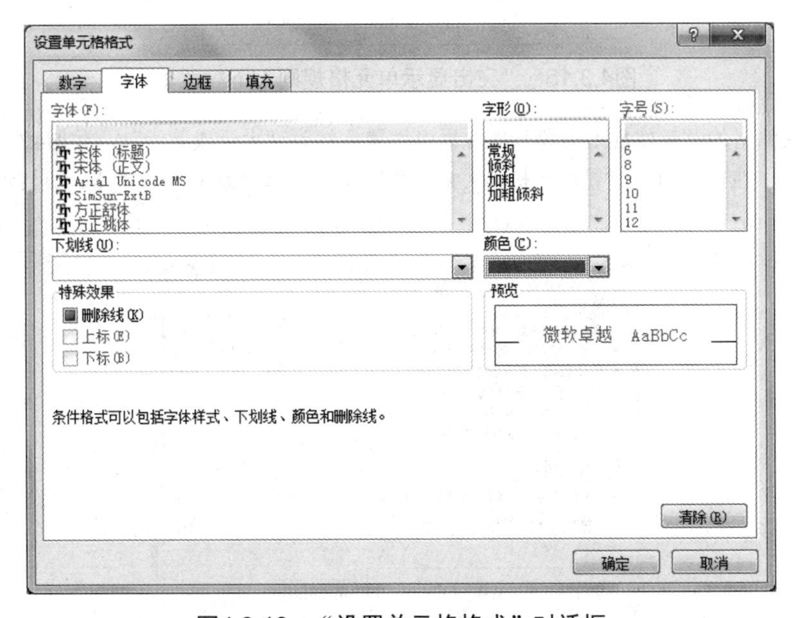

图4.3.13　“设置单元格格式”对话框

（2）单击“确定”按钮，返回到“大于”对话框，如图4.3.14所示。

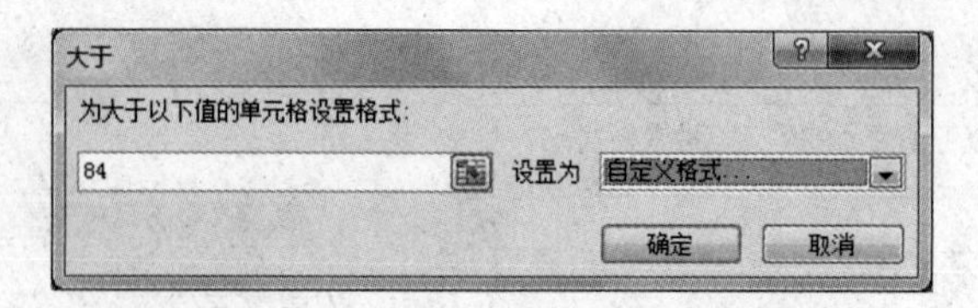

图4.3.14　设置大于85的条件格式

【想一想】

此时的数值为什么是“84”，而不是“85”。

方法二:

（1）选择“突出显示单元格规则”命令，在下拉列表中选择“其他规则”命令，如图4.3.15所示。

图4.3.15　“突出显示单元格规则”下拉菜单

（2）在弹出的“新建规则类型”对话框中设置条件为“大于或等于”，如图4.3.16所示，单击“格式”按钮，在弹出的“设置单元格格式对话框”中，选择“填充”选项卡，设置颜色为“标准色蓝色”。

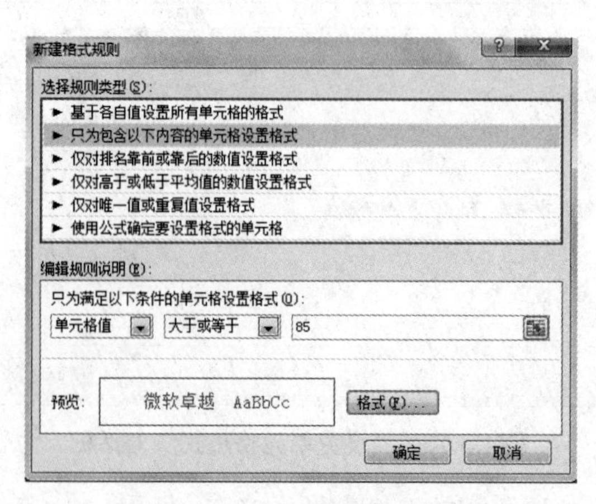

图4.3.16　“新建规则”对话框

步骤6：单击“确定”按钮，条件格式设置完成，效果如图4.3.17所示。

第二学期成绩表					
编号	姓名	数学	英语	生物	心理学
2004101	陈家辉	80	90	82	74
2004102	刘光荣	78	92	68	90
2004103	单劲松	83	86	76	85
2004104	梁晓燕	56	78	57	88
2004105	邓必勇	65	70	63	90
2004107	李玉青	65	75	69	70
2004108	卢小宁	85	79	83	74
2004109	陈雄	70	68	57	66
2004110	林艳	74	82	66	95
2004111	陈寻共	58	75	65	67
2004112	李禄寿	67	60	89	78
2004113	李文和	74	70	96	75
2004114	马甫仁	90	86	97	88
2004115	宋城式	85	87	88	90
2004116	陈克	88	86	79	68
2004117	魏文鼎	80	71	97	61
2004118	钟梦生	99	83	98	74
2004119	谭时梅	70	68	57	66
2004120	陈迪	74	82	66	95
2004121	柯莉军	61	60	72	65
2004122	吴桂青	86	34	75	61
2004123	刘少坚	86	72	77	77
2004124	黄少峰	85	30	93	66
2004125	郭鹏	77	75	87	80
2004126	曾鑫亮	71	58	69	65
2004127	陈静	78	76	80	78

图4.3.17 “条件格式”设置完成效果图

要求（4）操作示例：

步骤1：在工作表Sheet1中，选择“英语成绩”，即D2:D28。单击“插入”选项卡下“图表”组中的“折线图”按钮，选择列表中二维折线图中的“折线图”，即可生成折线图，如图4.3.18所示。

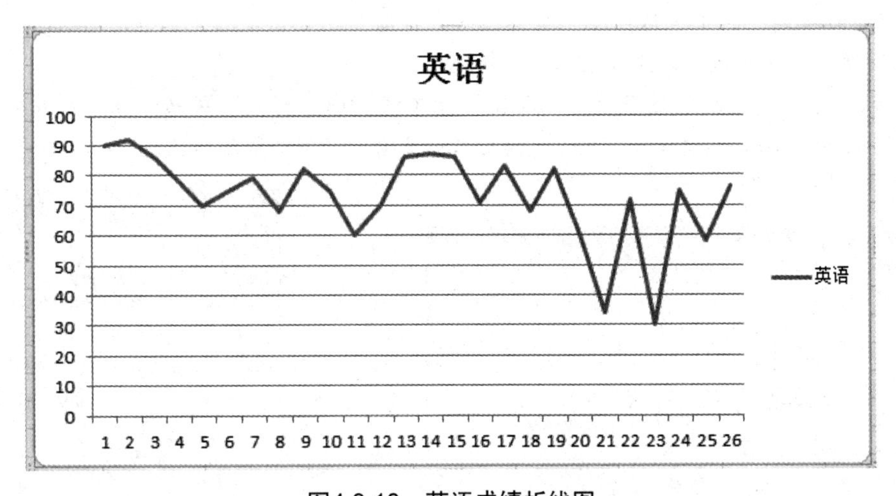

图4.3.18 英语成绩折线图

步骤2：单击图表，弹出“图表工具”选项卡，单击“布局”选项卡下“标签”组中的“数据标签”按钮，在下拉菜单中选择“居中”，如图4.3.19所示。

步骤3：单击“布局”选项卡下“标签”组中的“图例”按钮，在下拉菜单中选择“在右侧显示图例”，如图4.3.20所示。

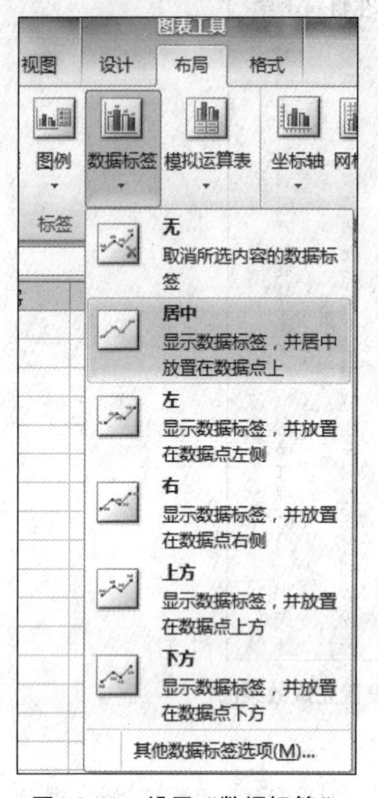

图4.3.19　设置“数据标签”

图4.3.20　设置“图例”

步骤4：单击“布局”选项卡下“标签”组中的“坐标轴标题”按钮，在下拉菜单中选择“主要横坐标标题”的下一级菜单“坐标轴下方标题”，在出现的文本框处输入“编号”，如图4.3.21所示。用同样的方法设置纵坐标标题。

步骤5：单击“布局”选项卡下“标签”组中的“图表标题”按钮，在下拉菜单中选择“图表上方”，如图4.3.22所示，在出现的文本框处输入“英语成绩折线图”。

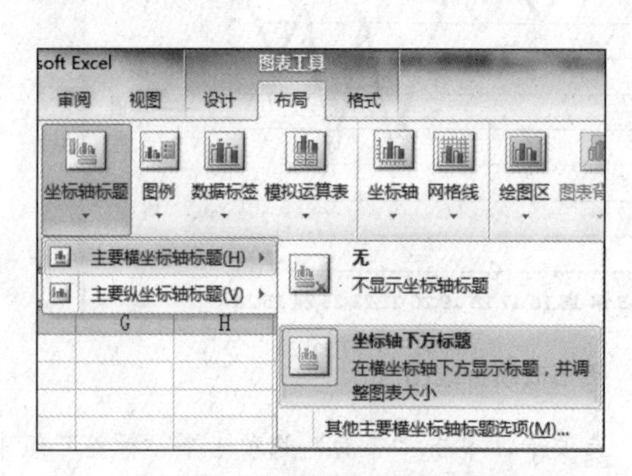

图4.3.21　设置“坐标轴标题”

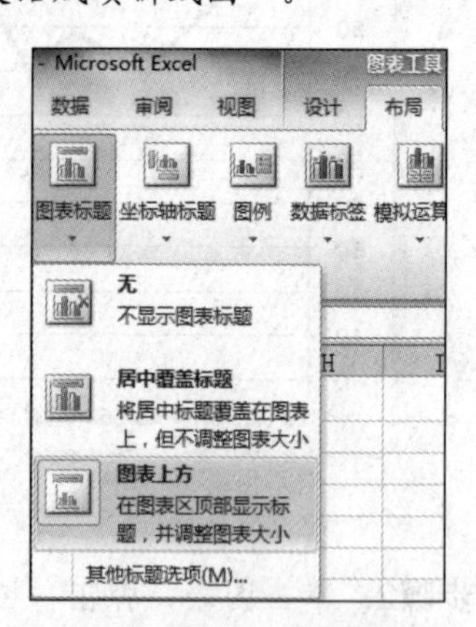

图4.3.22　设置“图表标题”

步骤6：单击“图表工具”丨“设计”选项卡下“位置”组中的“移动图表”按钮，如图4.3.23所示。

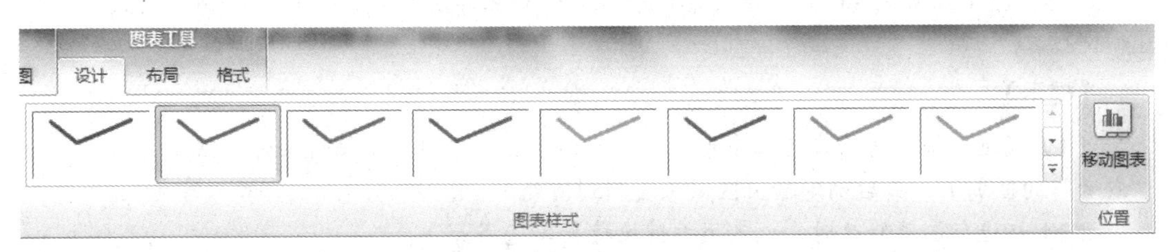

图4.3.23　“移动图表”按钮

步骤7：在弹出的“移动图表”对话框中，选中“新工作表”单选按钮，并输入“英语成绩分析饼图”，如图4.3.24所示。

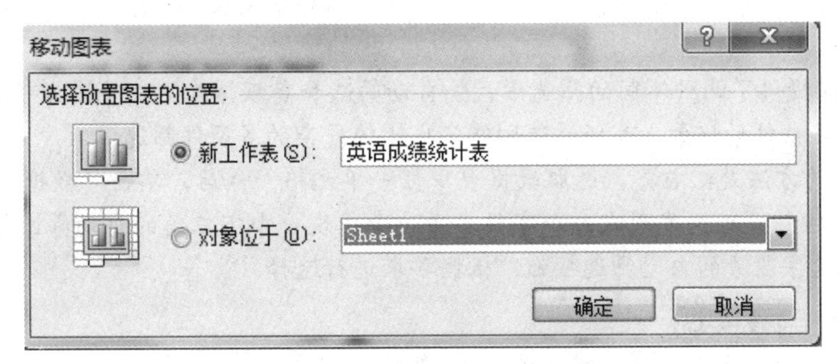

图4.3.24　“移动图表”对话框

步骤8：单击“确定”按钮，生成图4.3.25所示的图表。单击标题栏左侧快捷访问工具栏中的“保存”按钮。

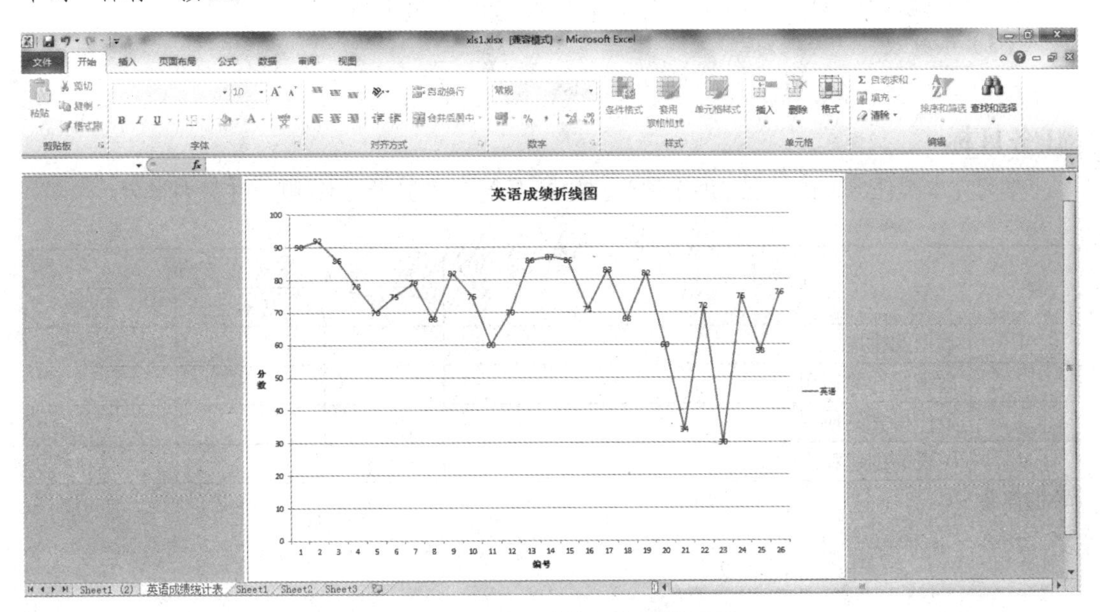

图4.3.25　英语成绩折线图效果图

环节二　自我巩固

打开“教学资源\项目四\任务三\基础练习”，按要求完成“练习1～练习4”内文档，并正确保存。

【提示】

（1）在进行筛选时可分为三步走：先确定列表区域，再确定筛选条件（注意“而且”与“或者”的区别），最后确定输出区域（复制到何处）

（2）在进行图表修改时，也可用右键快捷菜单完成。

环节三　自我提升

打开“教学资源\项目四\任务三\提升练习”，按要求对“练习1～练习4”进行操作，并正确保存。

【提示】

Excel 2010提供了两种不同的筛选方式：自动筛选和高级筛选。自动筛选可以很轻松地显示数据表中满足条件的记录，高级筛选则能完成比较复杂的多条件筛选。

自动筛选的方法是：首先，选取数据表中任一单元格。然后，单击“数据”|“排序和筛选”|“筛选”按钮，可以发现在每个字段名旁边会出现一个下三角的自动筛选按钮。随后，单击要进行筛选字段旁的自动筛选按钮，根据要求进行选择。

环节四　自我实现

参照提供的打字速度测试素材，请你与李华一起制作成绩分析表。制作过程中需注意体现以下要求：

（1）要对表格进行排版，即需要对标题、单元格格式、页面进行设置。

（2）分析表中的具体要求请查阅“项目四\任务三\任务实施”内所示要求。

（3）预览效果以美观为宜。

（4）文档以“××班打字测试分析表.xlsx”命名并保存。

任务目标

学习完本次任务，请对自己做个评价。如果不会，想想问题出在哪，并努力学会。

<table>
<tr><th rowspan="2">序号</th><th rowspan="2">内　　容</th><th colspan="3">评　　价</th></tr>
<tr><th>会</th><th>基本会</th><th>不会</th></tr>
<tr><td>1</td><td>数据的排序</td><td></td><td></td><td></td></tr>
<tr><td>2</td><td>高级筛选的运用</td><td></td><td></td><td></td></tr>
<tr><td>3</td><td>条件格式的使用</td><td></td><td></td><td></td></tr>
<tr><td>4</td><td>图表的创建和修改</td><td></td><td></td><td></td></tr>
<tr><td colspan="5">你的体会：</td></tr>
</table>

知识链接

（一）数据分析概述

数据分析是指用适当的统计分析方法对收集来的大量数据进行分析，提取有用信息并形成结论，从而对数据加以详细研究和概括总结的过程。这一过程也是质量管理体系的支持过程。在实用中，数据分析可帮助人们做出判断，以便采取适当行动。

数据分析的数学基础在20世纪早期就已确立，但直到计算机的出现才使得实际操作成为可能，并使得数据分析得以推广。数据分析是数学与计算机科学相结合的产物。

（二）Excel数据分析基本工作流程

Excel作为常用的分析工具，可以实现基本的分析工作，在商业智能领域Cognos、Style Intelligence、Microstrategy、Brio、BO和Oracle以及国内产品如大数据魔镜、finebi、Yonghong Z-Suite BI套件等。

Excel数据分析的基本流程：

（1）收集原始数据。原始数据是数据分析的基础。

（2）规格化处理。查找并纠正明显不正确的数据，以及根据分析模型需补充必要的数据。

（3）统计分析。

① 数据处理的方法：分类（拆分）、排序、筛选、汇总（合并）、图表化。

其中，常用图表的一般用途为：

- 柱形图、条形图：数量对比。
- 折线图、面积图、柱形图：反映趋势。
- 饼图、规程百分比柱形、条形图：反映结构。
- 散点图、气泡力：反映数据间的联系。

② 对数据进行处理的手段（工具）非常丰富，主要有基础操作（即手工处理，包括分列、排序、筛选等）、函数公式（包括数组公式）、分组、分类汇总合并计算、数据透视表等。

（4）展示结果。

PowerPoint 2010演示文稿制作

PowerPoint 2010是中文版Microsoft Office 2010办公软件中的另一个重要成员，它主要用于项目汇报、教学课件、产品演示及广告宣传。在本项目中，将日常办公中的一些常见操作集成为2个任务，帮助用户以简单的可视化操作，快速创建具有精美外观和感染力的演示文稿，并应用主题和设置背景以统一演示文稿风格。幻灯片中除了使用文本信息外，还可添加图片、艺术字、表格、图表等，以丰富幻灯片的内容。通过幻灯片动画设计、切换方式设计，使演示文稿更加赏心悦目，吸引观众的注意力。

一、项目描述

本项目共集成了两个任务，分别是制作个人介绍、制作实习汇报。

（1）制作个人介绍主要涉及添加文本、图片、表格等内容，以及背景设置和幻灯片的打印。

（2）制作实习汇报主要介绍母版设置，以利于统一演示文稿外观风格，以及动画设计和幻灯片切换方式设置、插入SmartArt图表，超链接、幻灯片放映等内容在演示文稿中的应用，并能打包幻灯片。

二、项目目标

通过完成项目，使学生基本能制作幻灯片，其基本操作有文本、图片、艺术字、表格等插入及其设置，主题的选用、母版的应用和幻灯片背景设置，幻灯片放映效果设计，包括动画设计、放映方式及切换效果的设置过程及操作方法，并能打印及打包幻灯片。

任务一　制作个人介绍

任务目标

通过本任务，使学生能创建及保存演示文稿，对演示文稿中文本进行编辑和格式化，能进行简单幻灯片的制作。

（1）能熟练运用“开始”功能区中的“字体”组、“段落”组常用命令对文本格式进行设置，利用“幻灯片”组中的命令插入新幻灯片。

（2）能熟练运用“插入”功能区中的“图片”组、“表格”组中的常用命令插入图片和表格，并进行相关设置。

（3）能熟练运用“设计”功能区中的“背景”组中的“背景格式”对背景格式进行设置。

任务描述

校学生会要换届选举了，李华想竞选学习部长一职。为了更好地让大家了解自己，展示自己的风采，他打算制作一份个人介绍PPT。同时为了方便修改，他还需将此PPT打印出来，请你和他一起完成这项任务。

任务分析

PowerPoint 2010作为演示文稿制作软件，无论是在汇报演讲、产品介绍、还是论文答辩中，已被广泛应用，故建议李华同学选择PowerPoint 2010应用程序制作个人介绍。

任务实施

环节一 我讲授你练习

（一）PowerPoint 2010窗口简介

启动PowerPoint 2010应用程序，就可看见系统所默认创建名为“演示文稿1”的空白演示文稿。这个空白演示文稿除了标题格式，没有任何格式设置，是PowerPoint 2010中最简单、最普通的模板，其扩展名为“.pptx”，如图5.1.1所示。

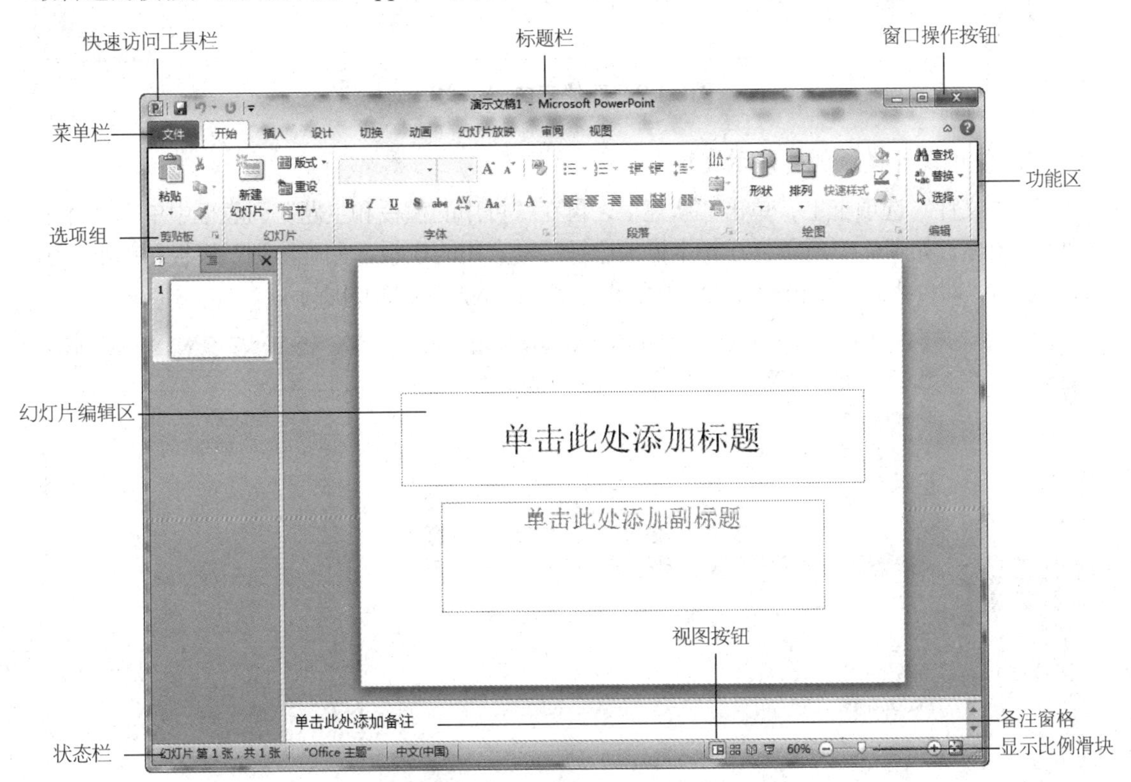

图5.1.1 PowerPoint 2010主窗口

（二）新建和打开演示文稿

1. 创建空白演示文稿

在“文件”选项卡上，单击“新建”命令，在“可用的模板和主题”列表框下，选择默认的“空白演示文稿”图标，单击“创建”按钮，可创建空白演示文稿，如图5.1.2所示。

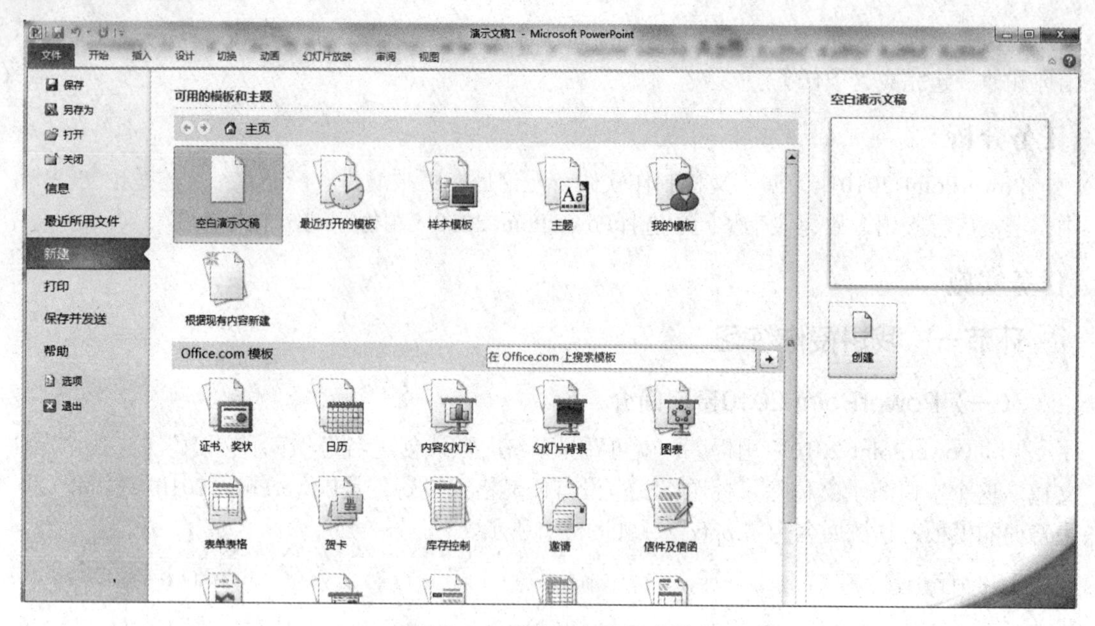

图5.1.2 新建空白演示文稿

2. 使用设计模板创建演示文稿

在“文件”选项卡上，单击“新建”，再在“可用的模板和主题”列表框中单击“样本模板”图标，如图5.1.3所示，在样本模板选择所需套用的模板，如“培训”模板，单击“创建”按钮，即可将此样本模板应用于所创建的演示文稿，如图5.1.4所示。

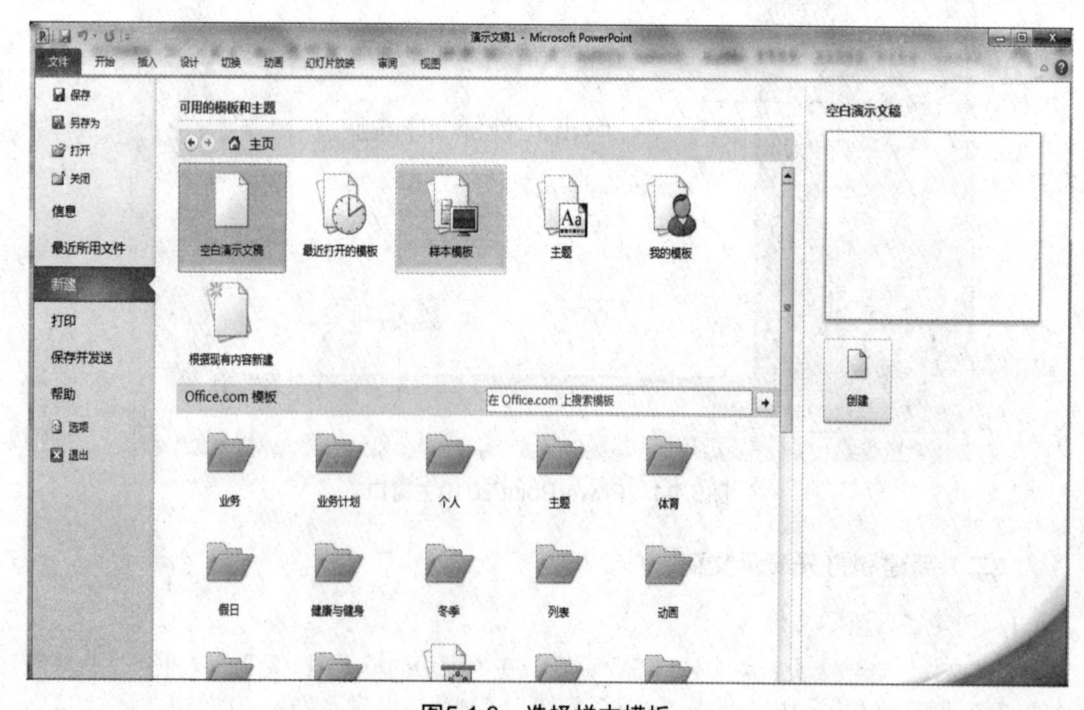

图5.1.3 选择样本模板

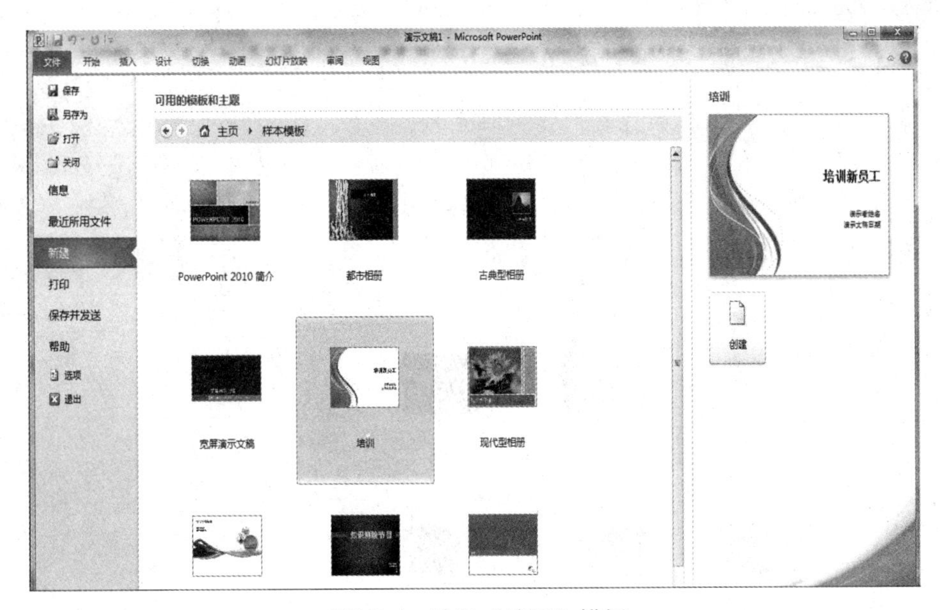

图5.1.4 选择“培训”模板

3. 利用主题创建演示文稿

在“文件”|“新建”|“可用的模板和主题”列表框下，单击“主题”图标，选择所需要的主题图标，如图5.1.5所示。在主题模板下选择所需套用的模板，如“奥斯汀”模板，单击“创建”按钮，即可将此主题应用于所创建的演示文稿，如图5.1.6所示。

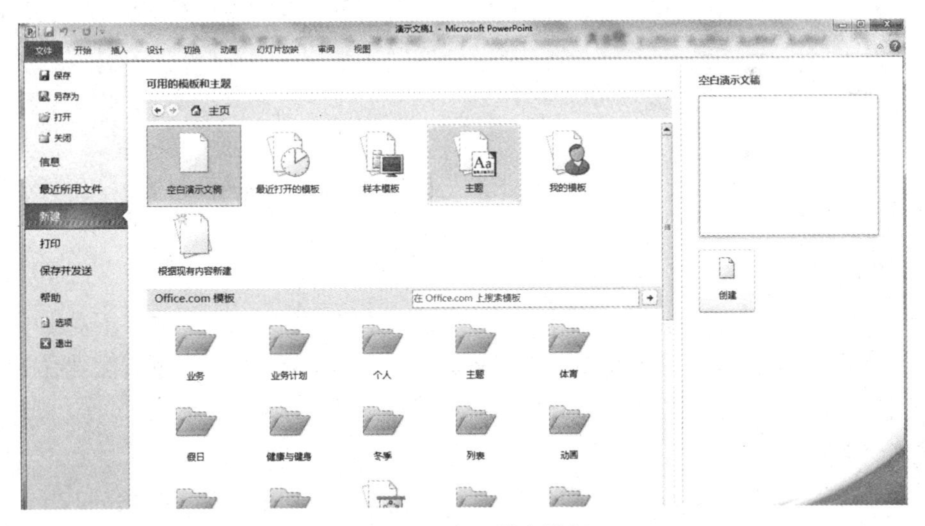

图5.1.5 选择样本模板

4. 打开演示文稿

打开演示文稿的方法有多种，较常用的有：

（1）双击已经存在的演示文稿文件。

（2）在PowerPoint 2010启动状态下，单击“文件”|“打开”命令，在弹出的“打开”对话框中选择要打开的演示文稿文件。

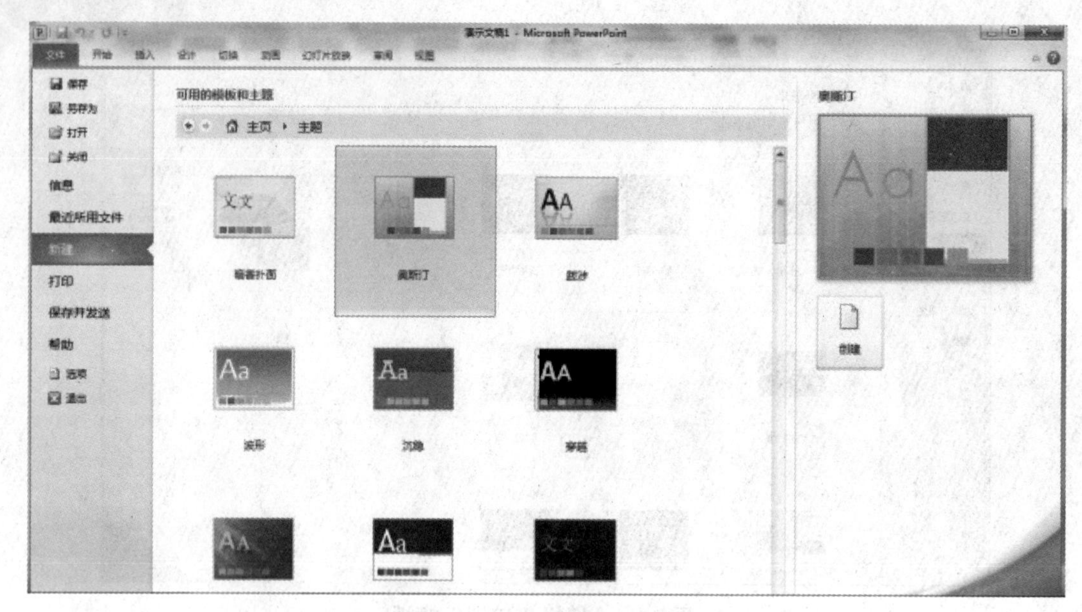

图5.1.6　选择“奥斯汀”模板

（三）保存和退出演示文稿

创建好的文档应立即为其命名并保存，并在以后的编辑中经常保存所做的更改。

1. 初次保存

在“文件”选项卡上，单击“保存”命令，在弹出的“另存为”对话框的左侧窗格中，选择要保存的演示文稿的位置，在“文件名”文本框中，为演示文稿命名；在“保存类型”中，选择保存类型，然后单击“保存”按钮。

2. 保存于原位置

单击快速访问工具栏的“保存”按钮或按【Ctrl+S】组合键随时快速保存演示文稿于原来位置。

3. 保存于其他位置

PowerPoint 2010允许打开的文件保存到其他位置，而原来位置的文件不受影响。单击“文件”选项卡上的“另存为”命令，在出现的“另存为”对话框中重新设定保存的路径及文件名。

【练一练】

（1）新建一空白演示文稿，将其命名为“PPT1.pptx”，并另存为“PPT2.pptx”。

（2）新建“项目状态报告”样本模板，并将其命名为“项目状态报告1.pptx”。

（3）新建“暗香扑面”主题模板，并将其命名为“中国传统节日介绍.pptx”。

【想一想】

你还可通过哪些途径打开PowerPoint 2010的文稿？

环节二　我示范你练习

打开“教学资源\项目五\任务一\基础练习\练习1\PPT1.pptx”文件。要求如下：

（1）第1张幻灯片主标题输入“办公软件考试系统”，黑体、46号字；副标题输入：一字公司研制，宋体，32号字，右对齐；背景“填充效果”的“纹理”设为“再生纸”。

（2）第2张幻灯片的“幻灯片设计”选用“气流”设计模板。

（3）第3张幻灯片，在标题输入“公司介绍”，右文本栏插入3行4列表格、左文本栏插入图片tp1.bmp。

（4）在第3张幻灯片后插入第4张幻灯片，幻灯片版式为“标题和内容”。

（5）打印此演示文稿，要求每页A4纸上打印3张幻灯片，且幻灯片为横向。

实现步骤

要求（1）操作示例：

步骤1： 单击选中第1张幻灯片，单击主标题占位符，输入标题文字“办公软件考试系统”，如图5.1.7所示。选择“开始”选项卡下“字体”组中命令将主标题文字设置为“黑体、46号字”，如图5.1.8所示。

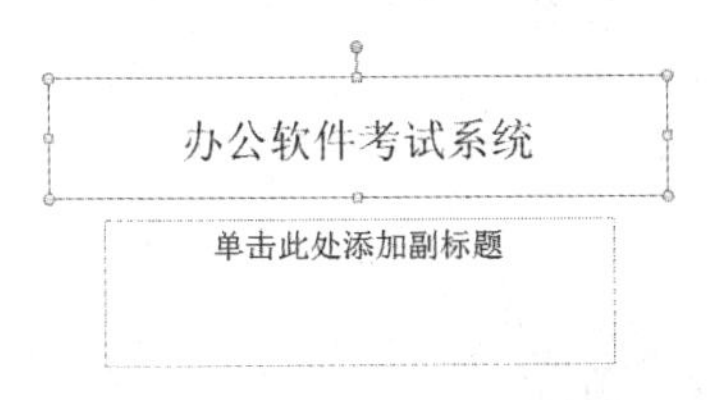

图5.1.7　输入主标题文字

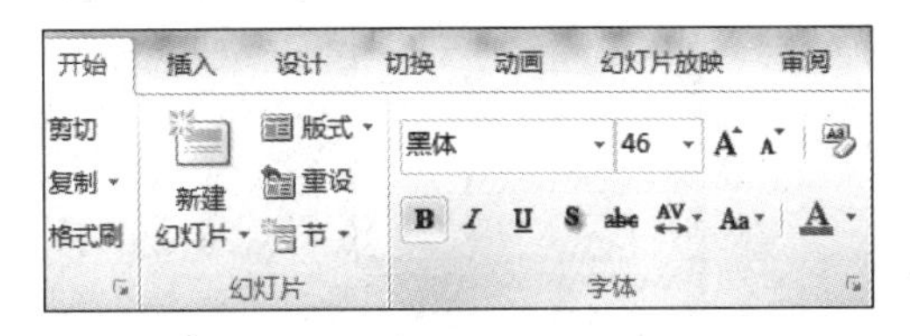

图5.1.8　主标题文字格式设置

步骤2： 单击副标题占位符，输入文字“一字公司研制”，如图5.1.9所示。再选择“开始”选项卡下“字体”组及“段落”组中命令，将副标题文字格式设置为“宋体、32号字、右对齐”，如图5.1.10所示。

图5.1.9　输入副标题文字

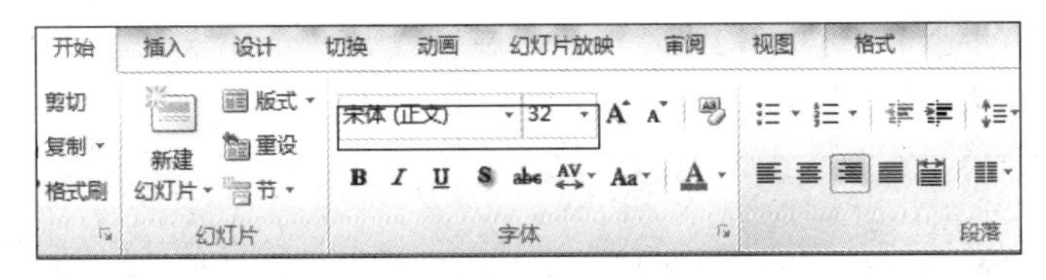

图5.1.10　标题文字格式设置

步骤3： 单击“设计”选项卡下“背景”组中的“背景样式”按钮，在弹出的下拉列表中选择“设置背景格式”命令，如图5.1.11所示。

图5.1.11　“背景格式”下拉列表

步骤4：在弹出的“设置背景格式”对话框中选中“图片或纹理填充”单选按钮，单击“纹理”选项框中的▼，在出现的纹理列表中选择“再生纸”，如图5.1.12所示。然后，单击“关闭”按钮。

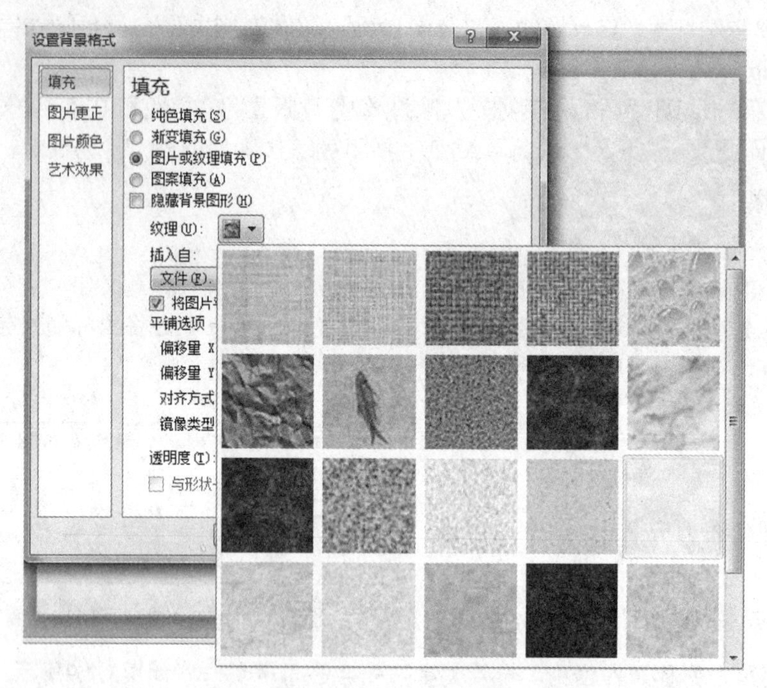

图5.1.12 “再生纸”纹理的选取

要求（2）操作示例：

步骤1：选中第2张幻灯片，在“设计”选项卡下，单击“主题”组右侧▾按钮，出现“所有主题”列表，从中找到“气流”模板，如图5.1.13所示。

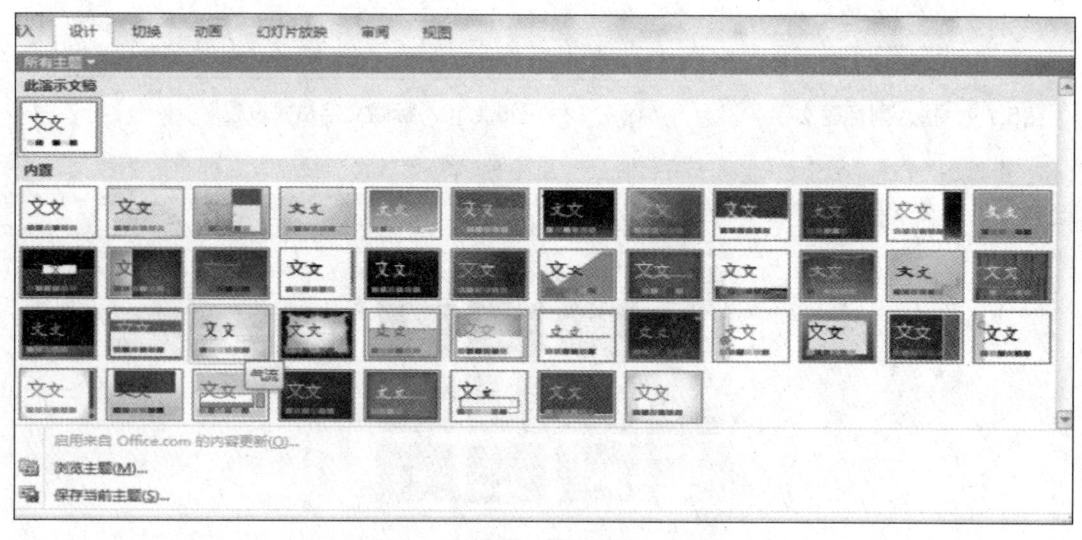

图5.1.13 选用“气流”设计模板

步骤2：选中“气流”模板后右击，在出现的快捷菜单中选择“应用于选定幻灯片”，如

图5.1.14所示。

要求（3）操作示例：

步骤1：单击选中第3张幻灯片，单击主标题占位符，输入标题文字“公司介绍”。

步骤2：单击左文本框占位符，单击“插入”选项卡下“图像”组中的“图片”按钮，弹出“插入图片”对话框，如图5.1.15所示。

步骤3：在弹出的“插入图片”对话框中，选择所要选用的图片tp1.bmp，如图5.1.16所示。然后，单击“插入”按钮，并调整图片至左文本栏合适位置。

图5.1.14　“应用于选定幻灯片”命令

图5.1.15 “插入图片”对话框

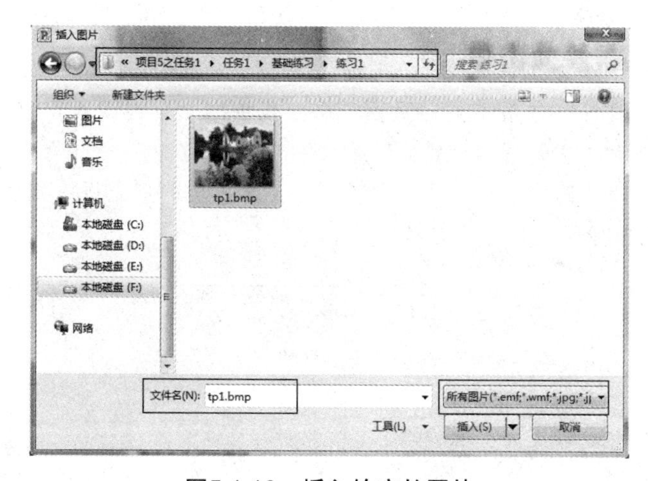

图5.1.16　插入给定的图片

【提示】

需找到待插入图片的文件，并确定其类型，否则无法插入给定的图片。

步骤4：单击右文本框占位符，单击“插入”选项卡下“表格”组中的“表格”命令，通过下拉列表中的模拟单元格，插入一个“4×3表格”（即3行4列），如图5.1.17所示。或者通过下拉菜单中“插入表格”命令来完成。将插入的表格调整至右文本栏合适位置。

【提示】

PPT中图片和表格的插入及格式的设置与Word中的操作类似，大家学习时可借鉴。

要求（4）操作示例：

步骤：将光标置于第3张幻灯片后，单击“开始”选项卡下“幻灯片”组中的“新建幻灯片”命令，在出现的“默认设置模板”列表中选取“标题和内容”版式，如图5.1.18所示。

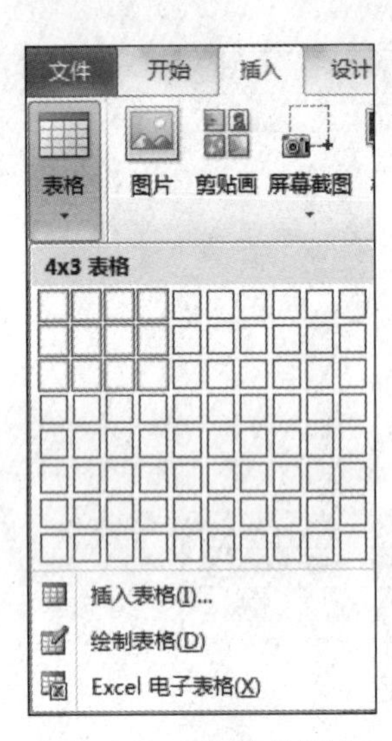

图5.1.17　表格的插入

图5.1.18　新建“标题和内容”幻灯片

要求（5）操作示例：

步骤1：选择“设计”选项卡下“页面设置”组中的“页面设置”命令，弹出“页面设置”对话框，将幻灯片方向设置为“横向”，如图5.1.19所示。

步骤2：在“文件”选项卡单击“打印”命令，在出现的列表框中选择讲义模式中“3张幻灯片”，如图5.1.20所示。

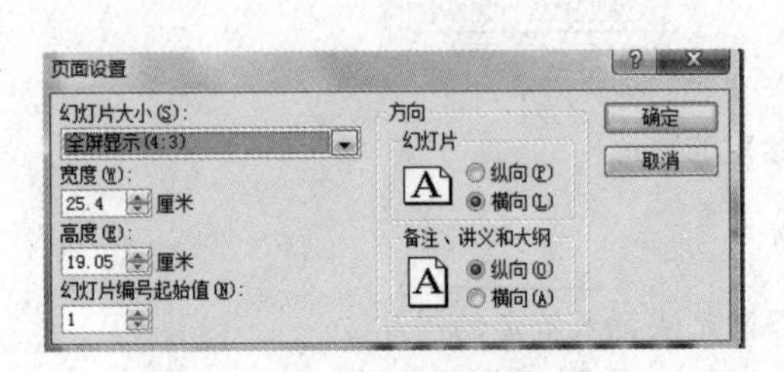

图5.1.19　“页面设置”对话框

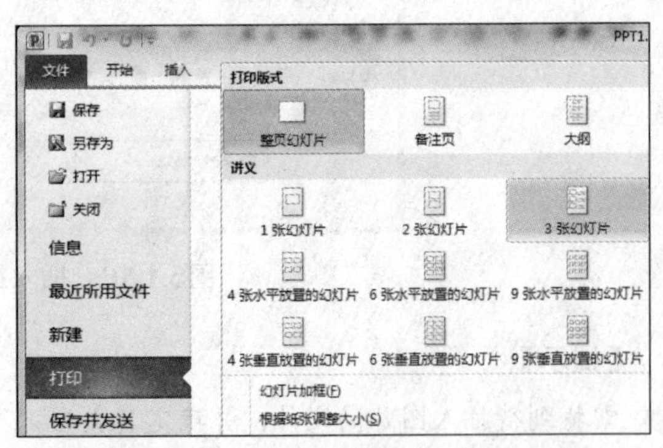

图5.1.20　“讲义幻灯片”打印设置

环节三　自我巩固

打开“教学资源\项目五\任务一\基础练习，按题目所示完成 “练习1～练习 4”中的习题，并正确保存。

【提示】

（1）PowerPoint 2010模板的应用需注意是应用于“所有幻灯片”还是“选定幻灯片”。

（2）PowerPoint2010中“开始”及“插入”选项卡中各组命令的运用与Word 2010中的有诸多相似之处，请各位操作时注意其关联性。

环节四　自我实现

参考项目三任务一、任务三所制作的自荐信和个人简历（也可另行准备资料），制作个人介绍PPT演示文稿。制作过程中需注意以下要求：

（1）PPT的模版自定，需有标题幻灯片，最后一张幻灯片需表示致谢。

（2）演示文稿中的文本、图片格式自定。

（3）预览效果以视觉舒服为宜。

（4）文稿以“×××个人介绍.pptx”命名并保存。

（5）幻灯片的张数控制在15张之内，并将其打印出来。

【试一试】

（1）若要检查幻灯片的制作效果，可通过“幻灯片”选项卡下“开始放映幻灯片”组中“从头开始”进行播放观看，按【Esc】键退出放映。

（2）如果录制了个人微视频，也可插入其中。

任务目标

学习完本次任务，请对自己作个评价，如果不会，就要多下点功夫。

<table>
<tr><th rowspan="2">序号</th><th rowspan="2">内　　容</th><th colspan="3">评　　价</th></tr>
<tr><th>会</th><th>基本会</th><th>不会</th></tr>
<tr><td>1</td><td>幻灯片的新建和保存</td><td></td><td></td><td></td></tr>
<tr><td>2</td><td>文本的输入及格式设置</td><td></td><td></td><td></td></tr>
<tr><td>3</td><td>图片、表格的插入及格式设置</td><td></td><td></td><td></td></tr>
<tr><td>4</td><td>幻灯片模板的设置</td><td></td><td></td><td></td></tr>
<tr><td>5</td><td>新幻灯片的插入</td><td></td><td></td><td></td></tr>
<tr><td>6</td><td>幻灯片背景的设置</td><td></td><td></td><td></td></tr>
<tr><td>7</td><td>幻灯片的打印</td><td></td><td></td><td></td></tr>
<tr><td colspan="5">你的体会：</td></tr>
</table>

知识链接

一、PowerPoint 2010的视图

1. 普通视图

普通视图是创建演示文稿的默认视图。在“普通”视图下，窗口由三个窗格组成：左侧的“幻灯片浏览/大纲”窗格、右侧上方的“幻灯片”窗格和右侧下方的“备注”窗格。可以同时显示演示文稿的幻灯片缩略图（或大纲）、幻灯片和备注内容。通过“幻灯片浏览/大纲”窗格上面的“幻灯片”和“大纲”选项卡，可以决定在“幻灯片浏览/大纲”窗格中显示的是幻灯片缩略图还是幻灯片的文本内容。

一般地，“普通”视图下“幻灯片”窗格面积较大，但显示的3个窗格大小是可以调节的，方法是拖动两部分之间的分界线。

2. 幻灯片浏览视图

在幻灯片浏览视图中，一屏可以显示多张幻灯片缩略图，可以直观地观察演示文稿的整体外观，便于进行多张幻灯片顺序的编排、复制、移动、插入和删除等操作。

3. 备注页视图

在此视图下显示一张幻灯片及其下方的备注页。用户可以输入或编辑要应用于当前幻灯片的备注页的内容。

4. 阅读视图

在阅读视图下，只保留幻灯片窗格、标题栏和状态栏，其他编辑功能被屏蔽，目的是幻灯片制作完成后的简单放映浏览。通常是从当前幻灯片开始放映，单击可以切换到下一张幻灯片，直到放映最后一张幻灯片后退出阅读视图。放映过程中随时可以按【Esc】键退出阅读视图。

5. 幻灯片放映视图

只有在“幻灯片放映”视图下，才能全屏放映演示文稿，才能看到图形、计时、电影、动画效果和切换效果在实际演示中的具体效果。在“幻灯片放映”视图下不能对幻灯片进行编辑，若不满意幻灯片效果，按【Esc】键可以退出“幻灯片放映”视图。

6. 母版视图

母版视图包括幻灯片母版视图、讲义母版视图和备注母版视图。它们是存储有关演示文稿信息的主要幻灯片，其中包括背景、颜色、字体、效果、占位符大小和位置。使用母版视图的一个主要优点在于，在幻灯片母版、备注母版或讲义母版上，可以对与演示文稿关联的每个幻灯片、备注页或讲义的样式进行全局更改。

二、占位符

一张幻灯片基本由标题、文本、日期、页脚和数字5个占位符区组成，在这些方框内可以放置标题及正文，或者放置SmartArt图形、图表、表格和图片等对象，在文本区可设置多达5级的层次小标题，如图5.1.21所示。文本必须输入到文本占位符（文本框）内，而不是直接输入到幻灯片页面上。

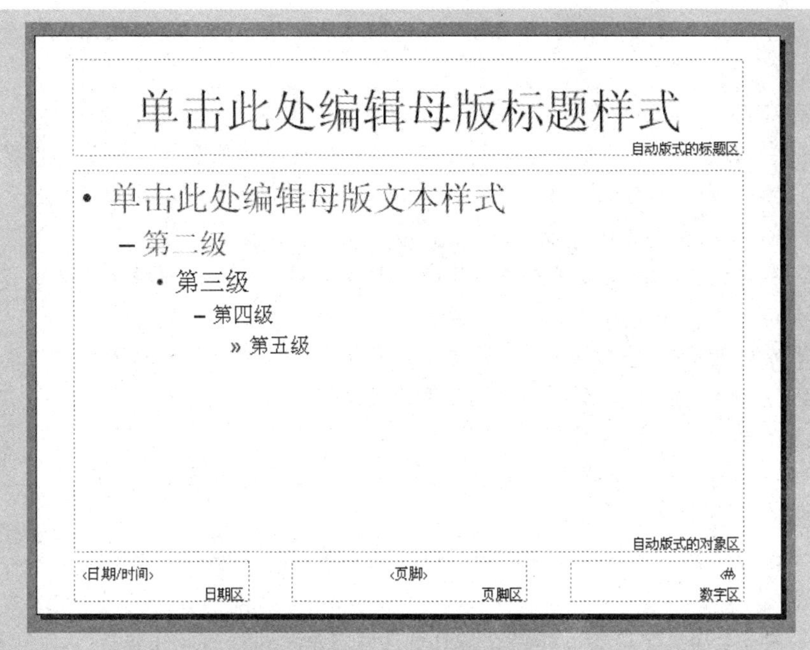

图5.1.21 占位符组成的幻灯片

三、PPT制作需注意的问题（内容）

一个好的幻灯片的制作，离不开内容和形式两部分。内容和形式在幻灯片的制作方面都起着十分重要的作用。形式是内容产生的必要基础，而内容决定形式。没有内容的话也就无所谓形式。

关于内容应注意以下几点。

PPT制作时内容上要有清晰、简明的逻辑。 而要做到内容上的逻辑性，主要从以下几个方面考虑:

- 最好用“并列”或“递进”两类逻辑，即要有清晰、简明的逻辑主线。
- 通过标题的分层，表明整个PPT的逻辑关系。
- 建议每个章节之间，插入一个空白幻灯片或标题幻灯片。
- 制作的幻灯片应方便演示的时候顺序播放，尽量避免幻灯片的回播，使观者混淆。
- 一页中不可堆积过多的内容元素

1. 文字

（1）字体、字号:

① 文字的重难点。内容应放在显著位置，在页面中中等偏上是视觉最佳位置。因此，重点内容放在页面中等偏上的位置。

② 幻灯片的英文名称“PowerPoint”原意是“重点”“要点”。幻灯片要求“简洁即美”，一页幻灯片中不要出现太多文字，特殊情况需要大量文字出现时，可分页呈现。文字尽量不要与边线没有距离，即不要顶边顶角。

③ 同级标题的字体最好要一致，同一界面中，字体不得多于三种，文字的颜色不得超过三种，否则画面凌乱。

④ 项目符号等小的装饰符可以多用，但不同级别要用不同的。若使用装饰符号，就不要使用序号。

⑤ 标题文字应该要略大于正文文字，正文文字和标题文字大小不要差很多。

⑥ 对需要强调的部分，可以通过加着重号、下画线、改变字体、颜色、倾斜、加粗、调整文字的空间、前后加空格，或放大、缩小文字等实现，但文字加边框应慎用，加上边框后往往会显得文字过多，太拥挤。

⑦ 文字不要太长，一般文字宽度与长度的最大比例为1:2.5，超过此比例就会给人不舒服的感觉。

⑧ 艺术字的使用一定要恰当，形式要与内容相符，如波浪形艺术字的使用会使画面生动活泼，但是如果在内容比较严肃时使用，则会适得其反。

（2）段落:

① 如果一页幻灯片中文字又小又多，文字间的距离应适当放宽，段落之间的行距也要加大；如果文字偏大，则反过来处理。

② 文字之间要按层次合理设置间距，文字的位置要符合整体要求，即文字行距及整体的位置应恰当。

③ 避免不必要的文字换行，非得转行时要注意在语义停顿的地方转行。

2．图形

（1）变形或模糊的图片应做相应处理之后再用，同时也可对图片资源进行处理，选取自己想要的部分。

（2）太鲜艳和灰色太多的图片不适合作背景，容易分割画面的不宜做背景图。

（3）装饰性图片用在恰当的地方可以画龙点睛，用得不恰当则会适得其反。

（4）忌一页幻灯片中塞满各种图表。

（5）清晰图片不要任意拖拉，变形，图片的位置摆放要合理。

3．声音

PPT中的声音应与PPT的内容相符。如果内容是活泼的，则插入活泼的音乐；若内容较严肃，则插入严肃一点的。插入的声音必须是清晰的。

4．动画

（1）画面的切换可以加一些动态特效，图片也可以加一些动态特效，但是不能太炫，太花哨，以免分散观众的注意力。

（2）PPT中插入的动画也应与PPT的内容相符，二者相呼应。

5．图文关系

（1）课件中采用图片应与主题相符。

（2）图片与文字安排不能太紧凑，内容太多可多分几个页面。

（3）背景色太亮要使用深色文字。

（4）图文混排要合理恰当，要突出主体内容。

（5）文字尽量不要与图片相叠加，可适当采取文本框来说明图片。

任务二　制作实习汇报

任务目标

通过本任务，使学生能对演示文稿的进行美化、设置动画效果及切换方式，并能正确放映及打包演示文稿。

（1）能熟练设置幻灯片母版，如对母版主题、背景等进行设置。

（2）能熟练运用“动画”“切换”功能区中的命令进行动画效果和切换方式的设置。

（3）能插入SmartArt图形，并进行简单的编辑。

（4）能熟练放映及打包幻灯片。

任务描述

为了让同学们之间切磋专业知识，交流实训期间的心得体会，锻炼同学们的表达能力，实训老师要求各组同学在实训模块结束后制作一份实训汇报PPT，并推选代表进行演说。李华被他所在小组安排制作此份实训汇报，为了使PPT有新意而且风格统一，他打算通过母版进行设计，并设置动画效果、放映方式等。

任务分析

鉴于李华的制作实训汇报PPT，也是属于演示文稿，故仍建议李华同学选择PowerPoint 2010应用程序制作个人介绍。

任务实施

环节一　我示范你练习

打开“教学资源\项目五\任务二\基础练习\练习1\PPT1.pptx”文件。要求如下：

（1）将标题幻灯片设置为“新闻纸”主题样式，在幻灯片母版中更改颜色为“波形”，字体更改为“暗香扑面”，将母版中填充色为灰色的形状重新设置填充色为“雨后初晴”。

（2）第1张幻灯片中主标题采用从底部飞入动画效果，副标题文字“一字公司研制”，设为单击鼠标时“盒状”的动画效果。

（3）第2张幻灯片，输入标题“公司介绍”，在下方文本框内插入SmartArt图形中“垂直框列表”，并依次输入“经营项目、公司特色、联系方式”。

（4）通过第3张幻灯片上的“返回”文字与第2张幻灯片建立超链接。

（5）所有幻灯片的切换方式设为“从右上部揭开”，放映方式为“循环放映”。

（6）制作完成后，需交该文稿打包成CD，以方便在其他计算机上播放。

实现步骤

要求（1）操作示例：

步骤1： 单击“设计”选项卡下的“主题”组中右侧“其他”按钮，打开整个主题列表，选择“新闻纸”主题，如图5.2.1所示。

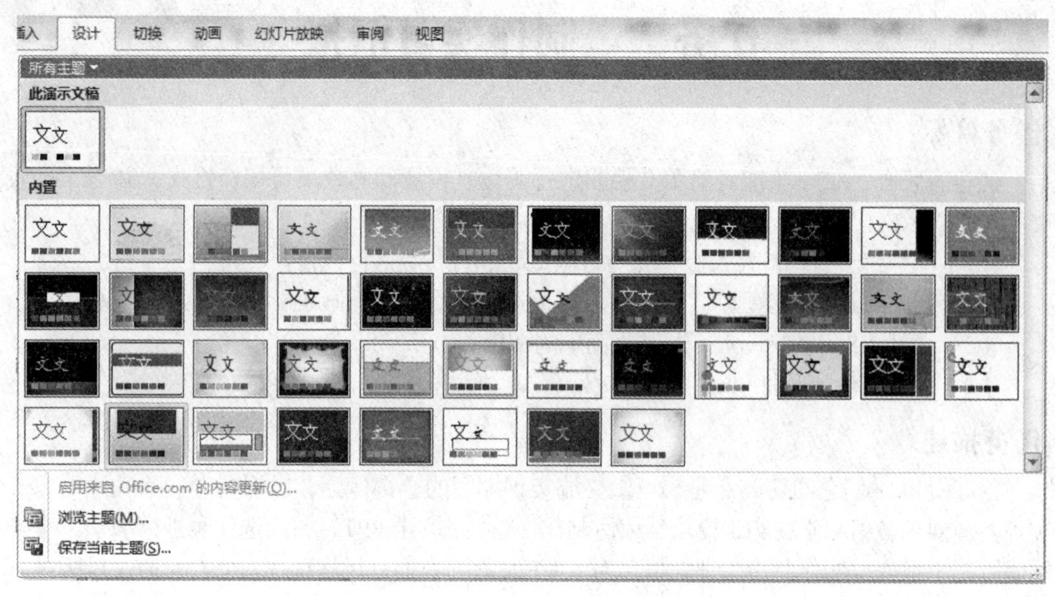

图5.2.1　设置“新闻纸主题”

步骤2：单击“视图”选项卡下“母版视图”组中“幻灯片母版”按钮，进入“幻灯片母版”选项卡，如图5.2.2和图5.2.3所示。

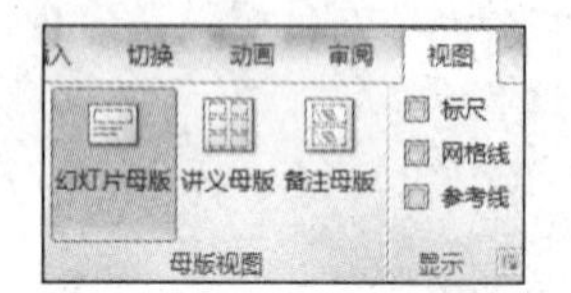

图5.2.2　“幻灯片母版”按钮

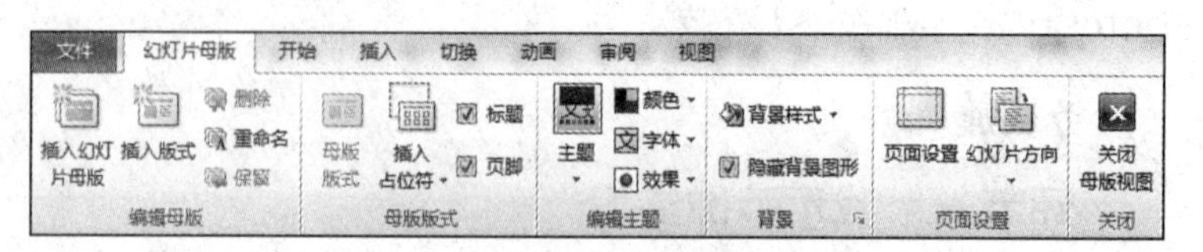

图5.2.3　“幻灯片母版”选项卡

步骤3：单击“幻灯片母版”选项卡中的“编辑主题”组中单击“颜色”按钮，在下拉列表中单击“波形”主题颜色，如图5.2.4所示。

步骤4：在“幻灯片母版”选项卡中的“编辑主题”组中单击“字体”按钮，在下拉列表中单击“暗香扑面”主题字体，如图5.2.5所示。

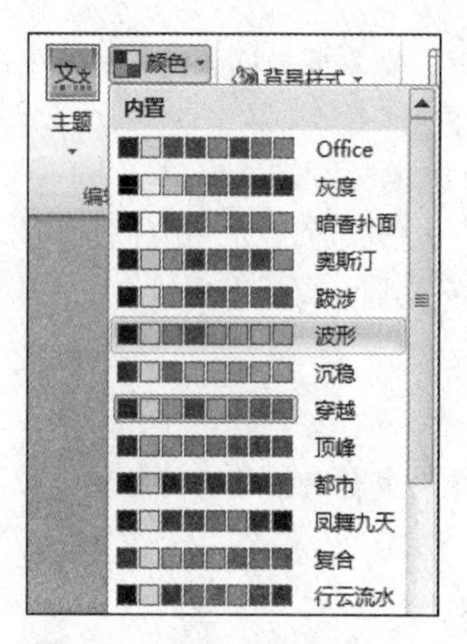

图5.2.4　更改主题“颜色”

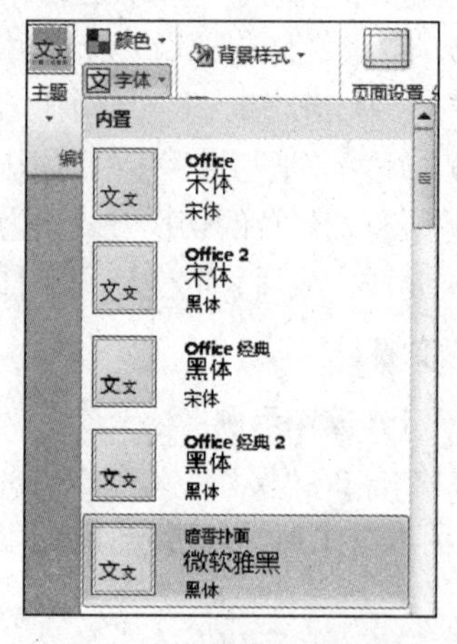

图5.2.5　更改主题“字体”

步骤5：在“幻灯片母版”选项卡中的“背景”组中单击“背景样式”按钮，在下拉列表中选择“设置背景格式”命令，如图5.2.6所示，便可弹出“设置背景格式”对话框。或者右击标题母版中填充为灰色的形状，在弹出的快捷菜单中选择“设置形状格式”命令，也可弹出“设置形状格式”对话框。

步骤6：在弹出的“设置背景格式”对话框“填充”选项卡中选择“渐变填充”，单击“预设颜色”的下拉按钮，在展开的下拉列表中选择“雨后初晴”，如图5.2.7所示。

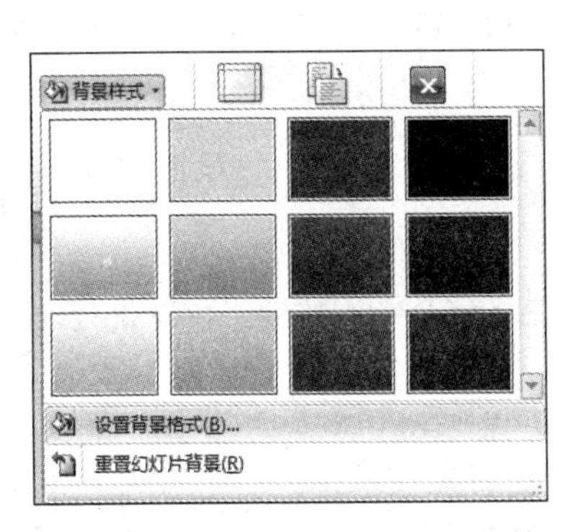

图5.2.6　“背景样式”下拉菜单

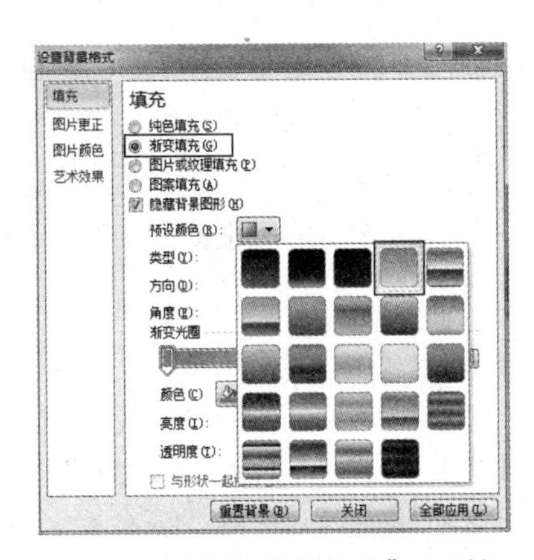

图5.2.7　“设置背景格式”对话框

步骤7：单击“关闭”按钮。在“视图”选项卡中单击“演示文稿视图”组中的“普通视图”按钮，标题幻灯片的最终效果如图5.2.8所示。

图5.2.8　标题幻灯片最终效果

要求（2）操作示例：

步骤1：在第1张幻灯片中单击标题，在“动画”选项卡下单击“动画”组中的“飞入”按钮，如图5.2.9所示。

步骤2：单击“动画”组中“效果选项”按钮，选择“自左侧”进入方向，如图5.2.10所示。

图5.2.9 设置“飞入”动画

图5.2.10 设置“自左侧”飞入

步骤3：单击副标题，在“动画”选项卡下单击“动画”组右侧按键，在下拉列表中选“更多进入效果”命令，如图5.2.11所示。

步骤4：在弹出的“更改进入效果”对话框中选择“基本型”中的“盒状”效果，如图5.2.12所示。或者通过单击“高级动画”组中的“添加动画”按钮，在下拉列表中选择“更多进入效果”命令，在弹出的“添加进入效果”对话框中选择“基本型”中“盒状”效果。

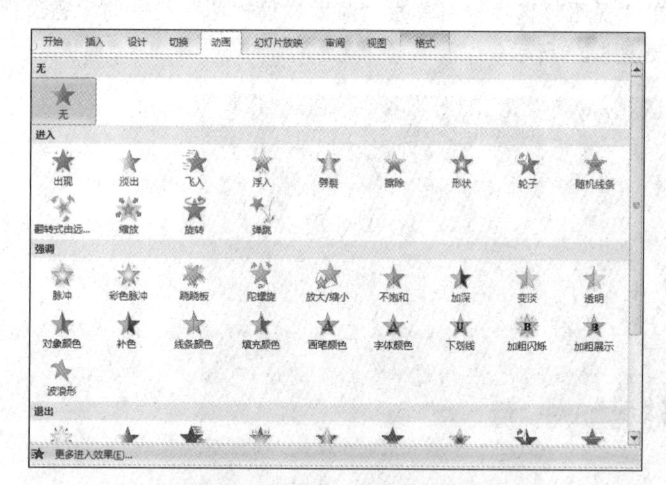

图5.2.11 “动画”组下拉列表

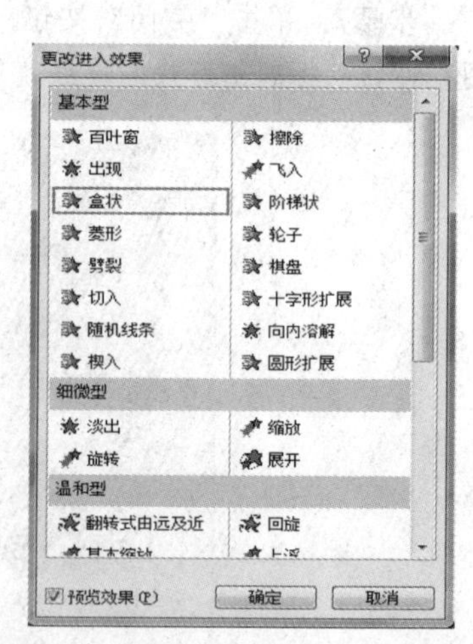

图5.2.12 添加“盒状”进入效果

要求（3）操作示例：

步骤1：选中第2张幻灯片，单击标题占位符文本框，输入“公司介绍”，设置居中。

步骤2：单击文本占位符区，单击“插入”选项卡下“插图”组中的按钮，如图5.2.13所示。

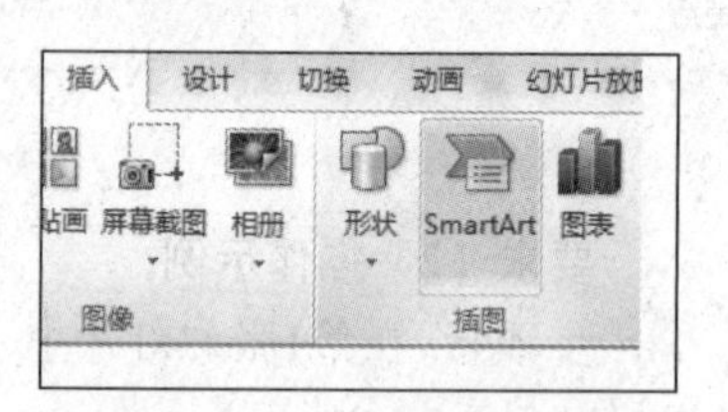

图5.2.13 “SmartArt”按钮

步骤3：弹出“选择SmartArt图形”对话框后，在列表中选择“垂直框列表”，如图5.2.14所示，单击“确定”按钮。

步骤4： 在“垂直框列表”内的文本区中分别输入“经营项目、公司特色、联系方式”，效果如图5.2.15所示。

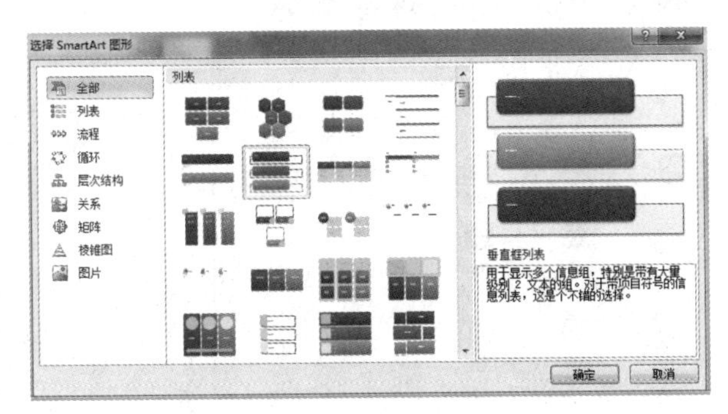

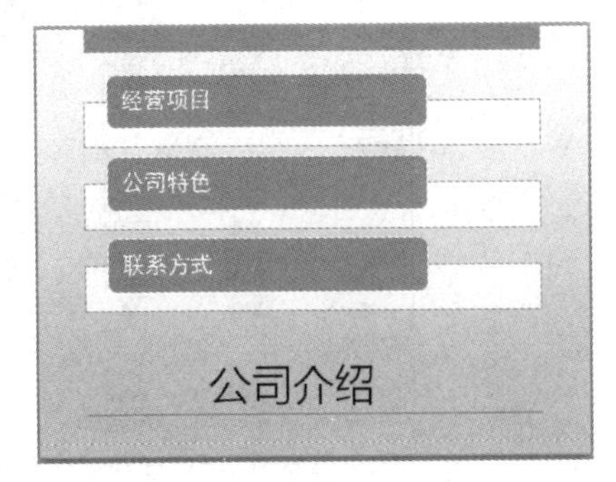

图5.2.14　“选择SmartArt图形”对话框　　图5.2.15　插入“SmartArt图形”的效果图

要求（4）操作示例：

步骤1： 选中第3张幻灯片中的“返回”文字，在“插入”选项卡下的“链接”组中单击“超链接”按钮，如图5.2.16所示。

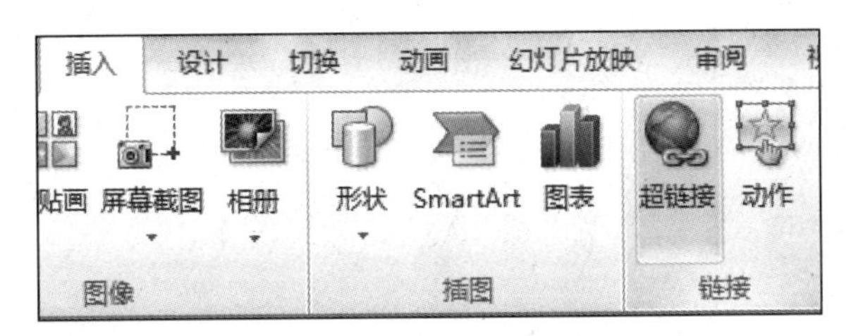

图5.2.16　“超链接”按钮

步骤2： 在弹出的“插入超链接”对话框中选中“本文档中的位置”中的第2张幻灯片，如图5.2.17所示，单击“确定”按钮。

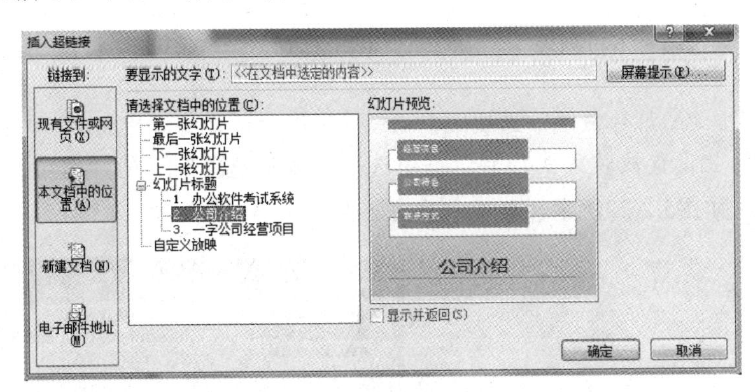

图5.2.17　“插入超链接”对话框

要求（5）操作示例：

步骤1： 单击第1张幻灯片，单击“切换”选项卡下“切换到此幻灯片”组右侧按钮，在出现的列表中选择“揭开”，如图5.2.18所示。

步骤2： 单击“切换到此幻灯片”组右侧“效果选项”按钮，在出现的下拉列表中选择“自右上部”，如图5.2.19所示。

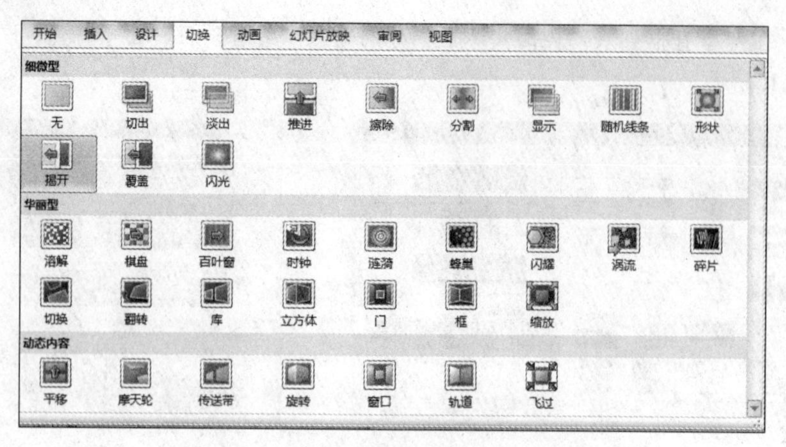

图5.2.18 “切换到此幻灯片”方式列表

步骤3：设置完切换方式后，最后单击“计时”组中“全部应用”按钮，以将此切换方式应用于所有幻灯片，如图5.2.20所示。否则所设置的切换方式只应用于选中的幻灯片。

图5.2.19 “效果选项”下拉列表

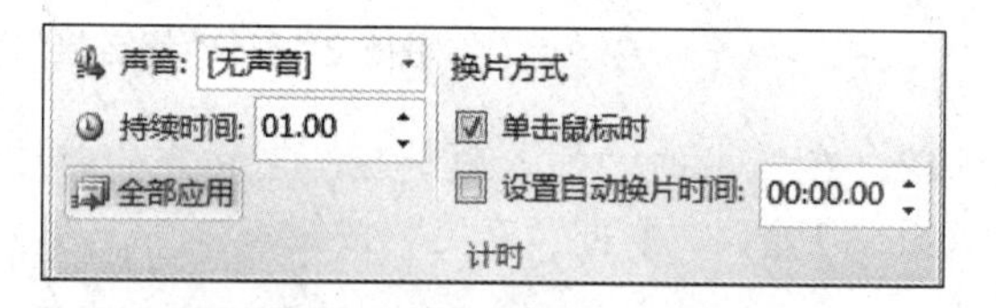

图5.2.20 “全部应用”按钮

步骤4：单击“幻灯片放映”选项卡中“设置”组“设置幻灯片放映”按钮，如图5.2.21所示。在弹出的“设置放映方式”对话框中选中“放映选项”下的“循环放映，按ESC键终止”复选框，如图5.2.22所示，单击“确定”按钮。

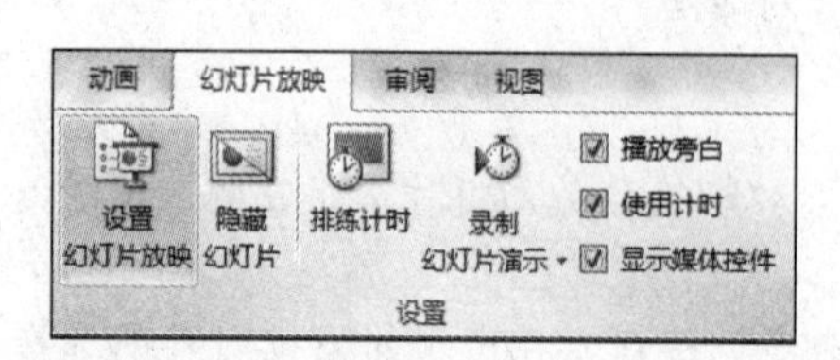

图5.2.21 “设置幻灯片放映”按钮

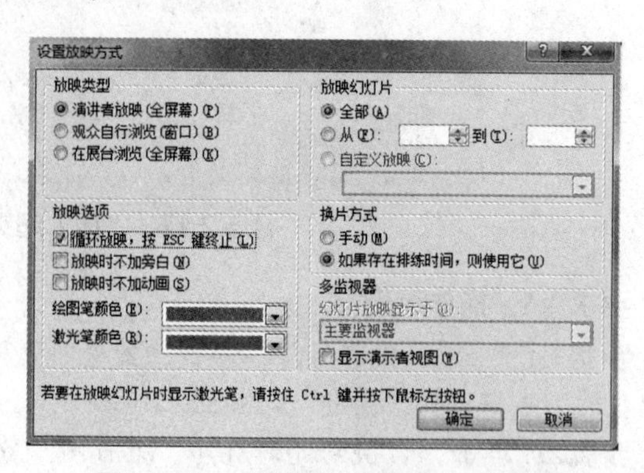

图5.2.22 “设置放映方式”对话框

要求（6）操作示例：

步骤：单击“文件”选项卡，从弹出的菜单中单击“保存并发送”命令，在“保存并发送”选择面板中单击“将演示文稿打包成CD”选项，如图5.2.23所示。在“将演示文稿打包成CD”选项组中单击“打包成CD”按钮，打开“打包成CD”对话框，如图5.2.24所示，在其中进行设置即可。

【提示】

演示文稿制作完成后，往往不是在同一台计算机上放映，如果仅仅将制作好的课件复制到另一台计算机上，而该计算机又未安装PowerPoint应用程序，或者演示文稿中使用的链接文件或TrueType字体在该计算机上不存在，则无法保证文件的正常播放。因此，一般在演示文稿制作完成后需要将其打包。

图5.2.23　“将演示文稿打包成CD”选项

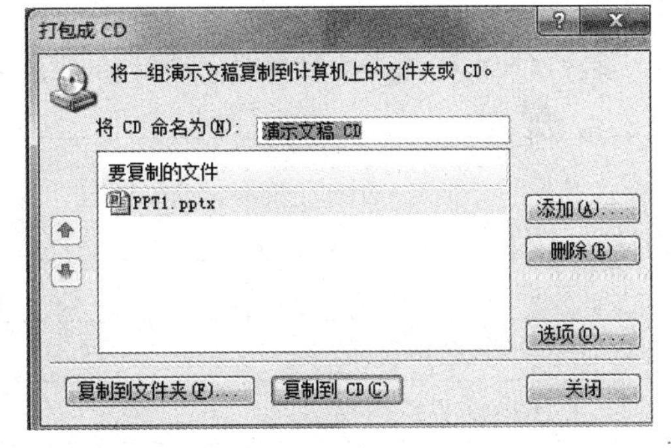

图5.2.24　“打包成CD”对话框

环节二　自我巩固

打开“教学资源\项目五\任务二\基础练习”，按题目所示要求完成“练习1～练习 4”中的习题，并正确保存。

【提示】

（1）PowerPoint 2010模版的应用需注意是应用于“所有幻灯片”还是“选定幻灯片”。

（2）PowerPoint2010中“开始”及“插入”选项卡中各组命令的运用与Word 2010中的有诸多相似之处，请各位操作时注意其关联性。

环节三 自我提升

打开“教学资源\项目五\任务二\提升练习”，按题目所示要求完成 “练习1～练习 4”中的习题，并正确保存。

【试一试】

在设置动画效果、切换方式时，通过“计时”还可对时间等进行设置。另外可自绘一些图形作为链接的按钮。

环节四 自我实现

参考项目三任务四所制作的实训报告（或另行准备资料），制作一份实训汇报PPT演示文稿。制作过程中需注意以下要求：

（1）PPT的模板自定，但最好能应用“母版视图”进行设计，以保证整体的一致性。

（2）演示文稿中需有标题幻灯片，结尾需致谢。

（3）PPT中要有动画效果，要对幻灯片的切换方式、放映方式有设置。

（4）文本、图片、表格格式自定，效果以放映观后舒服为宜。

（5）文稿以“××组实训汇报.pptx”命名并保存。

（6）幻灯片的张数控制在15张之内。

【试一试】

在演示文稿放映过程中，右击，从弹出的快捷菜单中能获取一些很有用的操作，比如可将鼠标指针变成“笔”，从而做到边播放边标记，以引起听众的关注。

任务评价

学习完本次任务，请对自己做个评价。如果不会，想想问题出在哪，并努力学会。

序号	内　　容	评　　价		
		会	基本会	不会
1	幻灯片母版的格式设置			
2	动画效果的设置			
3	切换方式的设置			
4	SmartArt 图形插入及编辑			
5	放映方式的选择			
6	演示稿的打包			
你的体会：				

知识链接

一、PPT模板与母版的作用和区别

（1）模板：演示文稿中的特殊一类，扩展名为.potx。模板用于提供样式文稿的格式、配色方案、母版样式及产生特效的字体样式等。应用设计模板可快速生成风格统一的演示文稿。它是一个专门的页面格式，它会告诉你什么地方填什么，可以拖动修改。

（2）母版：体现了演示文稿的外观，包含了演示文稿中的共有信息。每个演示文稿提供了一个母版集合，包括：幻灯片母版、标题母版、讲义母版、备注母版等母版集合。它能控制基于它的所有幻灯片，对母版的任何修改会体现在很多幻灯片上，所以每张幻灯片的相同内容往往用母版来做，提高效率。

二、PPT制作需注意的问题（形式）

一个好的幻灯片的制作，除了应注意内容方面的制作外，还应在形式方面注意以下几点。

1. 构图

（1）画面分割：

①上下分割。用横线分割画面时，最好采用细线或用渐变来分割。

② 左右分割。

③ 图片不多的情况下可以做斜向分割。

④ 并置分割：简洁大方。

（2）对称式构图：对称式构图具有平衡、稳定、相呼应的特点。缺点：呆板、缺少变化。

（3）对角线式构图：对角线形构图是最基本的经典构图方式之一，把主体安排在对角线上，能有效利用画面对角线的长度，同时也能使陪体与主体发生直接关系，显得活泼，吸引人的视线，达到突出主体的效果。

（4）三角形构图：以三个视觉中心为景物的主要位置，有时是以三点成一面的几何形成安排景物的位置，形成一个稳定的三角形。三角形构图具有安定、均衡、灵活等特点。

（5）三分式构图。

（6）螺旋形构图方式。

此外，一页幻灯片中的两个对象间要留有空间。

2. 色彩

（1）PPT艺术设计之背景配色，原则上不超过4种颜色。

（2）以色相为基础的配色方法有：

- 同色，不同明度。
- 临近色搭配。
- 对比色搭配。
- 补色搭配。

（3）画面的背景不要太艳，注意色彩的对比与视觉的舒适。

（4）幻灯片背景切换时色彩变化不能太突然，要渐变（三种颜色对比强烈时不宜出现在同一幻灯片中）。

（5）背景文字应与背景图片上的颜色元素形成呼应，不能混为一体。

3. 风格

课件的总体风格要统一，画面上保持一致或渐变的背景，自然过渡，和谐又自然。

总之，制作PPT是为了达到信息传输的最优化，要尽可能减少不必要的操作和容易分散听众精力的设计，使其充分发挥其应有的作用。

项目六 Internet基础知识与应用

一、项目概述

本项目共集成了3个任务，分别是浏览和搜索网络、下载网络资源和收发电子邮件。

（1）浏览和搜索网络主要讲解Internet的基础知识，利用Internet浏览网页和搜索相关信息。

（2）下载网络资源主要讲解使用网页下载和使用迅雷下载的操作方法。

（3）收发电子邮件主要讲解电子邮箱的申请以及邮件的收发。

二、项目目标

完成本项目，学生能掌握网络基础知识，可以熟练完成IE9浏览器的基本操作及信息检索，使用邮箱收发电子邮件，资料下载。

任务一　浏览和搜索网络

任务目标

通过本任务，使学生理解Internet的基础知识，能独立浏览网页和通过Internet搜索相关信息。

（1）了解Internet的服务内容，熟悉IE浏览器的界面，熟练掌握IE浏览器的使用。

（2）能熟练掌握搜索引擎，并能查找相关信息。

（3）快速有效地搜索所需要的信息。

任务描述

叶玲同学准备放暑假时外出自助旅游，她需要了解当地的风俗习惯和当地的自助游攻略，请你帮助她查找一下吧，助叶玲同学在假期有一个美好的假期。

任务分析

我们现在所处的是互联网时代，浏览器成为我们介入互联网的重要软件，我们使用浏览器可以看电影、听歌、查找资料等，还可快速浏览网页、保存与收藏网页、下载所需要的资料等。因此，叶玲同学要学会使用浏览器并快速有效地搜索所需信息。

任务实施

环节一 我讲授你练习

（一）认识浏览器

1. 常见的浏览器

常见的浏览器有IE浏览器、QQ浏览器、搜狗浏览器、傲游浏览器、360浏览器等，如图6.1.1所示。

图6.1.1 常见的浏览器

2. IE浏览器

IE浏览器即Internet Explorer，简称IE，是微软公司推出的一款网页浏览器，如图6.1.2所示，是目前较常用的浏览器。

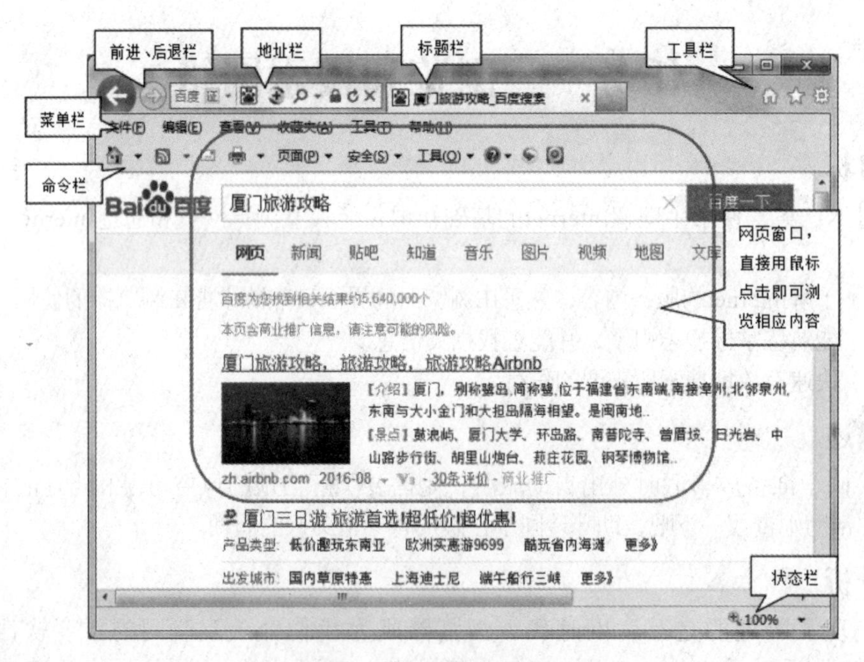

图6.1.2 IE浏览器界面

（二）常见的搜索引擎

搜索引擎是网络服务商开发的软件，可用来迅速搜索与某个关键字匹配的信息。这些搜索引擎都是免费的，可自由使用。常见的搜索引擎有以下几种：

（1）Google（谷歌）：Google成立于1997年，是目前世界上最大的搜索引擎，其网址为http://www.google.com.hk，如图6.1.3所示。

图6.1.3　Google 搜索界面

（2）Baidu（百度）：Baidu又名“百度”，是全球最大的中文搜索引擎，也是全球最大的中文图片库。其网址为：www.baidu.com，如图6.1.4所示。

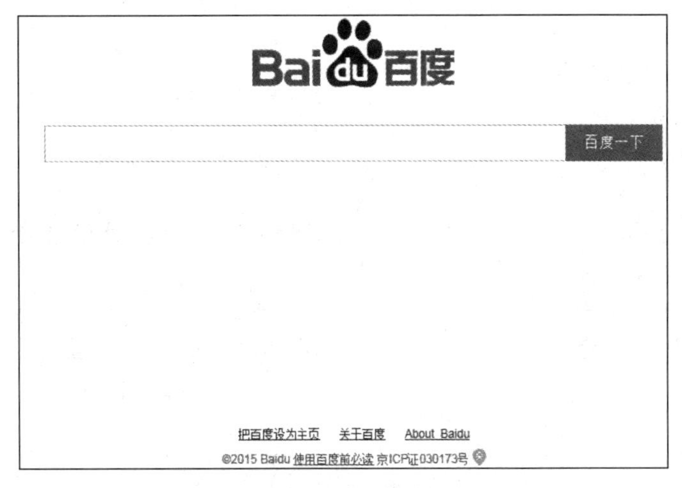

图6.1.4　Baidu搜索界面

（3）Yahoo（雅虎）：是美国著名的互联网门户网站，是最早的目录索引之一，其网址为：http://www.yahoo.com.cn，如图6.1.5所示。

图6.1.5　Yahoo搜索界面

其他常见的几种搜索引擎：

易搜：http://www.yisou.com。

搜狗：http://www.sogou.com。

狗狗：http://www.gougou.com。

中搜：http://www.zhongsou.com。

（三）个性化的IE设置

在IE窗口中选择“工具”|“Internet选项”菜单命令，打开“Internet选项”对话框，自左向右依次为“常规”“安全”“隐私”“内容”“连接”“程序”“高级”七个选项卡。在这几个选项卡中可根据需要设计主页、更改网页的字体和背景颜色、设置历史记录、设置安全级别等，如图6.1.6~图6.1.8所示。

图6.1.6 Internet选项

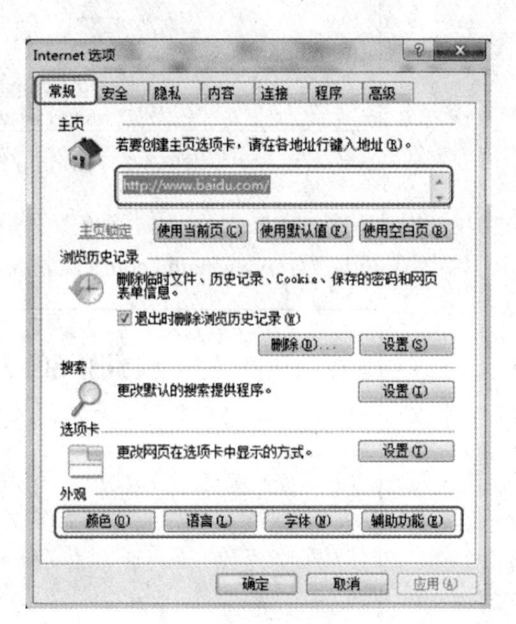

图6.1.7 Internet选项中设置主页、更改网页字体和背景颜色

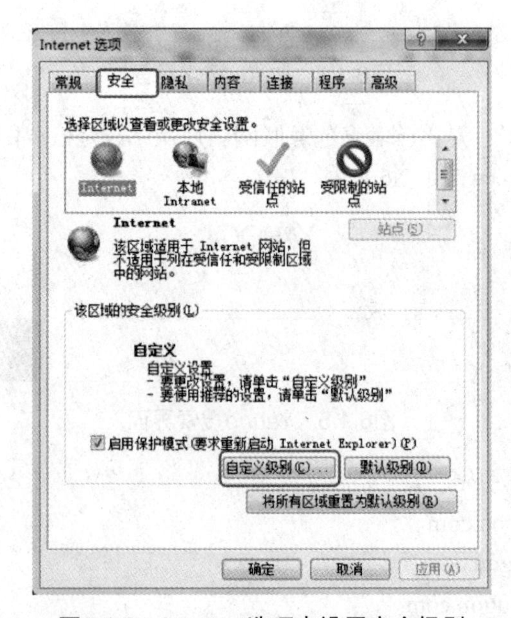

图6.1.8 Internet选项中设置安全级别

（四）保存网页内容

方法一：

（1）选中需要的文字，右击选择“复制”命令，复制选中的内容。

（2）双击“计算机”，打开D盘，新建一个Word文档，打开此Word文档，将复制的内容粘贴在文档中，并保存下来。

方法二：选择菜单栏上的“文件”|“另存为”命令，可将网页保存下来，以便离线查看网页内容，如图6.1.9和图6.1.10所示。

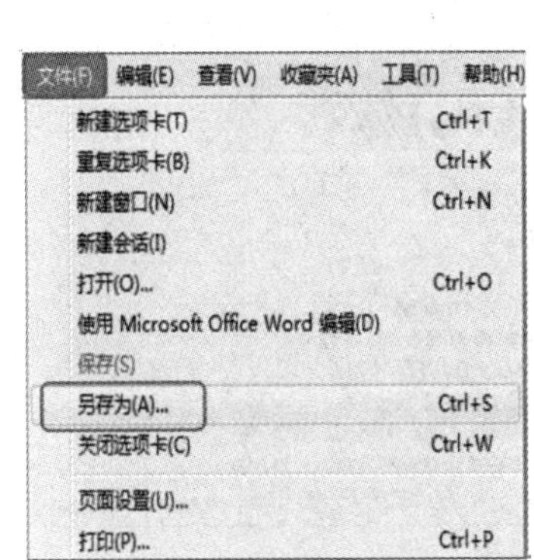

图6.1.9 另存为网页

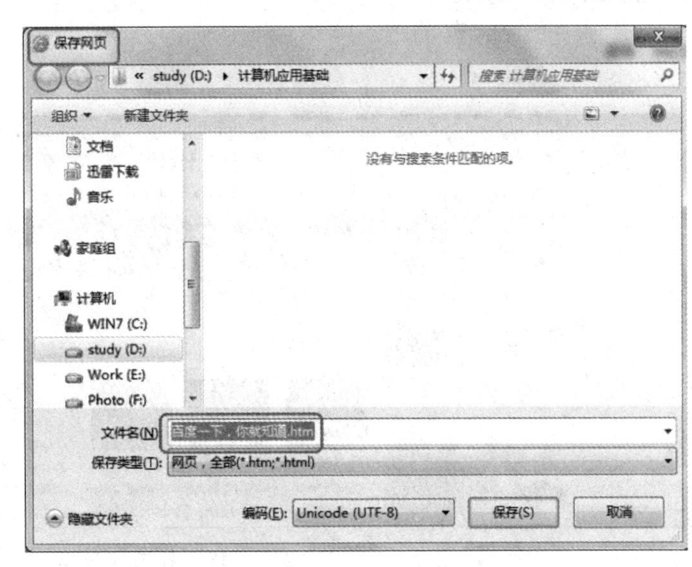

图6.1.10 保存网页内容

（五）收藏夹的使用

若需要经常浏览某些常用的页面，可以将这些页面添加到浏览器的收藏夹中，查看时可直接单击收藏夹，找到需要访问的页面。单击窗口右上角的☆按钮，在下拉菜单中单击“添加到收藏夹”右侧的下拉按钮，在下拉菜单中选择“添加到收藏夹”命令。在弹出的“添加收藏”对话框中输入网址名称，即可将其网址保存到收藏夹中，如图6.1.11所示。

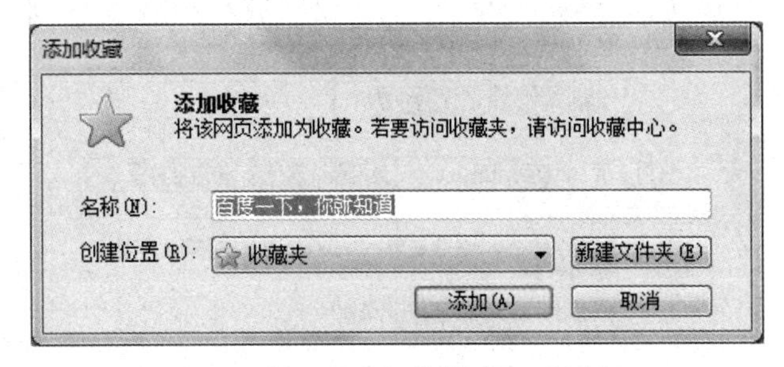

图6.1.11 “添加收藏夹”对话框

环节二 我示范你练习

打开新浪网站主页：http://www.sina.com.cn，浏览新闻页面，查看国内外新闻，并将新浪网设置为主页，将设置的选项卡以图片的形式保存到自己的文件夹中，文件名为“设置主页.jpg”。

实现步骤

步骤1：打开IE浏览器，在地址栏中输入“http://www.sina.com.cn”，打开新浪网，如图6.1.12所示。

图6.1.12　新浪网界面

步骤2：在菜单栏中选择“工具”|“Internet选项”命令，打开“Internet选项”对话框，在对话框顶部单击“常规”选项卡。在主页中对话框位置输入“http://www.sina.com.cn”，单击下方的“应用”|“确定”按钮，如图6.1.13所示。

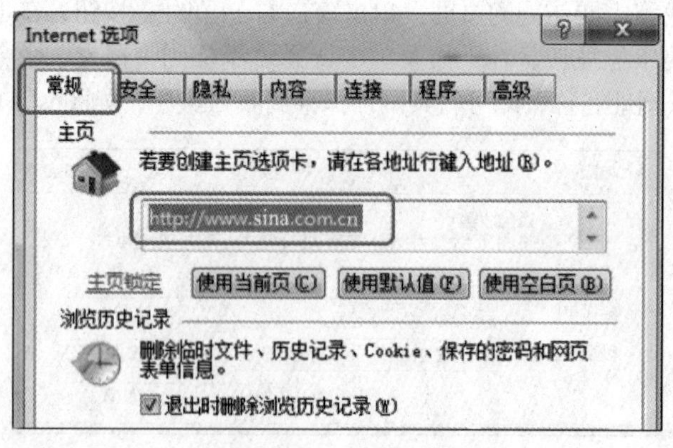

图6.1.13　设置主页

步骤3：在“Internet选项”对话框界面中，同时按下【Alt+Prtint Screen】键，将当前界面复制后，单击“开始”|“附件”|“画图”，打开“画图”程序，单击左上角的“粘贴”按键，将刚才复制的“Internet选项”对话框界面粘贴到“画图”程序中，如图6.1.14所示。

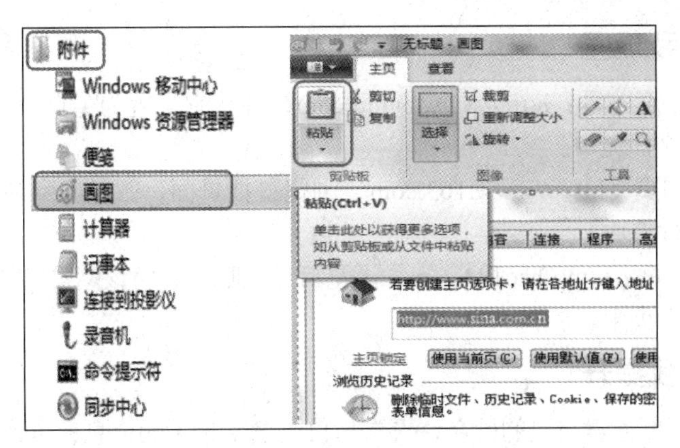

图6.1.14 复制“Internet选项”对话框

步骤4：单击“画图”程序左上角图标的三角形下拉菜单，选择“另存为”|“JPEG图片”后打开“另存为”对话框，在“文件名”中输入“设置主页.jpg”，单击“保存”按钮保存图片，如图6.1.15和图6.1.16所示。

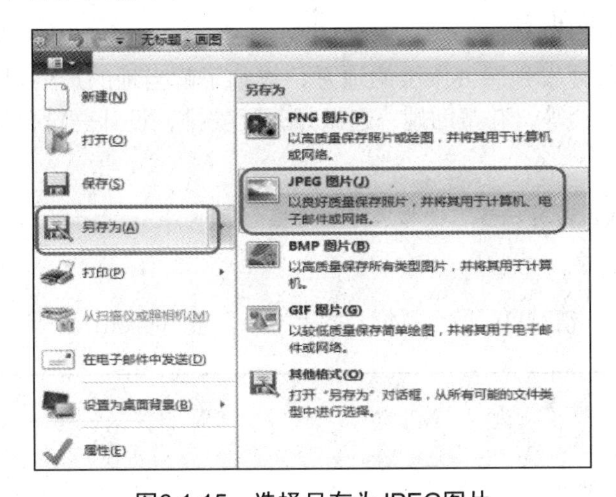

图6.1.15 选择另存为JPEG图片

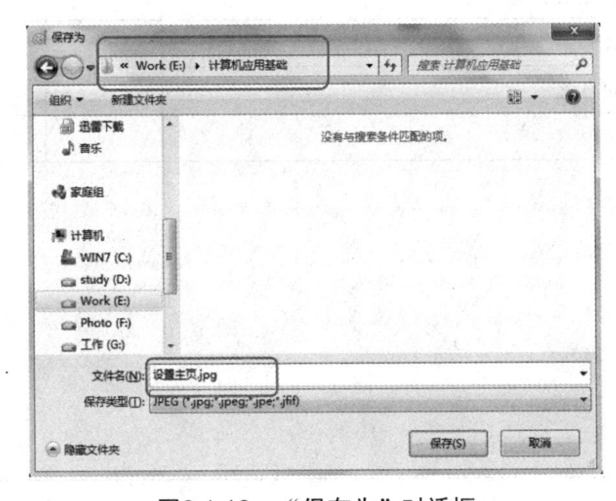

图6.1.16 “保存为”对话框

环节三　自我巩固

练习1：打开百度网页：http://www.baidu.com，并将它设置为主页，以“百度主页.jpg”为名保存到自己的文件夹中。

练习2：打开网页：http://www.163.com，浏览科技页面，并以“网易科技”为名将该页面保存到自己的文件夹中。

练习3：打开网页：http://hao123.com，浏览百度贴吧，并将该网页以“百度贴吧.htm”为名保存到自己的文件夹中。

环节四　自我提升

练习1：使用百度搜索自己的姓名，看看与自己名字相关的信息；再详细搜索你所处城市加上你的姓名，看看与自己名字相关的信息。

练习2：使用百度搜索歌曲“爱我中华”，并将该网页以“歌曲爱我中华”为名保存到自己的文件夹中。

练习3：请搜索你喜欢的电影。

环节五　自我实现

请你和叶玲一起搜索她想去旅游的地方，详细了解当地的风俗习惯、天气情况、旅游注意事项、住宿饮食等，并帮助她一起做好行程安排，设计一份合理的行程安排表。

【试一试】

搜索“黄山旅游自助游攻略”“北京游玩攻略”。

任务评价

学习完本次任务，请对自己做个评价。如果不会，想想问题出在哪，并努力学会。

序号	内　　容	评　　价		
		会	基本会	不会
1	打开和浏览网页			
2	几种常见的搜索引擎			
3	IE 浏览器的设置			
4	保存网页的方式			
5	收藏夹的使用			
你的体会：				

知识链接

（一）网络相关知识

Internet有许多重要的基本概念需要了解，包括TCP/IP协议、IP地址、域名系统、Web页、统一资源定位和E-mail地址等。表6.1.1为常见的顶级域名。

表 6.1.1　常见的顶级域名

域名代码	意义	域名代码	意义
CN	中国	COM	商业组织
JP	日本	EDU	教育机构
IN	印度	GOV	政府机关
UK	英国	MIL	军事部门
USA	美国	NET	主要网络支持
TNT	国际组织	ORG	社团机构

Internet的服务内容包括了：万维网服务（World Wide Web，WWW）、电子邮件（E-mail）、文件传输（File Transfer）、远程登录（Telnet）、新闻组（USEnet）、电子公告板系统（BBS）。

要享用Internet提供的服务，应首先接入，常用的Internet接入方式有拨号入网、专线入网和宽带入网三种方式。

（二）百度搜索引擎使用技巧

1. 简单搜索

在百度首页中输入要搜索的关键字串，再单击“百度一下”按钮，百度网站会查找出符合搜索条件的关键字串所在的网页，并以超链接的方式在网页中显示。

2. 分类搜索

百度还提供了“新闻”“贴吧”“知道”“音乐”“地图”“文库”等搜索。在百度首页中单击相应的超链接，会打开一个页面，该页面的顶部通常会有一个搜索文本框，输入关键词，然后单击“百度一下”按钮，即可进行相应的搜索。

3. 多关键字搜索

要搜索出包含多个关键字的网页，可以使用空格来连接几个关键字。

4. 精确搜索

使用双引号进行精确搜索，如输入“中国湖泊”就会搜索出包含中国湖泊四个字的所有内容，而不会搜出包含“中国”和“湖泊”两个词语的内容。

5. 限制性搜索

可使用“+”和“–”进行限制性搜索，当需要搜索包含两个或两个以上内容时，可以在几个内容之间加上“+”号；要搜索包含某一关键字的网页，并要求网页中不包含另外的关键字，这叫减除搜索，只要在需要减除的关键字之间加一个减号（–），并且在减号前预留一个空格。

6. 定点搜索

要求只在某一网站的网页上搜索某关键字，这叫定点搜索。只需要在搜索关键字之后加上网站指定，网站指定的格式为“site: 网站名”，关键字和网站指定之间留有一个空格，如“应用数学 site: sina.com.cn”。

（三）计算机拷屏幕的技巧

（1）拷全屏：直接使用键盘【PrintScreen】键（【PrtSc】）即可拷下全屏。

（2）拷当前屏幕：同时按下【Alt + PrintScreen】键即可拷下所选窗口。

（3）QQ截屏：使用QQ中的屏幕截图键，如图6.1.17所示，即可截取所需屏幕。

图6.1.17 QQ屏幕截图

任务二 下载网络资源

任务目标

通过本任务，使学生理解网络资源的概念，掌握下载的方法，并熟练使用软件进行下载。

（1）知道并说出什么是网络资料。

（2）能通过网页下载资料和使用迅雷下载软件。

任务描述

李燕同学新买了一台计算机，为了方便和同学在网上交流，她要在新计算机中下载并安装QQ软件，请你来帮帮她吧！

任务分析

互联网上的网络资源非常庞大，我们在网上浏览各式各样的信息时，还有一个重要的功能就是下载自己需要的各种网络资源，通过下载，我们可以得到自己喜欢的音乐、电影、游戏、最新版本的应用软件、驱动程序等，那么该如何进行下载呢？我们在任务一中介绍了收藏网页和通过浏览器上的菜单栏另存网页两种方法，现在我们跟着李燕同学一起来学习其他下载方法来下载软件并安装应用吧。

任务实施

环节一 我讲授你练习

常见的下载方式有Web下载、BT下载、P2P下载和流媒体下载四种方式，本节课我们跟大家一起学习常用的两种：一种是使用IE浏览器直接进行Web方式的下载；另一种是使用工具软件进行下载，本次课我们以P2P下载方式中的迅雷下载软件为例进行示范。

一、使用IE浏览器直接下载

1. 文字资源的下载

打开网页，选择需要的文字资料，右击，在弹出的快捷菜单中选择“复制”命令，打开Word文档后进行“粘贴”即可，如图6.2.1所示。

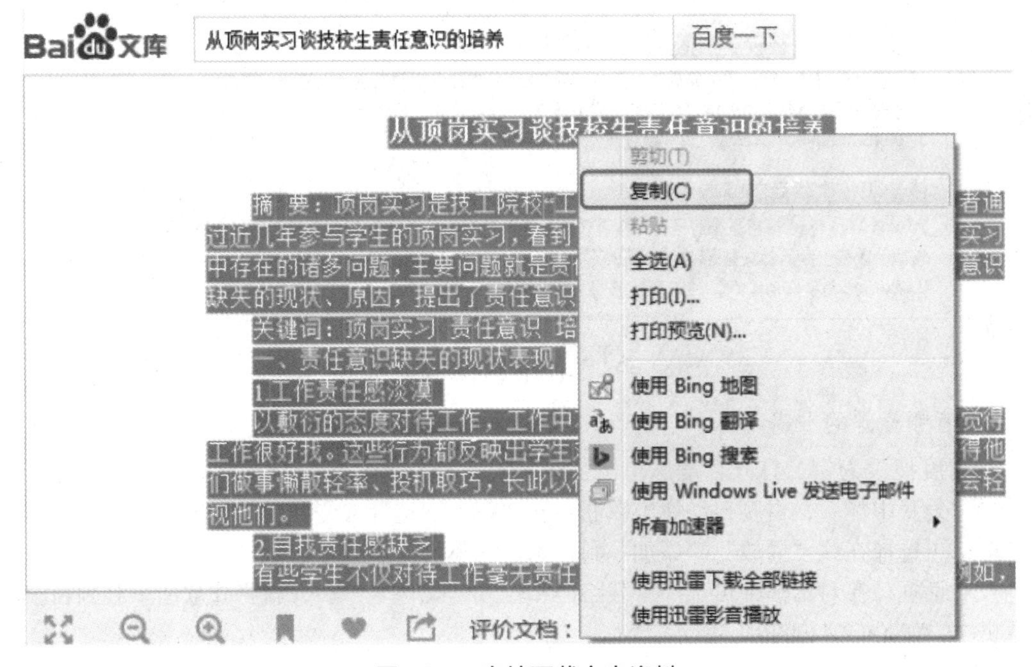

图6.2.1 直接下载文字资料

知识链接

文字下载技巧1：百度文库中提供了许多免费下载的资源，点击下方的下载按钮可直接下载到自己的计算机中，如图6.2.2所示。同时，注册百度用户后，对文档进行评价、上传文档等都能获取财富值，三个财富值可兑换一张下载券。

图6.2.2 直接单击“下载”进行文字下载

文字下载技巧2：对于不能在网页上直接选择的文字下载，可选择“百度快照”，它能帮助下载百度上储存的纯文本备份文字，如图6.2.3所示，输入要查找的关键词，在红色方框表中的区域有“百度快照”的字样，单击“百度快照”就能打开浏览网页了，再选择要复制的文字粘贴到Word文档中即可。需要注意的是，百度快照只保留文本内容，那些图片、音乐等非文本信息，快照页面还是直接从原网页调用。

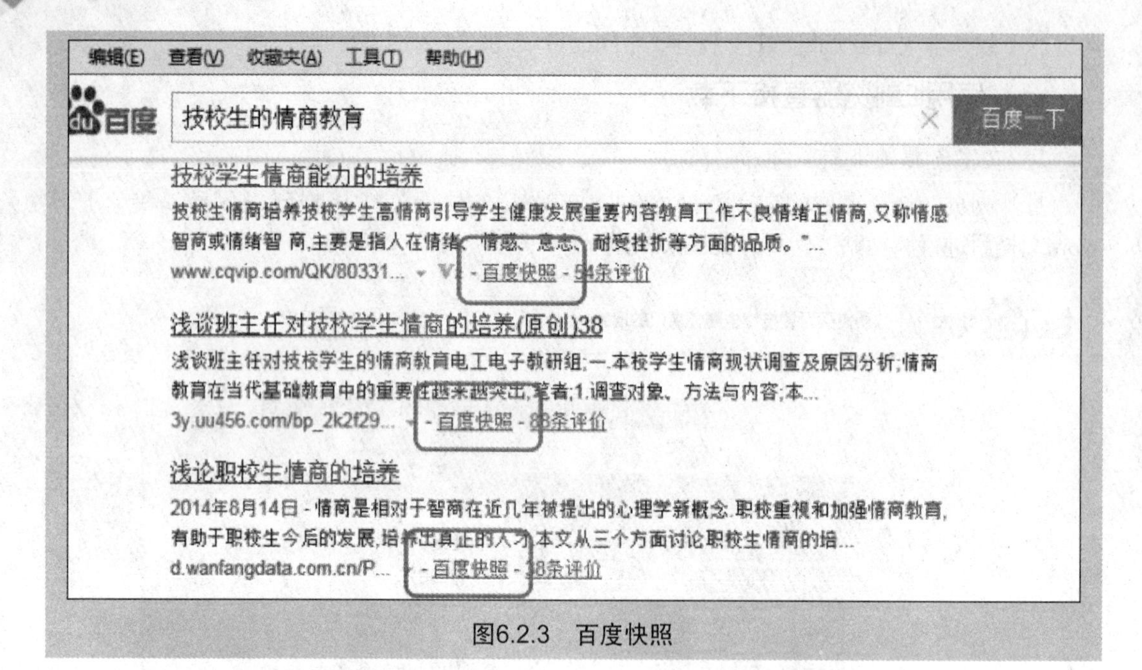

图6.2.3 百度快照

2. 音频资源的下载

以百度搜索为例，打开百度后单击“音乐”就能打开百度音乐了，输入要查找的音乐名，如“爱我中华”，百度自动弹出歌曲名和演唱者，选择“爱我中华 宋祖英”，找到相关链接，可选择在线“播放”“添加”到音乐盒“下载”等选项，选择“下载”可弹出“另存为”对话框，在对话框中可选择下载路径和输入“文件名”后，就将此歌曲下载到自己的计算机中，如图6.2.4和图6.2.5所示。

图6.2.4 下载音乐

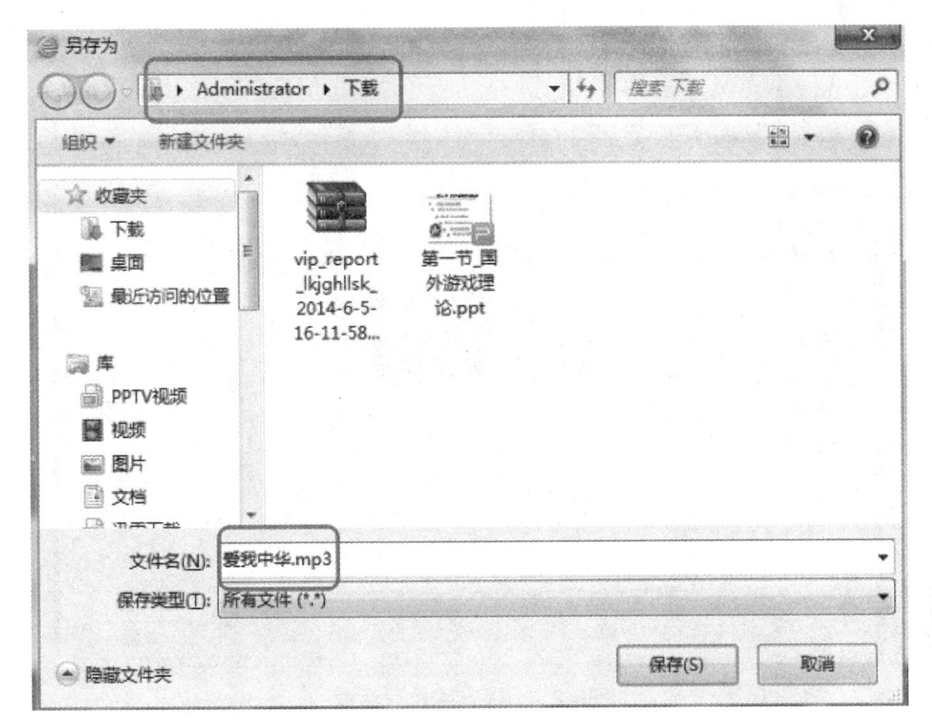

图6.2.5　下载音乐对话框

3. 图片资源的下载

打开百度图片，输入要查找的图片，例如“葡萄”，选择要下载的图片右击，选择“图片另存为”按钮，打开“保存图片”对话框，选择要保存的目录，输入文件名即可，如图6.2.6和图6.2.7所示。

图6.2.6　下载图片

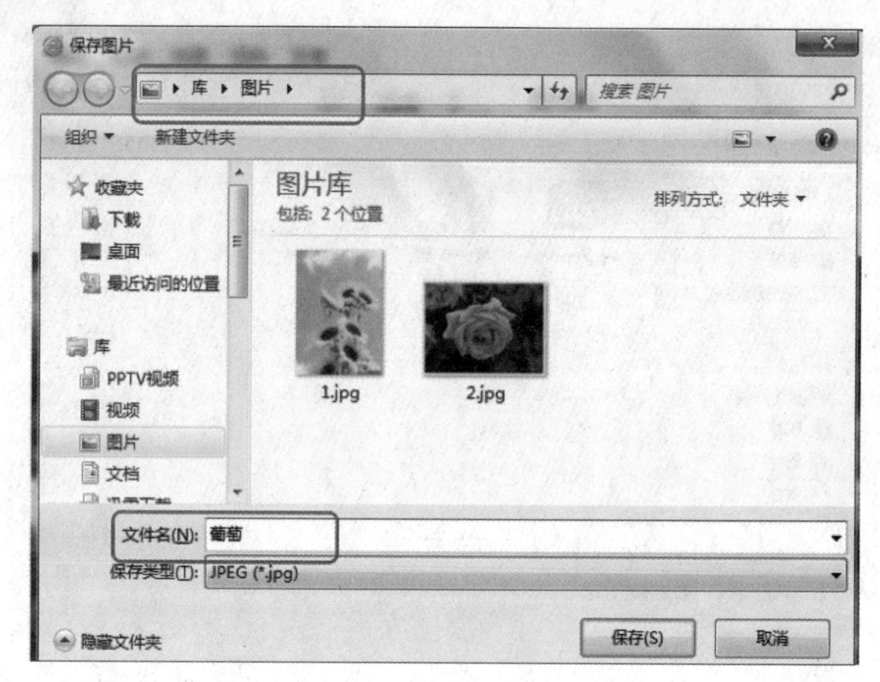

图6.2.7　保存图片对话框

4. 视频资源的下载

打开百度视频，可以查看相应的视频，但各大专业的视频网站（如优酷、土豆、酷6等）必须要下载它们各自专用的播放器，才能进行相关的视频下载，如图6.2.8所示。

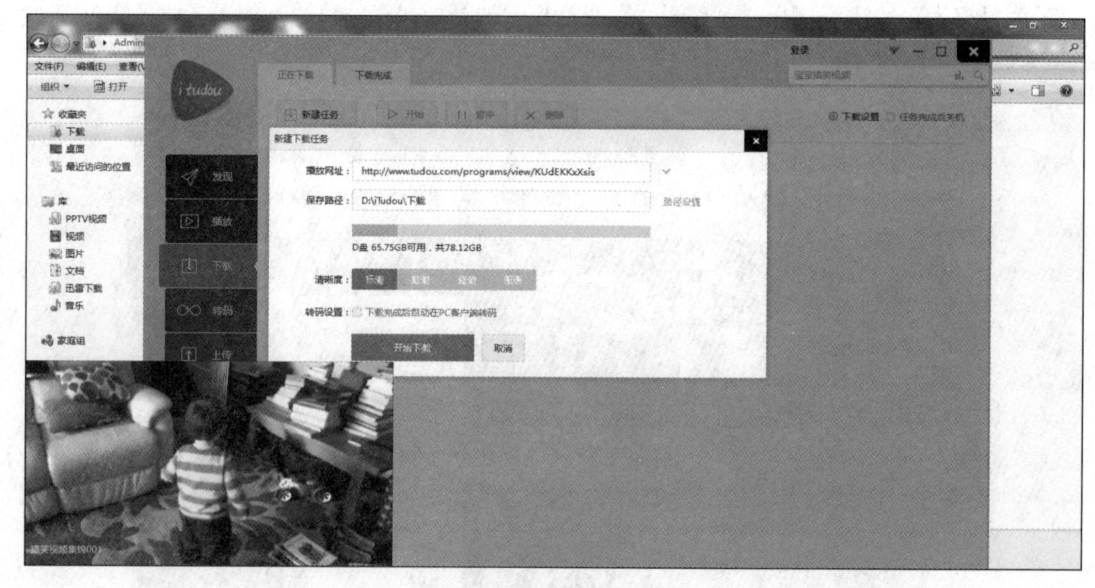

图6.2.8　土豆网专用下载

5. 软件资源的下载

现以在IE浏览器中下载“迅雷”软件为例，介绍软件资源的下载。

步骤1：打开IE浏览器，输入百度网址：www.baidu.com，进入百度首页，在搜索框中输入“迅雷下载”，单击“百度一下”按钮，就会打开相应的搜索结果，如图6.2.9所示。

图6.2.9　搜索“迅雷下载”结果

步骤2：单击“立即下载”链接，在IE浏览器的下方弹出框架中，单击“保存”右边的下三角按钮，选择“另存为”选项，然后将文件下载到指定的文件夹中，完成了下载任务（如果直接单击“保存”按钮，则会下载到默认的文件夹中），如图6.2.10所示。

图6.2.10　下载文件时弹出对话框

步骤3：下载完成后，单击“运行”按钮，即可完成迅雷软件的安装。或者单击“打开文件夹”按钮，打开存放的文件夹查看下载的文件，双击执行文件的安装，如图6.2.11和图6.2.12所示。安装完成后会弹出迅雷用户界面，如图6.2.13所示。

图6.2.11 安装迅雷界面

图6.2.12 安装迅雷进程界面

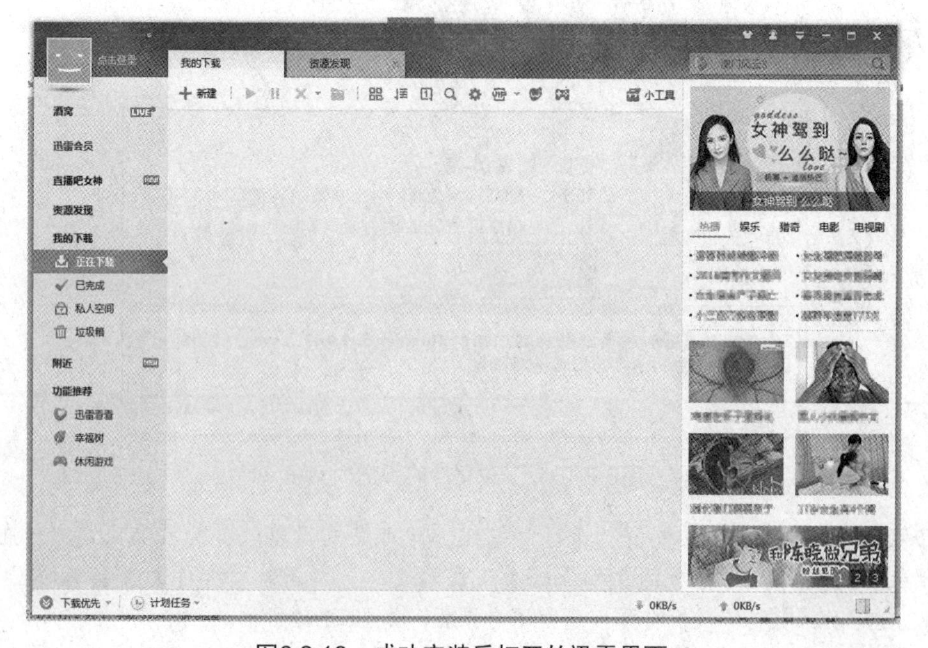

图6.2.13 成功安装后打开的迅雷界面

二、使用迅雷下载

常用的下载工具软件有Netants（网络蚂蚁）、Flashget(网际快车）、Net Transport（网络传送带）、Thunder（迅雷）、BitComet(BT)、Emule（电驴）、BitSpirit（比特精灵）、脱兔（TuoTu）等。下面介绍使用迅雷软件下载播放视频“暴风影音”软件的方法。

步骤1：打开IE浏览器，输入百度网址：www.baidu.com，进入百度首页，在搜索框中输入“暴风影音”，单击“百度一下”按钮，就会打开相应的搜索结果，如图6.2.14所示。

图6.2.14 “暴风影音”下载搜索结果

步骤2：在搜索结果页面中，单击选择“暴风影音5最新官方版下载_百度软件中心”的链接，即可打开相应的网页，如图6.2.15所示。

图6.2.15 “暴风影音”下载界面

步骤3：如果已经安装了迅雷，单击“高速下载”，计算机会自动调出迅雷下载，或者在“普通下载”中右击，选择“使用迅雷下载”，如图6.2.16所示。

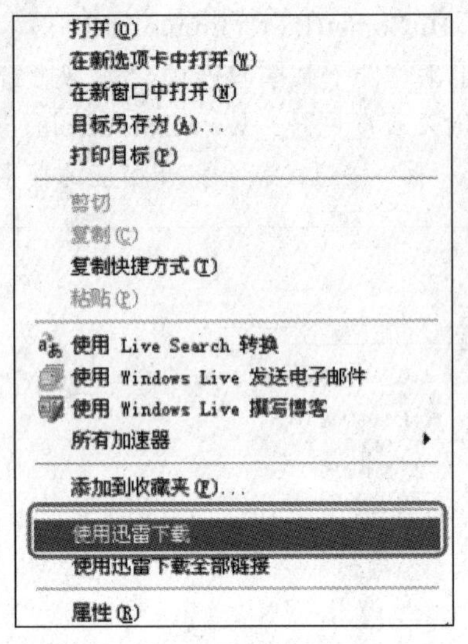

图6.2.16 “使用迅雷下载”命令

步骤4：在弹出的“新建任务”对话框中，直接单击“立即下载”按钮，如图6.2.17所示，即可将“暴风影音”软件下载到迅雷默认的下载文件夹中，在下载过程中会有下载进程提示，如图6.2.18所示，下载完成后，迅雷也会给出提示，同时，电脑安全管家会检测下载资料的安全性，如图6.2.19所示。

图6.2.17 “新建任务”对话框

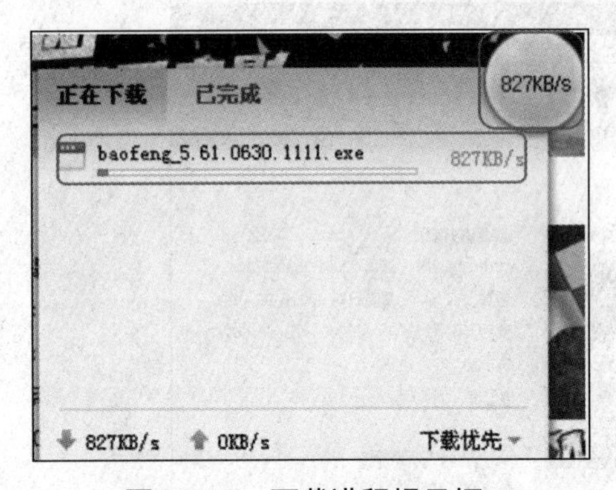

图6.2.18 下载进程提示框

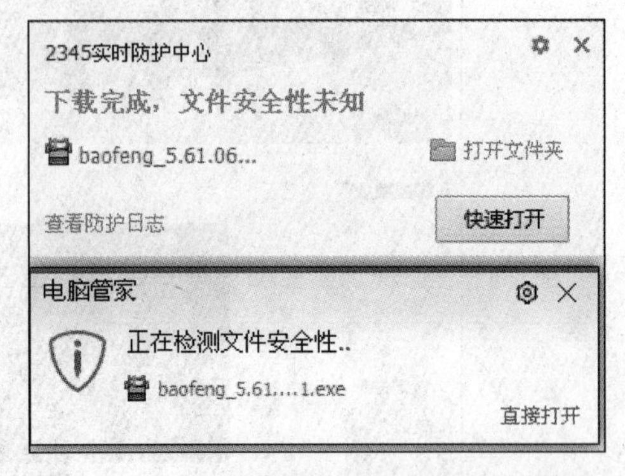

图6.2.19 下载完成提示框和安全检测提示框

步骤5：下载完成后，打开文件夹，双击“暴风影音”程序文件，根据提示一步一步完成软件的安装。

环节二 我示范你练习

练习1：在百度文库中搜索“三角函数公式大全”并下载到相关的文件夹中。

练习2：在百度图片中搜索“恐龙化石”的图片并下载到相关的文件夹中。

实现步骤

练习1操作示例：

步骤1：打开IE浏览器，输入网址：www.baidu.com按【Enter】键进入百度页面，在搜索框中输入“三角函数公式大全”，单击“百度一下”打开相应的搜索页面，单击“文库”打开“百度文库”页面，如图6.2.20所示。

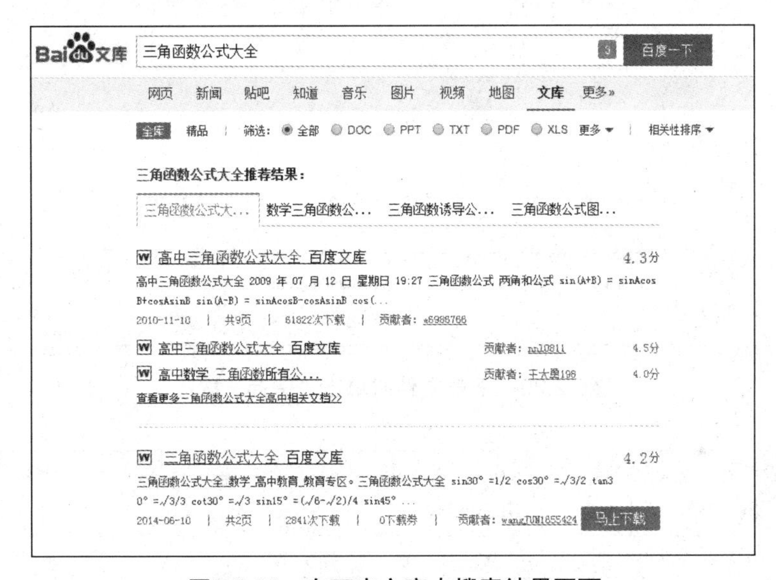

图6.2.20 在百度文库中搜索结果页面

步骤2：在搜索结果页面中，单击“三角函数公式大全”的链接，打开相应的页面，下方显示需要“0下载券”，单击“下载”按钮，会弹出一个提示对话框，单击“立即下载”即可下载此文档到自己的计算机中了。如图6.2.21所示。（温馨提示：在“百度文库”中下载文件需要注册一个用户账号。）

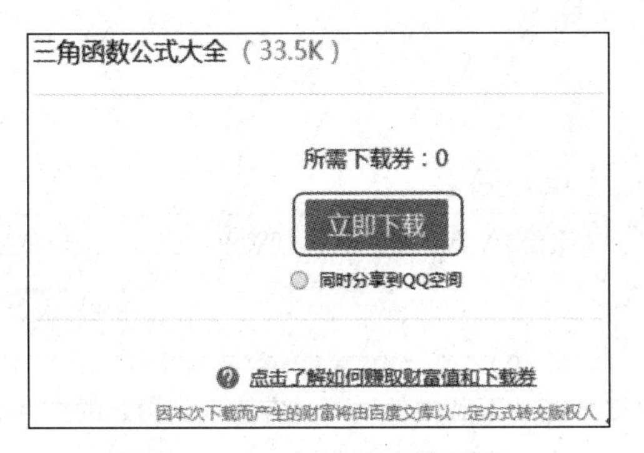

图6.2.21 文档的下载页面

步骤3：在IE浏览器下方的弹出框中，单击“保存”按钮，文件将下载到默认的下载文件夹中，完成下载任务。如果用户要将文件保存到指定的位置，则单击“保存”按钮右侧的下拉按钮，选择文件保存的文件夹，完成下载任务，如图6.2.22和图6.2.23所示。

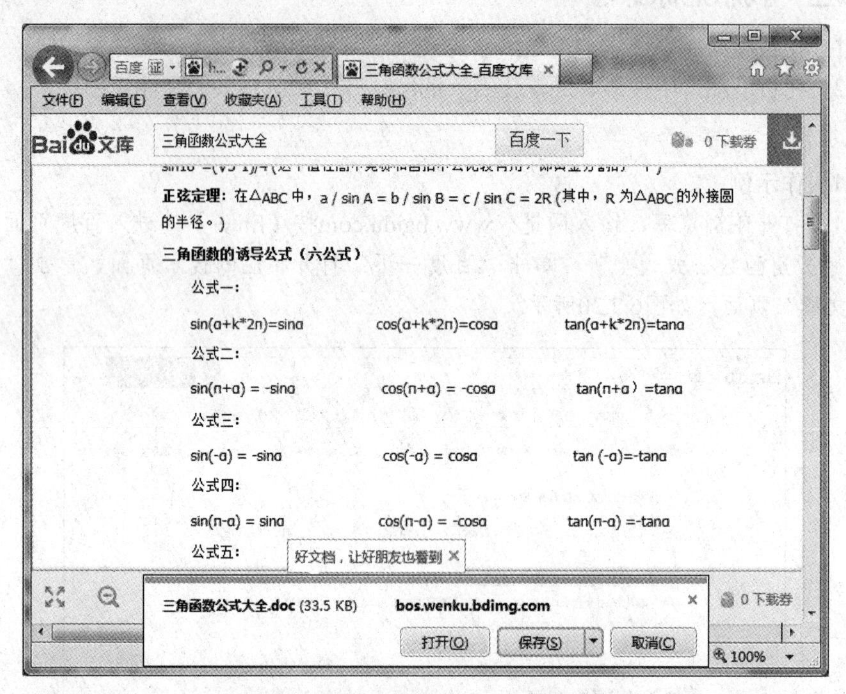

图6.2.22　下载文件时单击“保存”按钮

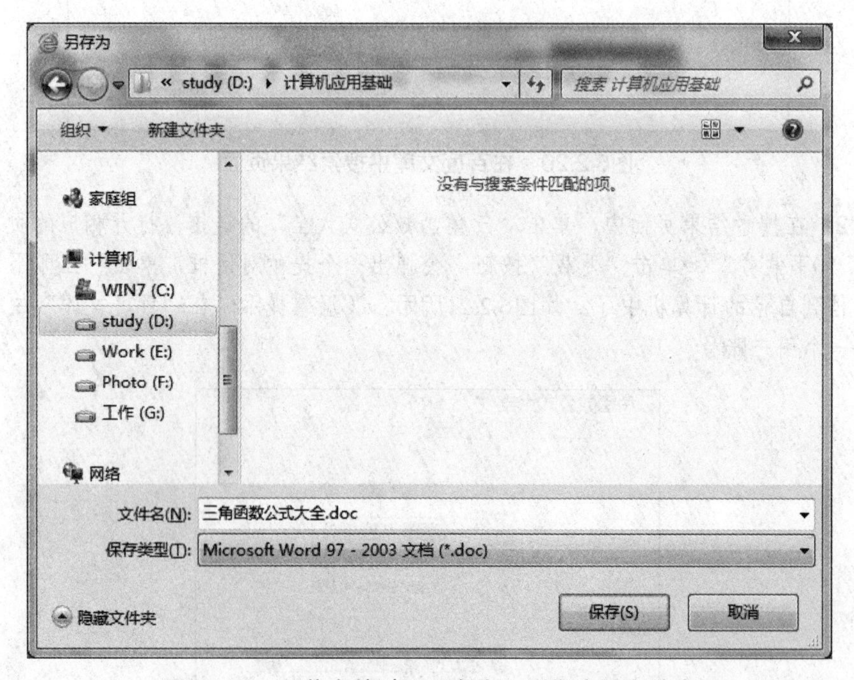

图6.2.23　下载文件时“另存为”到指定的文件夹

练习2操作示例：

步骤1：打开IE浏览器，输入网址：www.baidu.com，按【Enter】键进入百度页面，在搜索框中输入“恐龙化石”，单击“百度一下”打开相应的搜索页面，单击“图片”，打开“百度图片”页面，如图6.2.24所示。

图6.2.24 在百度文库中搜索结果页面

步骤2：在搜索结果页面中，右击需要下载的图片，再选择“图片另存为”或“使用迅雷下载”，如图6.2.25所示。在弹出的“保存图片”对话框中选择保存位置，并在文件名中改名“恐龙化石图片.jpg”，单击“保存”完成下载，如图6.2.26所示。

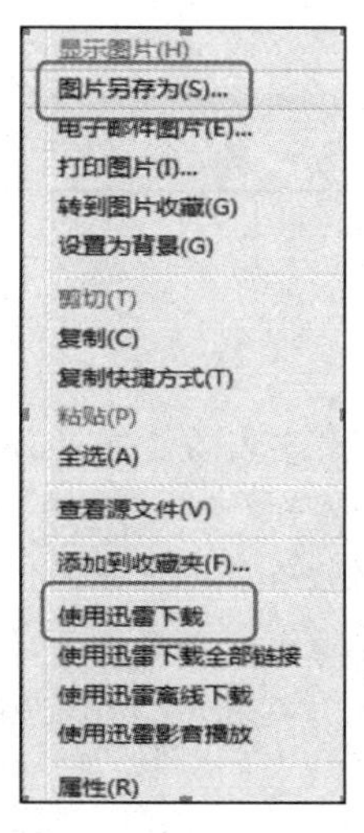

图6.2.25 另存为或使用迅雷下载

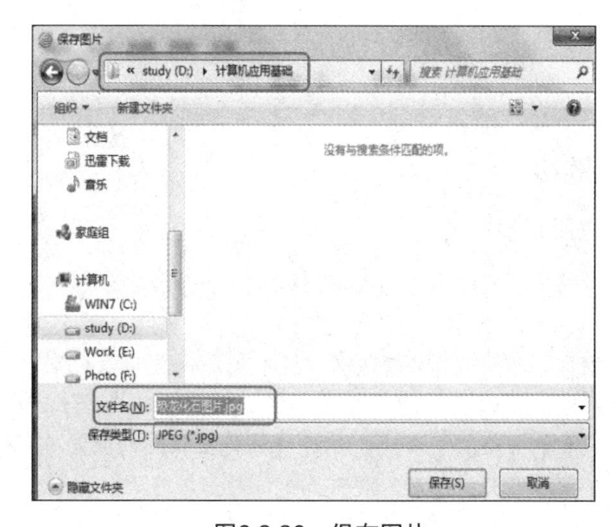

图6.2.26 保存图片

环节三　自我巩固

练习1：在“百度知道”中搜索“互联网+”并将该名字解释下载到自己的文件夹中。

练习2：在“百度音乐”中下载你喜欢的歌曲。

练习3：在其他网站中下载你喜欢的音乐。

练习4：在“百度贴吧”中查找你学校的名字并单击链接查看。

环节四　自我提升

练习：参考“环节一 我示范你学习”中的“软件资源的下载”内容，下载一个迅雷软件并安装在自己的计算机中。

环节五　自我实现

请你和李燕同学一起下载并安装QQ软件。

【试一试】

下载土豆视频或优酷视频。

任务评价

学习完本次任务，请对自己做个评价。如果不会，想想问题出在哪，并努力学会。

序号	内　　容	评　　价		
		会	基本会	不会
1	通过百度下载文件			
2	下载和安装迅雷软件			
3	通过迅雷下载 QQ 软件并安装			
4	下载土豆视频或优酷视频			
你的体会：				

知识链接

注册百度账号

步骤1：注册百度账号首先要登录到百度首页，然后在百度首页单击右上角的注册按钮。

步骤2：单击注册按钮以后进入到注册窗口，此时可以用手机注册和邮箱注册。以手机注册为例，单击左侧的手机号码注册，然后输入手机号（手机号要输入未注册过百度账号的），再单击获取激活码，然后将手机上收到的激活码输入到短信激活码栏中，在密码栏中设置密码后单击“注册”按钮。

步骤3：单击“注册”按钮之后会出现注册成功的提示，这样用手机号码注册百度账号就成功了。

任务三 收发电子邮件

任务目标

通过本任务，使学生学会申请邮箱，掌握收发邮件的操作。

（1）掌握申请电子邮箱的基本方法。

（2）能利用电子邮箱中收、发电子邮件。

（3）学会管理电子邮箱的方法。

任务描述

王明同学想通过发邮件的方式将照片发给叶玲，因为照片比较大，而且叶玲又不在线，你能帮他申请一个免费的电子邮箱并教他发送照片吗？

任务分析

电子邮件是一种用电子手段提供信息交换的通信方式，是互联网应用最广的服务之一。通过网络的电子邮件系统，用户可以以快捷、简单、经济的方式，与世界上任何一个角落的网络用户联系。

电子邮件可以是文件、文字、图像、声音等多种形式。同时，用户可以得到大量免费的新闻、专题邮件，并实现轻松的信息搜索。电子邮件的存在极大地方便了人与人之间的沟通与交流，促进了社会的发展。

因此，王明同学首先要先申请一个免费的电子邮箱，并通过电子邮箱将这组照片发送到叶玲的邮箱中。

任务实施

环节一 我示范你练习

练习1：申请一个163的电子邮箱。

练习2：将一组图片通过电子邮箱发送给叶玲同学。

练习3：学会管理电子邮箱。

实现步骤

练习1操作示例：

步骤1：在IE浏览器的地址栏中输入http://www.163.com，登录到网易首页，单击右上角“注册免费邮箱”，如图6.3.1所示。

图6.3.1 登录网易首页

步骤2：进入网易电子邮箱申请的主页，单击选择“注册字母邮箱”进入注册页面，如图6.3.2所示。

163 网易免费邮 mail.163.com　126 网易免费邮 www.126.com　yeah.net 网易免费邮　中国第一大电子邮件服务商

欢迎注册无限容量的网易邮箱！邮件地址可以登录使用其他网易旗下产品。

注册字母邮箱　注册手机号码邮箱　注册VIP邮箱

* 邮件地址　guanzhoufuli789 @ 163.com

恭喜，该邮件地址可注册

* 密码　●●●●●●●●●●●●●●●●●

密码强度：强

* 确认密码　●●●●●●●●●●●●●●●●●

* 手机号码　+86-

请填写正确的手机号

* 验证码　XWE4W

请填写图片中的字符，不区分大小写　看不清楚？换张图片

免费获取验证码

图6.3.2　申请网易电子邮箱基本信息填写的界面

在“邮件地址”输入一个方便易记的名字，系统会检查该邮箱账号是否被别人使用，然后再设置密码。在输入密码时，系统会从安全性角度给予提示，分为“弱、中、强”3个档次，当然“强”档是表示密码最安全。这种密码一般都是数字、字母和特殊符号的组合。然后按提示完成注册。

步骤3：通过手机免费获取验证码并输入验证码后，单击页面下方的“立即注册”，即可完成电子邮箱的注册，如图6.3.3所示。

图6.3.3　邮箱注册成功界面

步骤4：单击“进入邮箱”，打开电子邮箱界面如图6.3.4所示，完成注册电子邮箱。

图6.3.4　电子邮箱界面

练习2操作示例：

步骤1：在IE浏览器的地址栏中输入http://www.163.com或http://mail.163.com进入163网易免费邮箱主页，输入邮箱账号和密码，单击“登录”按钮，如图6.3.5所示。

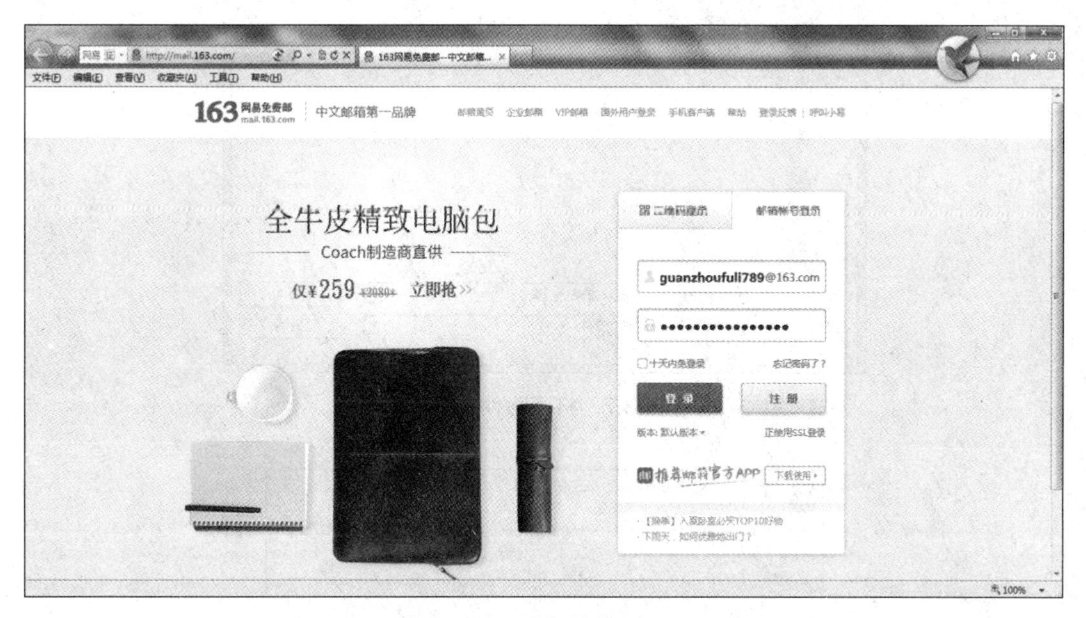

图6.3.5　163邮箱登录页面

步骤2：登录到邮箱后，单击“写信”按钮打开电子邮箱中的写信界面，单击“收件人”，输入叶玲的邮箱地址“yeling123456@126.com”，单击“主题”输入“游玩时照片”，在正文中输入信件内容，如图6.3.6所示。

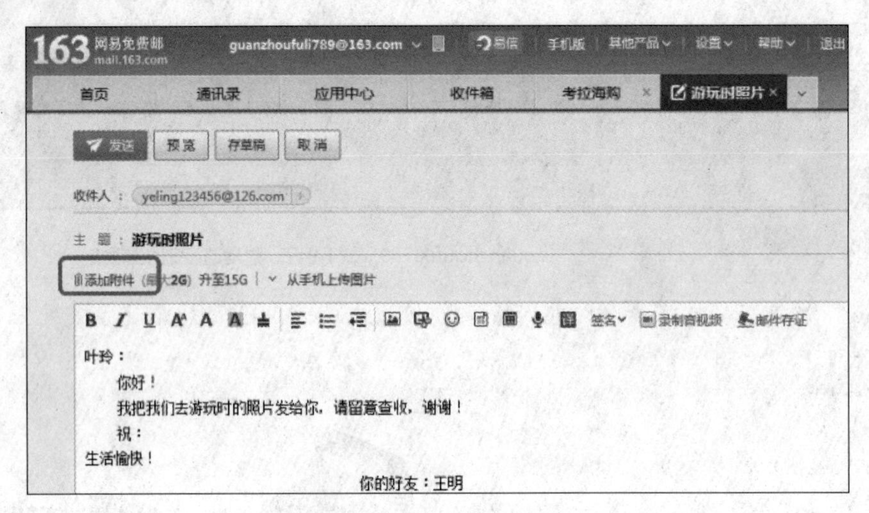

图6.3.6　进入邮箱页面

步骤3：单击邮件中的“添加附件”打开附件对话框，如图6.3.7所示，找到对应文件夹中的文件后单击“打开”按钮，即开始上传附件到邮箱中，上传附件时会提示上传速度，如图6.3.8所示。

图6.3.7　打开附件对话框

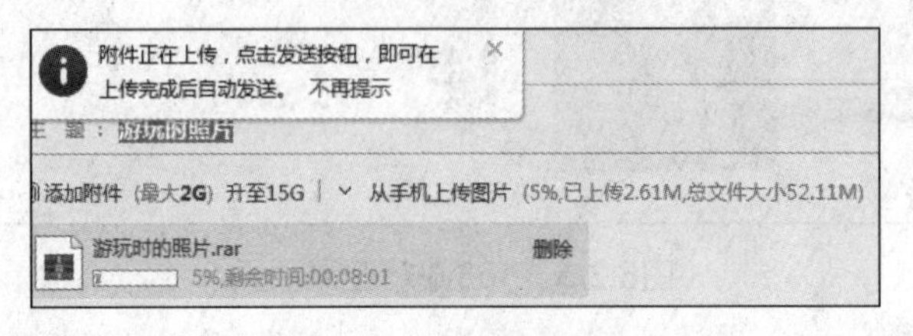

图6.3.8　上传速度提示

步骤4：等附件上传完成后单击“发送”按钮，发送邮件给叶玲同学，发送成功后会出现提示如图6.3.9所示。

图6.3.9　邮件发送成功提示

练习3操作示例：

管理电子邮箱主要包括以下内容：管理电子邮箱中的文件夹，管理联系人，管理收件箱。

1. 管理电子邮箱中的文件夹

方法1：添加文件夹。

步骤：打开网易邮箱后，在最左侧找到“其他×个文件夹”，然后鼠标指针移动到该标签信息上方，可以看到两个图标，如图6.3.10所示，单击加号图标（+），将弹出新建文件夹的窗口，输入文件夹名称，比如输入“学习交流邮件”，然后单击“确定”按钮，此时可以在页面的最左侧看到这个新建的文件夹，如图6.3.10所示。

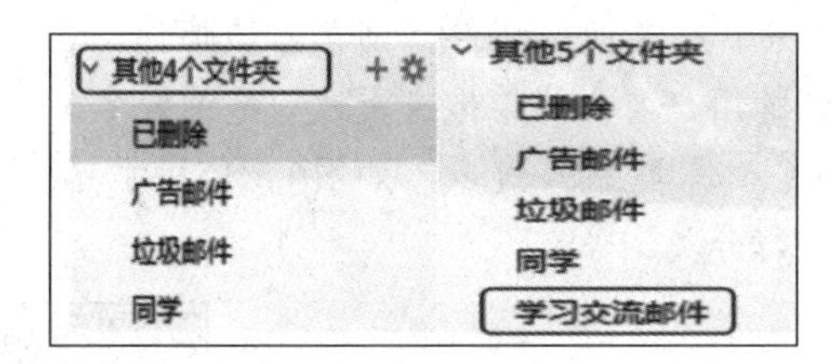

图6.3.10 添加文件夹

方法2：设置文件夹的显示方式。

步骤：单击齿轮形状的图标，将进入“设置”页面，如图6.3.11所示。可对文件夹进行设置，分别有“首页”显示、“折叠”显示和“有未读时显示”等几个选项，方便管理邮箱中的文件夹。

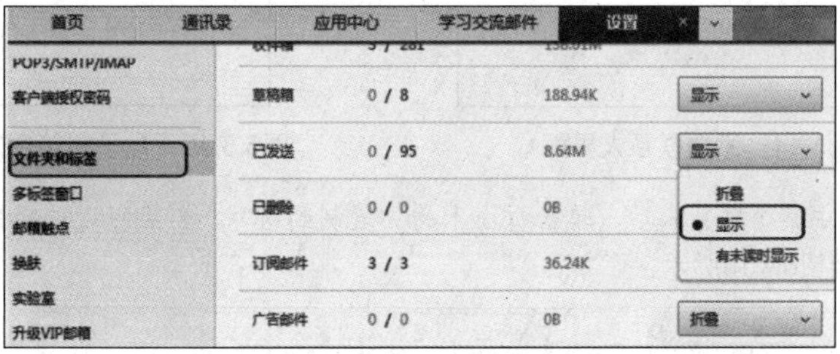

图6.3.11　设置文件夹显示方式

2. 管理联系人

（1）添加新的联系人。经常使用邮箱进行邮件往来，邮件多了就容易分不清是谁的来信了，这时就需要将联系人进行备注并添加到通讯录中。方法如下：

步骤1：如果要新增一个联系人，操作方法为：打开网易邮箱后单击“通讯录”下的“新建联系人”，如图6.3.12所示，弹出图6.3.13所示对话框，在相应的位置输入内容后单击“确定”按钮进行保存。

图6.3.12　单击“通讯录”下的“新建联系人”

图6.3.13　新建联系人界面

步骤2：如果邮箱中本来就有其他的邮件，则单击该邮件，在弹出图6.3.14所示的窗口里选择“编辑”，然后将默认的用户名由邮箱地址更改为他的姓名。

（2）分组管理联系人。如果联系人过多，如图6.3.15所示界面，这样找起来还是比较费劲的，所以我们可以对其进行分类。

图6.3.14　添加联系人界面

图6.3.15　电子邮箱中的联系人

步骤1：选中某个联系人后，单击页面上的“复制到组”，然后可以选择分组类型，也可以新建分组，如图6.3.16所示。

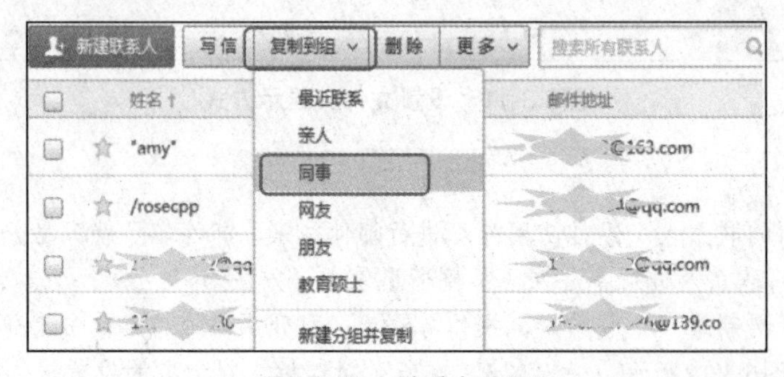

图6.3.16　联系人分组

步骤2：也可以直接选取邮箱默认的分组列表，如图6.3.17所示中选择“同事”，单击打开之后，在该组的右上方单击“新建联系人”，同样在弹出的对话框中输入相应内容单击“确定”按钮，这样也可以对联系人进行分组。

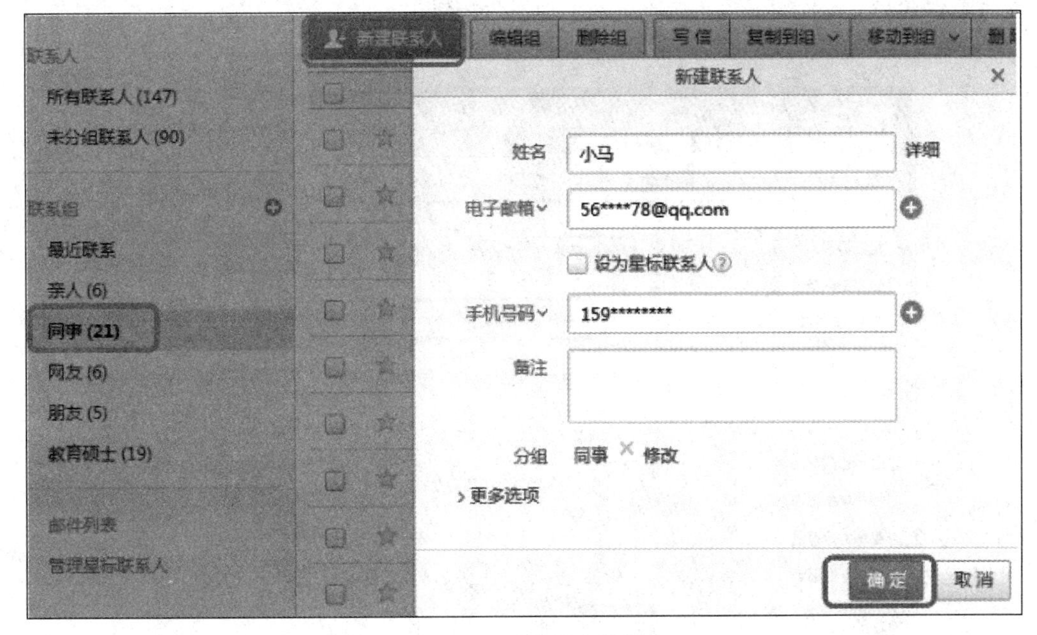

图6.3.17 联系人分组

3. 管理收件箱

这里介绍收件箱里比较实用的“常规设置”和“来信分类”设置。

步骤1：常规设置。打开163邮箱，如图6.3.18所示，单击打开“收件箱”，再单击右上方的“设置”旁的下三角按钮，找到“常规设置”并单击打开，弹出图6.3.19所示界面。

图6.3.18 常规设置

在常规设置中可以设置以下几个内容：基本设置、自动回复/转发、发送邮件后设置、邮件撤回、写信设置、读信设置、其他设置等项目。在图6.3.19所示界面中基本设置的“收件箱/文件夹邮件列表”中，就可以根据自己平时收邮件数量设置显示的数量，系统默认的是“每页显示邮件50封”，设置好后单击下方的“确定”按钮。

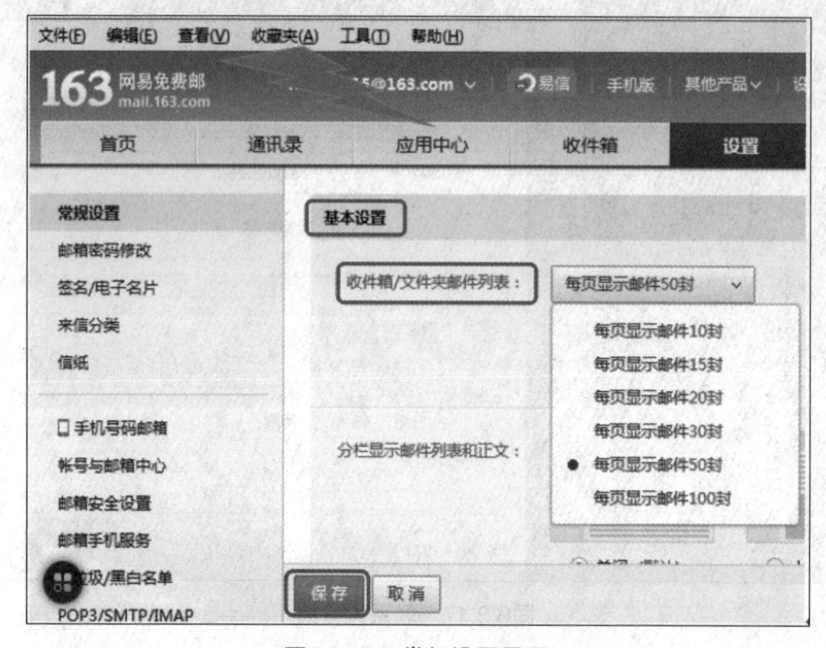

图6.3.19 常规设置界面

步骤2：“来信分类”设置。为什么要进行“来信分类”设置？当邮件数量很多的时候，想要找到自己需要的邮件有些困难，其实如果提前建立好来信分类的规则，把不同的邮件按照既定规则收取到对应的目录或者文件夹中，查找起来就非常方便了，设置方法如下：

（1）在图6.3.19的常规设置下单击“来信分类”打开“来信分类”界面，单击页面中间位置的“新建来信分类”按钮，如图6.3.20所示，打开“新建来信分类”界面。

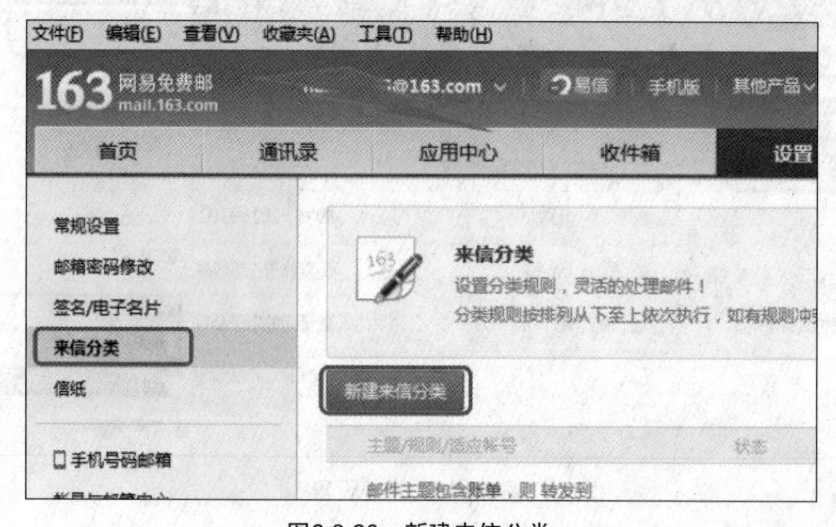

图6.3.20 新建来信分类

（2）在第一栏“收到邮件时”根据需要可设置“收件人/发件人包含（或不包含）”的内容，如图6.3.21所示。如在“发件人包含”中输入“gd”，在通讯录后选择“同事”，在“主题包含”中输入“教学”。

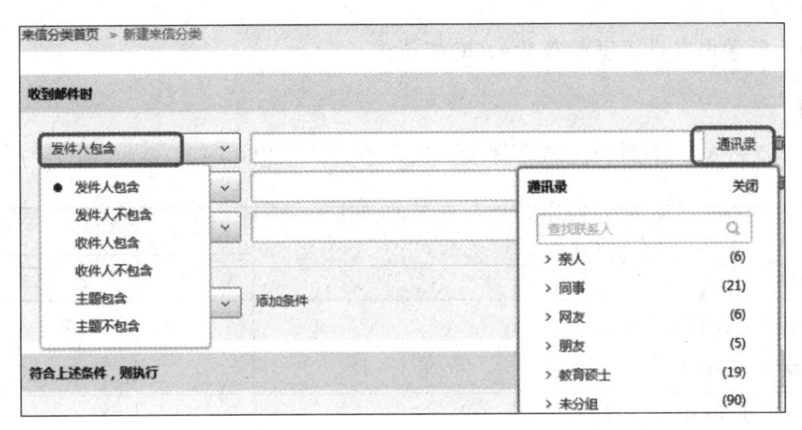

图6.3.21 设置“收到邮件时”条件

（3）在第二栏“符合上述条件，则执行”的普通规则中，在“移动至”前面打勾，并选择“学习交流邮件”（如没有符合条件的文件夹，可单击下面的“新建文件夹并移动”，建一个新的文件夹），如图6.3.22所示。

（4）单击“确定”按钮，系统提示“新建来信分类规则成功”，以后在“发件人包含”中包含“gd”、在通讯录中是“同事”、在“主题包含”中包含“教学”的邮件，就会自动归类到邮箱左侧的“学习交流邮件”中了，如图6.3.23所示。

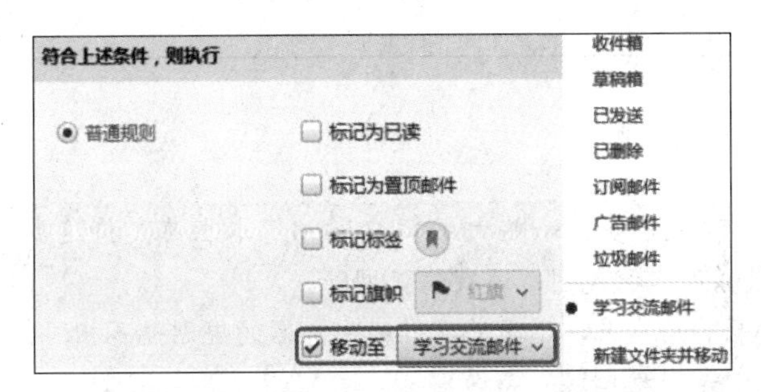

图6.3.22 设置“符合上述条件，则执行”

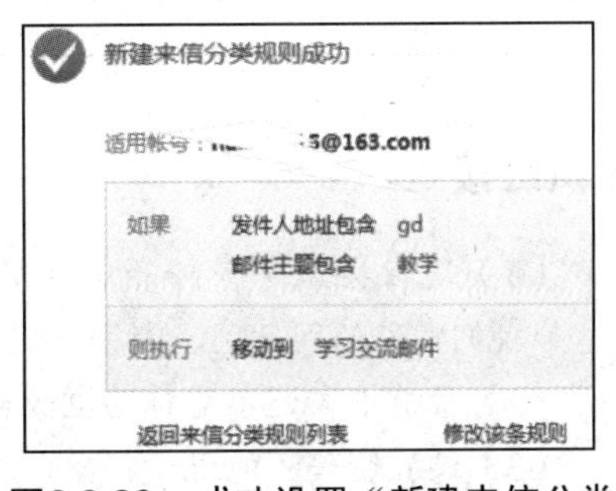

图6.3.23 成功设置“新建来信分类”

环节二 自我巩固

练习1：请你根据前面所学知识在新浪网（http://www.sina.com.cn）中申请一个电子邮箱。

练习2：在你的电子邮箱中添加联系人刘老师（邮箱为：liulaoshinzaixian123@163.com）。

环节三 自我提升

练习：给刘老师写一封信，内容为你今天学习的情况，并添加一张你喜欢的图片作为附件发给刘老师。

环节四　自我实现

请跟王明同学一起申请一个免费的电子邮箱并教他发送照片。

【试一试】

请按今天所学内容设置并管理你的QQ邮箱。

任务评价

学习完本次任务，请对自己做个评价。如果不会，想想问题出在哪，并努力学会。

序号	内　　容	评　　价		
		会	基本会	不会
1	申请免费的电子邮箱			
2	收发电子邮件			
3	设置邮箱中的联系人			
4	管理电子邮箱中的文件夹			
5	管理收件箱			
你的体会：				

知识链接

（1）现在提供免费邮箱服务的网站有很多，一些大的门户网站基本上都支持这类服务，如我们常见的网易网、新浪网、搜狐网、雅虎网，还有腾讯网等。

（2）目前中文还不能作为电子邮箱的用户名，不同的网站对用户名的规则也不相同。

（3）设置密码不能过于简单，可以是字母+数字+符号。

（4）在发送邮件时，如果要同时发送给多人，在收件人一栏中需要输入多个邮件地址，地址之间用分号隔开。当然也可以添加“抄送”或“密送”来发送。

（5）邮箱常规的设置除了上述介绍外，其他的设置方法相似，可单击“设置”下的选项进行操作。

参 考 文 献

[1] 万珊珊，郝莹. 大学计算机基础[M]. 2版. 北京：中国铁道出版社，2013.
[2] 周明红. 计算机基础[M]. 3版. 北京：人民邮电出版社，2013.
[3] 候冬梅. 计算机应用基础[M]. 北京：中国铁道出版社，2014.
[4] 康光海，李作主. 大学计算机应用基础[M]. 北京：电子工业出版社，2013.
[5] 冉兆春，张家文. 大学计算机应用基础[M]. 北京：人民邮电出版社，2013.
[6] 王刚. 大学计算机基础[M]. 北京：清华大学出版社，2014.
[7] 龙马工作室. Word 2010中文版完全自学手册[M]. 北京：人民邮电出版社，2011.
[8] 刘万祥. Excel图表之道[M]. 北京：电子工业出版社，2010.
[9] ExcelHome. Excel图表实战技巧精粹[M]. 北京：人民邮电出版社，2007.
[10] ExcelHome. Excel函数与公式实战技巧精粹[M]. 北京：人民邮电出版社，2008.
[11] ExcelHome. Excel数据处理与分析实战技巧精粹[M]. 北京：人民邮电出版社，2008.
[12] ExcelHome. Excel实战技巧精粹[M]. 北京：人民邮电出版社，2007.
[13] 谢华，冉洪艳. PowerPoint 2010 标准教程[M]. 北京：清华大学出版社，2012.
[14] 刘海燕，施教芳. PowePoint 2010从入门到精通[M]. 北京：中国铁道出版社，2011.
[15] 韩立华. 多媒体技术应用基础[M]. 北京：清华大学出版社，2012.
[16] 齐俊英. 多媒体技术与应用[M]. 北京：清华大学出版社，2013.